食品安全检测新技术

王淑梅　主编

中国纺织出版社有限公司

图书在版编目（CIP）数据

食品安全检测新技术 / 王淑梅主编 . -- 北京：中国纺织出版社有限公司，2023.5
　　ISBN　978-7-5229-0665-2

Ⅰ.①食…　Ⅱ.①王…　Ⅲ.①食品安全-食品检验-高等学校-教材　Ⅳ.①TS207.3

中国国家版本馆 CIP 数据核字（2023）第 101175 号

责任编辑：张　宏　　责任校对：高　涵　　责任印制：储志伟

中国纺织出版社有限公司出版发行

地址：北京市朝阳区百子湾东里 A407 号楼　邮政编码：100124

销售电话：010—67004422　传真：010—87155801

http://www.c-textilep.com

中国纺织出版社天猫旗舰店

官方微博 http://weibo.com/2119887771

天津千鹤文化传播有限公司印刷　各地新华书店经销

2023 年 5 月第 1 版第 1 次印刷

开本：710×1000　1/16　印张：15.5

字数：246 千字　定价：98.00 元

凡购本书，如有缺页、倒页、脱页，由本社图书营销中心调换

前言

　　食品是人类最基本的生活资料，同时也是维持人类生命和身体健康必不可少的能量及营养源，食品的品质与安全直接影响人类健康和生活质量，关系到国计民生和社会安定，同时也关系到社会可持续发展。可以说食品安全是当前世界范围内的热点和敏感问题。随着社会、经济的快速发展以及人民生活方式的变化，食物生产者为满足现代人的各种需要，开发利用了多种新技术，并应用于食物的生产加工。伴随食品工业化和商品化的加快，与人们身心健康紧密相关的食品质量安全等问题也越来越受关注，人们越来越重视对食品品质的检测。"以质量求生存、以安全求发展"已成为食品生产、管理者的共识，而食品质量安全检测技术发展至今，已成为全面推进食品生产企业进步的重要组成部分。

　　本书共有8章。第1章绪论，主要就食品安全的检测、保障以及理论与标准等方面进行详细阐述。第2章介绍了食品安全检测技术原理与研究进展。第3章食品样品采集，介绍了食品样品采集和保存、制备和预处理，探讨了检测试验方法选择。第4章食品常见成分的检测分析，分别详细分析了水分含量与活度检测、灰分检测、酸类和脂类检测、碳水化合物检测、蛋白质及氨基酸检测以及膳食纤维检测等相关内容。第5章食品添加剂安全检测技术，分别就食品防腐剂、食品抗氧化剂、食品合成甜味剂以及其他食品添加剂的检测进行了研究。第6章食品有害与有毒成分检测技术，内容包括食品中内源性毒素检测、食品中有毒微生物污染物检测、食品中重金属含量的检测以及食品中药物残留检测。第7章在前几章的基础上补充了其他食品安全检测技术，主要涵盖食品造假安全检测、食品包装与容器安全检测。第 8 章食品安全检测新技术，主要内容包括：酶联免疫吸附技术、PCR 检测技术、生物芯片技术、生物传感器技术、拉曼光谱分析技术。

本书在撰写过程中，参考了众多专家、学者关于食品安全检测方面的相关文献成果，在此向各位作者表示诚挚的谢意。由于时间仓促加上作者自身水平有限，书中难免有错误和疏漏之处，敬请各位读者及专家给予批评指正。

编　者

2023 年 3 月

目录

第1章 绪 论 ……………………………………………… 1

1.1 食品安全概述 …………………………………………… 1

1.2 食品安全检测 …………………………………………… 6

1.3 食品安全保障 …………………………………………… 21

1.4 食品分析理论与标准 …………………………………… 26

第2章 食品安全检测技术原理与研究进展 …………… 31

2.1 食品安全检测技术的重要性 ………………………… 31

2.2 食品安全检测技术原理分析 ………………………… 33

2.3 现代食品安全检测技术研究进展 …………………… 53

第3章 食品样品采集 …………………………………… 59

3.1 食品样品采集和保存 ………………………………… 59

3.2 食品样品制备和预处理 ……………………………… 63

3.3 检测试验方法选择 …………………………………… 70

第4章 食品常见成分的检测分析 ……………………… 77

4.1 水分含量与活度检测分析 …………………………… 77

4.2 灰分检测分析 ………………………………………… 84

4.3 酸类和脂类检测分析 ………………………………… 89

4.4 碳水化合物检测分析 ………………………………… 96

4.5 蛋白质及氨基酸检测分析 …………………………… 103

4.6 膳食纤维检测分析 …………………………………… 111

第 5 章　食品添加剂安全检测技术 ············· 117

　5.1　食品添加剂概述 ············· 117

　5.2　食品防腐剂检测 ············· 120

　5.3　食品抗氧化剂检测 ············· 127

　5.4　食品合成甜味剂检测 ············· 133

　5.5　其他食品添加剂检测 ············· 142

第 6 章　食品有害与有毒成分检测技术 ············· 153

　6.1　食品中内源性毒素检测 ············· 153

　6.2　食品中有毒微生物污染物检测 ············· 160

　6.3　食品中重金属含量的检测 ············· 169

　6.4　食品中药物残留检测 ············· 183

第 7 章　其他食品安全检测技术 ············· 199

　7.1　食品造假安全检测 ············· 199

　7.2　食品包装与容器安全检测 ············· 214

第 8 章　食品安全检测新技术 ············· 223

　8.1　酶联免疫吸附技术 ············· 223

　8.2　PCR 检测技术 ············· 228

　8.3　生物芯片技术 ············· 232

　8.4　生物传感器技术 ············· 234

　8.5　拉曼光谱分析技术 ············· 237

参考文献 ············· 241

第1章 绪 论

食品作为人类最直接、重要的能量与营养素来源，对人类健康、生存与发展有重要作用。食品的摄入安全与否是关乎人民群众身体健康和生命安全的重大民生问题。人们越来越意识到合理界定"食品安全"，对食品安全相关问题的研究、管理与处理具有重要意义。

1.1 食品安全概述

1.1.1 综述

联合国粮农组织 1974 年提出了"食品安全"的概念。从广义上来看，主要包括三个方面的内容。从数量上来看，国家能够提供给公众足够的食物，满足社会稳定的基本需要；从卫生安全角度来看，食品对人体健康不应造成任何危害，并能获取充足的营养；从发展上来看，食品的获得要注重生态环境的良好保护和资源利用的可持续性。

我国食品安全法规定的"食品安全"，是指食品无毒、无害，符合应当有的营养要求，对人体健康不造成任何急性、亚急性或者慢性危害。食品安全法所定义的狭义的食品安全概念，是出于既能满足需求，又可以维护可持续意义上的食品安全，是由农业法和环境保护法等法律进行规范的考量。

我国《重大食品安全事故应急预案》中将食品安全定义为：食品中不应包含可能损害或威胁人体健康的有毒、有害物质或不安全因素，不可导致消费者急性、慢性中毒或感染疾病，不能产生危及消费者及其后代健康的隐患。该定义是在《中华人民共和国食品安全法》（以下简称《食品安全法》）的基础上，对食品的基本属性更进一步的描述。食品在满足基本属性的同时，被不可避免地通过环境、生产设备、操作人员、包装材料等带入一定的污染物，包括重金属污染、农药残留、生物性污染物、化学性污染物等，但这些污染物在食品中的含量是有限制的，即在食品安全国家标准规定范围之内。食品安全国家标准制定的根据就是按照通常的使用量和使用方法，不对人体产生急、慢性和蓄积毒性的科学数据。

民以食为天，食以安为先。我国当前食品安全的总体状况已经得到了很大改善，但是仍然存在问题，食品安全事件不断发生，食品安全违法行为屡禁不止，这些问题的存在严重影响了消费者对食品安全的信心，也影响了食品行业的健康发展。因此，消费者对食品安全的信心需要通过完善的食品安全法律体系和监管体系来保障。

目前，我国食品安全法律体系的整体性不足。《食品安全法》是食品安全法治系统的核心要素，其他法律、法规作为补充要素应当与核心要素相协调，共同形成一个严密的食品安全法网。同时，还要加快配套的行政法规和地方性法规的立法进程。

当前我国有关食品安全类型的法律 30 余部，法规或部门规章 100 余部。随着市场发展和食品多样化、复杂化，我国关于食品安全的法律法规及有关生产标准、监督管理规定等必然要加速制定的节奏。

我国先后发布食品安全相关法律、法规、条例等，这些法律、法规、条例等均以《食品安全法》为中心，为保障食品安全提供了基本法律依据。我国食品安全相关的法律较多，主要有《食品安全法》《中华人民共和国农产品质量安全法》《中华人民共和国产品质量法》《流通领域食品安全管理办法》等。同时，一些相关的办法、条例、规范等也相继出台，例如，《中华人民共和国食品安全法实施条例》《粮食流通管理条例》《散装食品卫生管理规范》《食品卫生许可证管理办法》《进口食品卫生管理》《出口食品质量管理》《水产养殖质量安全管理规定》《食品生产加工企业质量安全监督管理办法》等。这些法律、法规、条例和办法的颁布实施，逐渐完善了我国食品安全法律体系，这些法律主要包括《食品安全监管执法协调协作制度》《新食品原料申报与受理规定》《新食品原料安全性审查规程》《食品生产企业安全生产监督管理暂行规定》《关于进一步加强对超过保质期食品监管工作的通知》《食品生产加工企业质量安全监督管理实施细则（试行）》《食品添加剂生产监督管理规定》等。

有关危害食品安全犯罪的立法有：《刑法》《关于办理危害食品安全刑事

案件适用法律若干问题的解释》《食品安全法》《标准化法》《产品质量法》《食品安全法实施条例》《标准化法实施条例》《动植物检疫检验法》《消费者权益保护法》等。这些法律的制定和实施，从多个角度完善了食品安全的立法工作。

然而，完善食品安全治理不仅仅要求立法健全，更需要具有整体性的食品安全机构体系进行监管。各食品安全监管机构应形成统一、高效、专业的有机体，建立统一的监管模式，强化和落实地方政府的食品安全监管责任，加强基层食品安全监管机构的能力等。

完善食品安全监督管理机制，构建全程覆盖、高效运转的监管格局，对于预防食品安全事件具有重大意义。我国食品安全监督管理体系中各部门的主要职责是保证食品安全相关法律、法规、条例等顺利实施，同时，这些法律、国家标准也是其执法和保障食品安全的工具。此外，原国家食品药品监督管理总局印发的食品生产许可审查细则从发证的产品范围、生产设备、产品标准、原材料、生产流程、关键控制点等容易出现质量安全问题的环节进行审查，对企业每年的检验次数和产品抽样均做了详细的规定。

1.1.2　食品安全事件

随着全球经济一体化、贸易自由化和旅游业的发展，我国食品安全形势同其他国家一样，面临许多新的挑战。与过去相比，我国食品安全状况有了显著改善，但是还要看到，我国的食品安全状况与国际食品安全状况密切相关，传统问题与新问题同步存在，有些方面不容乐观。同时，我国食品加工业还存在严重违法生产的现象，一些生产企业受利益驱使，以假充真，以次充好，滥用食品添加剂，甚至不惜掺杂有毒、有害的化学品，给食品消费者的身心健康带来很大危害。近年来，我国发生了多起食品安全事件。

1.1.2.1　"养羊大县"添加瘦肉精的问题羊肉流向多地

2021 年 3 月 15 日晚，中央广播电视总台 3·15 晚会上曝光了号称"养羊大县"的河北省青县养羊企业中添加瘦肉精的问题。据了解，青县是河北省一个重要的养羊基地，每年大约出栏 70 万只羊。养殖户向记者透露，这里的羊在饲养过程中添加了瘦肉精。5 月 8 日，市场监管总局通报了"央视3·15 晚会曝光案件线索查处情况"。河北省市场监管部门已责令依法注销河北天一肉业有限公司食品经营许可证。河南省郑州市市场监管部门会同公安、农业农村等部门开展排查，重点检查牛羊肉经营者的检验检疫证明、索证索票等情况并抽样送检，检验暂未发现不合格产品。天津市市场监管部门组织对羊肉开展全面排查，静海区 2 家市场主体 2 批次羊肉检出"瘦肉精"，已被立案调查。经查，2 家市场主体均从同一家批发商处购进，已将问题羊肉查封，并将该批发商移送公安机关。

1.1.2.2　小龙坎后厨脏乱差上热搜

2021 年 3 月 15 日，知名火锅品牌小龙坎因"用扫帚捣制冰机"登上热搜，引发了网友们对火锅行业食品安全问题的广泛关注。3 月 15 日，江苏广电总台融媒体新闻中心在微信公众号"江苏新闻"上发布了一段"卧底小龙坎"的视频。视频显示，位于南京的某小龙坎火锅店爆出诸多惊人的卫生问题：没有健康证就能入职工作；菇类、青菜等不清洗，上桌前淋水冒充新鲜食材；土豆外表已经发绿、发黑，刮掉表面继续使用；水果和肉类混用刀具案板；使用打扫卫生的扫帚捣制冰机冰块；碗筷洗不干净等。3 月 15 日下午，成都小龙坎餐饮管理有限公司通过其官方微博发出致歉声明，表示公司对小龙坎南京玄武店以及个别门店出现的问题深表歉意，并在第一时间成立了专项工作组，对涉事门店立刻停业整顿，全力配合政府监管部门的工作。声明还称，报道中所涉及的门店其违规行为严重违背小龙坎的加盟运营要求，与企业宗旨严重背离，公司将严肃处理。

1.1.2.3　曼玲粥店吃剩的排骨再下锅，三米粥铺徒手捏碎皮蛋

2021 年 3 月 16 日下午，"福州曼玲粥店将吃剩排骨再下锅"登上微博热搜榜第一位。15 日，据福建省广播影视集团电视新闻综合频道《第一帮帮团》栏目报道，福建福州曼玲粥店宝龙分店，多名员工在长时间未洗手的情况下徒手抓取食材，更有甚者，将当晚吃剩的排骨捞出回收，加入了给顾客的山药排骨粥中。16 日，曼玲餐饮发布处理通报称，强制关停曼玲粥店福州宝龙店的第三方外卖平台账户和线下店铺，对店铺全面彻查，主动向政府监管部门汇报整改情况。另外，线上线下全面排查全国曼玲粥门店卫生、食品安全问题，避免再次发生此类问题；加强对门店的实时监控，今后对违规门店做通报批评和处理。此外，主动为曼玲所有加盟店进行卫生制度管理培训、食品安全、卫生操作培训，为期 3 个月完成。

《第一帮帮团》栏目还曝出了知名连锁外卖品牌三米粥铺的后厨卫生情

况。没有健康证的记者成功入职，成为帮厨，发现后厨人员边吸烟边装菜，米未清洗直接下锅的情况。店内的招牌皮蛋瘦肉粥，皮蛋竟是在后厨人员没洗手没戴手套的状态下徒手捏碎的，各种不良卫生状况令人担忧。三米粥铺官方微博 3 月 16 日发表致歉声明，并公布了整改措施：一是对涉事门店做出严肃处理，对涉事店铺关停外卖账户和线下实体店铺；二是对店铺卫生状况全面彻查和停业整改。

1.1.2.4　迪士尼蛋糕有异物，关联公司被罚 7 万元

2021 年 6 月 20 日，有消费者在上海迪士尼的"皇家宴会厅"餐厅购买的一份蛋糕上附有异物。上海市浦东新区市场监督管理局行政处罚决定书指出，附有异物的蛋糕可能含有病菌，易对人体健康造成伤害。据信用中国网站显示，上海国际主题乐园有限公司因违反《食品安全法》相关规定，被上海市浦东新区市场监督管理局罚款 7 万元，处罚决定日期为 2021 年 11 月 12 日。上海国际主题乐园有限公司存在多条因"食品安全问题"被罚记录。

1.1.2.5　"胖哥俩"隔夜死蟹冒充活蟹餐厅被罚款 50 万元

2021 年 8 月 23 日，"胖哥俩肉蟹煲"被曝存在严重的食品安全问题。有记者卧底"胖哥俩"北京合生汇店、凯德 mall 大峡谷店后厨，发现存在死蟹当活蟹卖、变质土豆加工后继续上桌、鸡爪等熟制品即使变味儿依旧售卖等现象。10 月 18 日，北京市丰台区市场监督管理局依据《食品安全法》第一百二十四条第一款第（二）项、第（四）项及《中华人民共和国反不正当竞争法》第二十条第一款等规定，对北京某餐饮有限公司作出警告，没收违法所得和罚款 500000 元的行政处罚决定。据新京报微博 11 月 17 日报道，记者证实通报的这起案例正是 8 月被曝光的北京胖哥俩餐厅。

1.1.2.6　安纽希婴儿配方奶粉抽检不合格罚款 87.2 万元

2021 年 9 月 24 日，市场监管总局发布"关于 7 批次食品抽检不合格情况的通告"，该通告指出，黑龙江鞍达实业集团股份有限公司制造的、标称安纽希（天津）婴幼儿食品科技有限公司中国销售运营的安纽希婴儿配方奶粉（0~6 月龄，1 段），检测出菌落总数不符合食品安全国家标准规定，二十二碳六烯酸与总脂肪酸比、二十碳四烯酸与总脂肪酸比检测值不符合产品标签标示要求。黑龙江省绥化市市场监管局督促企业立即召回相关产品，要求企业停业整顿，没收违法所得 1845.36 元，罚款 87.2 万元。

1.1.2.7 "奈雪的茶"频陷"食安门",连登"黑榜"

2021年10月22日,据上海市市场监督管理局网站消息,因抽样茶饮菌落总数项目不合格,上海奈雪餐饮管理有限公司东长治路店被罚款5000元。经记者查询发现,这已经是"奈雪的茶"在近一个月内第三次登上地方黑榜,原因包括饮品菌落总数超标、厨房操作间不规范等食品安全问题。8月2日,北京市市场监管部门获知所辖一"奈雪的茶"奶茶店加工使用腐烂水果等食品安全问题的线索后,立即对涉事门店开展现场检查,对其违法违规行为立案查处。

11月3日消息,因生产经营标注虚假生产日期、保质期或者超过保质期的食品、食品添加剂,上海奈雪餐饮管理有限公司南京西路分公司10月25日被罚款5万元,该公司为"奈雪的茶"下属公司。处罚决定书显示,涉事门店为"奈雪的茶"上海梅龙镇广场店。经查,2021年9月4日,消费者通过"奈雪的茶"微信点单小程序购买霸气葡萄罐子蛋糕一个,购买时蛋糕已超过标签上的保质期。

1.1.2.8 家长用蔬菜水冲奶粉致婴儿中毒

2021年11月3日消息,四川成都市妇女儿童中心医院连续接诊了两名中毒的新生儿患者,原因是家长害怕孩子喝奶粉会"上火",认为蔬菜水可以"清火",于是用煮熟的蔬菜水冲奶粉给宝宝喝,结果导致婴儿亚硝酸盐中毒,全身呈青紫色,出现缺氧的情况。经过及时治疗,孩子目前已经转危为安,顺利出院。对此,医生提醒家长,婴儿肠道壁发育不成熟,比较薄,因此婴儿饮用蔬菜水、吸收亚硝酸盐的量就更多。再加上婴儿自身体重小,很小剂量的亚硝酸盐就可能导致中毒,尤其0~6个月的新生儿更是如此。

1.2 食品安全检测

1.2.1 食品安全检测概述

食品安全依靠食品检验进行保障,食品的卫生和安全质量通过食品感官检测、食品营养成分及污染物检测、食品质量保障合格情况检测等进行评价。

国家食品检验体系的水平和能力将会影响社会的稳定和人民的安全，因此构建以食品安全为核心的食品安全检验体系是必要的。食品安全检验是对某区域或者某品种食品进行抽样检测并最终形成判断。

食品安全检验具有明确的计划和目的，抽检方式具有科学性，这样才能够全面地反映某地区的食品安全情况，检验结果能够客观反映市场上食品的优劣情况，对于优质产品的保护工作具有重大帮助，能够有效消除食品安全隐患。做好食品检验是我国构建社会主义和谐社会的客观需要，所谓民以食为天，保障食品的安全能够保障人民群众的生命健康，维护社会的和谐稳定，我国目前正处于社会主义初级阶段，只有食品安全得到了保障，才能有效建设社会主义和谐社会。食品安全检验能够提高政府食品安全科学监管水平，是政府公共服务职能的一部分，通过食品安全检验，收集食品安全资料，掌握食品安全隐患问题，为食品提供安全保障。

食品检验，是对食品原料、辅助材料、成品的质量和安全性进行的检验，包括对食品理化指标、卫生指标、外观特性以及外包装、内包装、标志等进行检验。食品检验方法主要有感官检验法和理化检验法，食品检验是保证食品安全，加强食品安全监督的重要技术支撑，是食品安全法律制度中的重要制度之一。

食品检验的意义在于尽早发现问题，消除食品安全隐患。如果只依赖监管部门在食品上市后进行检验，就难以有效防控食品安全风险。所以，食品检验应该贯穿食品生产流通的全过程。

新《食品安全法》在多处规定了食品检验。

第一，为了保证食品源头的安全，新法要求食品生产者在对食品原料、食品添加剂、食品相关产品进行采购时，必须查验供货者的许可证和产品合格证明文件。如果供货者不能提供该食品原料的合格证明，那么必须依据食品安全标准，对该原料进行检验。如果食品生产者没有设立自己的检验机构或者不具备检验能力，应当委托依法设立的食品检验机构进行检验。

第二，为了保证成品安全，新法要求食品生产者按照食品安全标准对所生产的食品、食品添加剂和食品相关产品进行检验，形成食品出厂检验制度，只有在检验合格后，才能够出厂或者销售。

第三，食品检验是指食品安全监管部门应当定期或者不定期对生产经营者所生产、销售的食品进行抽检。所抽取的样品应当委托依法设立的食品检验机构进行。检验结论是执法机关对相关人员做出行政强制、行政处罚的重要依据。

《食品安全法》鼓励食品行业协会、消费者协会、消费者等对食品安全行使监督权。以上组织和消费者需要进行食品检验的，可以委托符合规定的食品检验机构。当发生食品安全事故时，县级以上人民政府食品安全监督管理部门应当立即会同同级卫生行政、农业行政、质量监督等部门进行调查处理，调查食品安全事故，封存可能导致食品安全事故的食品及其原料，并立即进行检验。

食品检验机构是承担食品检验的重要力量。2010 年 9 月 15 日，中国国家认证认可监督管理委员会（以下简称国家认监委）发布的《食品检验机构资质认定评审准则》中所指出的食品检验机构，是指依法设立或者经批准，从事食品检验活动并向社会出具具有证明作用的检验数据和结果的检验机构。

食品检验工作十分重要，且技术性强，需要通过制度来保证食品检验工作的科学性、公正性和客观性。食品检验机构从事食品检验活动前，应当按照国家有关认证认可的规定，依法取得资质认定。

2010 年 8 月 5 日，国家质量监督检验检疫总局（以下简称国家质检总局）发布了《食品检验机构资质认定管理办法》，其中规定，食品检验机构资质认定由国家质检总局统一管理。食品检验机构资质认定，是指依法对食品检验机构的基本条件和能力，是否符合食品安全法律法规的规定以及相关标准或者技术规范要求实施的评价和认定活动。

2015 年 6 月 19 日，国家质量监督检验检疫总局发布了《国家质量监督检验检疫总局关于修改〈食品检验机构资质认定管理办法〉的决定》。2015 年 9 月 29 日，国家认监委发布了《国家认监委关于实施食品检验机构资质认定工作的通知》。2016 年 8 月 17 日，原国家食品药品监管总局联合国家认监委发布了《食品药品监管总局国家认监委关于印发食品检验机构资质认定条件的通知》。

《食品检验机构资质认定条件》（以下简称《资质认定条件》）共分八章 31 条，对食品检验机构应当具备的基本条件做出了明确规定，主要要求食品检验机构在以下几个方面达到标准：组织、管理体系、检验能力、人员、环境和设施、设备和标准物质等，同时要求地方各级食品安全监管部门和质量技术监督局（市级监督管理部门）加强对《资质认定条件》的宣传贯彻，督促相关食品检验机构尽快达到《资质认定条件》的要求。《资质认定条件》的发布，将通过规范检验工作行为，推动食品检验机构及其检验人员提高技术能力，从而有效提高食品检验工作的诚信力和公正性。

2017年1月24日，原国家食药监总局办公厅发布了《国家食药监总局办公厅关于执行〈食品检验工作规范〉有关事项的通知》。

《食品检验机构资质认定评审细则》对从事食品检验机构资质认定的评审做出规定。由此规定可以看出，食品检验报告具有证明效力。证明效力主要体现在：一是食品生产经营者委托食品检验机构对原料、成品进行检验，出具的检验合格证对消费者来说具有证明该产品合格的证明效力。二是食品安全监督管理部门委托食品检验机构对抽检的样品或者可能导致食品安全事故的食品及其原料进行检验，所出具的食品检验报告是食品安全监督管理部门责令食品生产经营者召回或者进行行政处罚的依据。

我国食品检验机构主要分布在卫生、农业、质检、商务、工商行政管理等部门。因此，不排除有的执法部门就委托本系统的食品检验机构进行检验，也不排除存在有的执法部门强令食品生产经营者委托本系统的食品检验机构进行检验的不正当竞争行为。为了杜绝以上不公平竞争的行为，本条第3款规定：符合本法规定的食品检验机构出具的检验报告具有同等效力。

我国食品检验机构有官办的也有民办的。而且由于过去对食品安全实行分段式监管，官办的食品检验机构有的是原卫生、原食品药品安全监督管理局设立的，有的是农业、质检、商务、工商行政管理等部门设立的。食品安全监管体制调整后，有必要对原隶属于各个监管部门举办的食品检验机构进行整合。2013年的《国务院机构改革和职能转变方案的决定》明确提出重新组建国家食品药品监督管理总局，整合食品检验资源，实现资源共享。

我国食品安全检验有很多长期存在的问题，其根本原因在很大程度上是由于食品检验资源未能很好地整合，没有对食品检验进行适时的市场化改革。通过修订法律确定食品安全检验的资源整合和市场化改革，极大地推动了我国食品检验的健康快速发展，满足社会对食品检验的巨大需求。食品安全监督抽检复检制度是保障我国食品安全的最后一环，是保障我国合法食品生产企业切身利益的最后关口，是我国食品公共安全的重要保证。

1.2.1.1 监督抽检

（1）不得实施免检

2008 年 9 月 18 日，在多个属于"国家免检产品"的奶制品被检出含有三聚氰胺，导致许多婴幼儿患肾结石后，国务院办公厅决定废止《国务院关于进一步加强产品质量工作若干问题的决定》中有关食品质量免检制度的内容。同日，废止《产品免于质量监督检查管理办法》。至此，实行多年的食品免检制度宣告结束。

设立免检制度的初衷是避免重复检查，防止地方利益保护和行业垄断，减轻企业负担，鼓励企业自律保证产品质量。从实施效果来看，免检食品的安全情况确实不令人满意。食品直接关系人民群众的身体健康和生命安全，不应当实行免检。政府应当对食品安全进行严格监管，不能让企业在政府免予检验的担保下，损害政府的威信。因此，《中华人民共和国食品安全法》明确规定，食品安全监督管理部门对食品不得实施免检。

（2）关于食品安全抽样检验制度

2016 年 12 月 29 日，原国家食品药品监管总局办公厅发布了《食药总局办公厅关于印发食品补充检验方法工作规定的通知》。食品药品监管总局制定了《食品补充检验方法工作规定》，进一步加强了食品补充检验方法管理，规范食品补充检验方法相关工作程序。该规定根据《食品安全抽样检验管理办法》制定。该规定在否定免检制度的同时，明确规定对食品的检验采取定期或者不定期的抽样检验方式。抽样检验是对食品安全进行监督检查的一种主要方式。

①抽样检验的主体。县级以上人民政府对食品安全监督管理部门对食品进行定期或者不定期的抽样检验，包括对食品生产、食品销售、餐饮服务活动环节的食品进行抽样检验。

②抽样检验的方式。食品安全抽样检验包括定期和不定期的抽样检验两种。定期检验主要是指监管部门根据监管工作的需要，做出明确规定和安排，在确定的时间，对食品进行抽样检验。如《产品质量国家监督抽查管理办法》规定，国务院质量监督部门"定期实施的国家监督抽查每季度开展一次"。不定期检验主要是针对特定时期的食品安全形势、消费者和有关组织反映的情况，或者因其他原因需要在定期检验的基础上，不定期地对某一类食品、某一生产经营者的食品，或者某一区域的食品进行抽样检验。定期检

验和不定期检验的最大区别是实施抽样检验的时间是否确定，定期检验一般是常规的工作安排，不定期检验具有一定的灵活性，有利于迅速检查发现问题，及时排除食品安全隐患。

③抽样的范围和对抽取样品的保存。抽样的范围是食品生产者成品库待销产品、食品经营者仓库用于经营的食品，实行随机抽样，食品生产经营者不能自行提供样品。抽样数量原则上应满足检验和复检的要求。

抽取的样品应当现场封样。复检备份样品应当单独封样，由承检机构保存。抽样人员应采取有效的防拆封措施，样品应由抽样人员、被抽样食品生产经营者确认并签字或盖章。

④抽取样品的费用。抽样产生的有关费用应当由国家财政拨付，向食品生产经营者支付费用。

⑤对抽取的样品进行检验。县级以上人民政府食品安全监督管理部门对抽取的样品，有的凭执法人员的感官就能做出判断，但对致病性微生物、农药残留、兽药残留、生物毒素、重金属等污染物质，以及其他危害人体健康的物质的含量是否符合食品安全标准的规定，需要由食品检验机构进行检验得出结果。所以，县级以上人民政府食品安全监督管理部门在执法工作中需要对食品进行检验的，应当委托符合新法规定的食品检验机构进行。

⑥检验费用。上文提到，对食品实施抽样检验，是食品安全监督管理部门代表国家对食品安全进行监督检验的执法行为，其执法过程所需要的有关费用应当由国家财政拨付，不得向被抽检的食品生产经营者收取检验费和其他费用，而应当由委托的食品安全监督管理部门向受托的食品检验机构支付费用，如果向被抽检的食品生产经营者收取检验费等费用，不仅会增加被抽检人的负担，而且不利于保证检验结果的客观、公正。

⑦公布检验结果。检验结果，特别是所抽取的样品经过检验得出不合格检验结论的，事关广大消费者的生命安全和健康，因此，食品安全监督管理部门应当依据有关规定公布检验结果。

1.2.1.2　复检

执法机关责令食品生产经营者召回问题食品，或对食品生产经营者采取行政强制措施或进行行政处罚，应当以监督抽检不合格的检验结论作为依据，依照《食品安全抽样检验管理办法》的规定，食品生产经营者收到监督抽检不合格结论后，应当进行以下行为：

①立即封存库存问题食品。

②暂停生产、销售和食用问题食品。

③采取召回问题食品等措施控制食品安全风险。

④排查问题发生的原因并进行整改。

⑤及时向住所地食品安全监督管理部门报告处理相关情况。

食品安全监督管理部门应当起到监督履行规定义务的责任，特别是食品生产经营者不按规定及时履行前款规定的义务时。监督抽查不合格的检验结论，关系到食品生产经营者的切身利益，因此，为了维护食品生产经营者的合法权益，需要从法律上提供救济途径，这是复检制度的意义所在。

1.2.1.3 自行检验和委托检验

（1）食品生产者自行检验、委托检验

①对食品原料的检验。按照《食品安全法》第五十条第一款的规定，食品生产者采购食品原料时，应当对供货者的许可证和产品合格证明进行查验。如果食品供货者不能提供合格证明文件，应当对该食品原料进行检验，不得采购或者使用不符合食品安全标准的食品原料。如果不具备检验能力的，应当委托符合新法规定的食品检验机构进行检验。

②对食品的出厂检验。食品、食品添加剂和食品相关产品出厂后，应当按照食品安全标准对所生产的食品、食品添加剂和食品相关产品进行检验，只有在检验合格以后，才能出厂或者销售。未经检验或者检验不合格的，不得出厂销售。如果企业不具备产品出厂检验能力，那么应当委托有检验资质的检验机构，对出厂产品进行出厂检验。

③食品生产者自行检验的能力要求。自行检验需要食品生产者具备相应检验能力，满足以下五个要求：第一，食品生产者有独立行使食品检验并具有质量否决权的内部检验机构；第二，该内部检验机构有健全的产品质量责任以及相应的考核办法；第三，该内部检验机构具有相关产品的技术标准要求的检验仪器和设备，并且能够满足规定的精度、检测范围要求，且经过计量检定合格并在有效期内；第四，该内部检验机构满足检验工作需要的员工数量，进行检验操作的人员应当熟悉相关检验标准，并经培训获得考核合格证明；第五，该内部检验机构能够科学、公正、准确、及时地提供检验报告，出具产品质量检验合格证明。符合上述要求并可以完成全部出厂检验项目的企业，可以确定为企业具有检验能力。

④食品生产者委托检验机构进行检验。规模大的食品生产企业一般具备检验能力，但我国的食品生产企业呈现小和散的特点，多数食品生产企业为中小企业，往往不具备检验能力，有的对某些项目不具备检验能力，如对食品中的污染物质、致病性微生物等。在这种情况下，需委托符合《食品安全法》规定的食品检验机构对食品进行检验。

（2）有关社会组织、消费者的委托检验

食品行业协会一般由多个相关企业组成，其中包括食品生产企业、经销企业、原料供应企业及食品机械、包装等，属于非营利性社会团体法人。食品行业协会进行行业自律，主动对所属企业生产的食品进行检验，或者对监管部门进行的食品检验结果存有异议，由食品行业协会协助企业进行检验的，应当委托符合新法规定的食品检验机构进行检验。

消费者协会和其他消费者组织是依法成立的对商品和服务进行社会监督的保护消费者合法权益的社会组织。《消费者权益保护法》规定，消费者协会履行的公益性职责之一，就是要受理消费者的投诉，并对消费者的投诉事项进行调查、调解。在消费者的投诉事项涉及的问题中，关于商品和服务质量问题的投诉可委托具备资格的鉴定人鉴定，鉴定人应当告知鉴定意见。由此可见，消费者协会和其他消费者组织也可以就消费者所购买的食品对食品检验机构进行检验，其中，该食品检验机构应符合新法规定。

消费者对自己所购买的食品感到不安全时，也可以委托符合《食品安全法》规定的食品检验机构进行检验。如果经过检验得出不符合食品安全标准的结论，可以作为维权的证据，与食品生产经营者协调解决赔偿问题，或者通过仲裁、诉讼的途径解决纠纷。

1.2.1.4 食品添加剂的检验

2013 年食品安全监管体制调整之前，食品添加剂被作为工业产品分类，由国家质量监督部门负责食品添加剂生产的监督管理工作。食品安全监管体制调整之后，由原国家食品药品监督管理部门负责食品添加剂的生产、销售、使用的监督管理工作。

食品和食品相关产品中的致病性微生物、农药残留、兽药残留、重金属等污染物质、其他危害人体健康物质需要依照食品安全标准进行检验并作限量规定。县级以上人民政府食品安全监督管理部门有权对生产经营的食品添加剂进行抽样检验。

1.2.1.5 法律责任

食品检验机构和食品检验人员承担着对食品进行依法检验的职责。食品检验是食品安全执法的重要依据，食品安全监督管理部门在日常的执法中，如果发现生产经营的食品可能存在安全问题的，需要将有可能存在问题的食品送到食品检验机构进行检验，如果经检验发现食品确实不符合食品安全标准的，则执法机关应当对当事人给予处罚。所以，食品检验机构所出具的检验结论是食品安全执法的重要依据。对于食品检验机构、食品检验人员出具虚假检验报告的，本条规定的法律责任包括以下几点。

（1）撤销检验资质

国家对食品检验实行许可制，没有获得食品检验资质就不得从事食品检验活动。食品检验机构会被撤销资质的情况有两种：

①食品检验机构、食品检验人员出具虚假检验报告；

②食品检验机构聘用不得从事食品检验工作的人员。

授予食品检验机构资质的主管部门或者机构是撤销该食品检验资质的主体。如果食品检验机构的检验资质是由行政部门授予的，则由行政部门负责撤销；如果食品检验机构的检验资质是由国务院认证认可监督管理部门确定的认证认可机构授予的，则由该机构予以撤销。

（2）没收检验费用和罚款

没收违法所得、没收非法财物和罚款是《行政处罚法》规定的行政处罚种类，都属于财产处罚。违反新法规定，食品检验机构、食品检验人员出具虚假检验报告的，没收所收取的检验费用，并处检验费用 5 倍以上 10 倍以下罚款，检验费用不足 1 万元的，并处 5 万元以上 10 万元以下罚款。

（3）行政处分

行政处分是行政法律责任的内容。根据轻重程度，分为警告、记过、记大过、降级、撤职和开除等多个种类。食品检验机构、食品检验人员出具虚假检验报告的，依法对食品检验机构直接负责的主管人员和食品检验人员给予撤职或者开除处分；导致发生重大食品安全事故的，对直接负责的主管人员和食品检验人员给予开除处分。受到开除处分的食品检验机构人员，自处分决定做出之日起 10 年内不得从事食品检验工作；因食品安全违法行为受到刑事处罚或者因出具虚假检验报告导致发生重大食品安全事故受到开除处分的食品检验机构人员，终身不得从事食品检验工作。

在民事责任方面，食品检验机构出具虚假检验报告，使消费者的合法权益受到损害的，应当与食品生产经营者承担连带责任。

1.2.2 我国食品安全检测现状

1.2.2.1 食品安全的问题

我国食品安全检验监测体系虽然已经初具雏形，但仍然存在很多问题。

（1）食品安全检验监管体系不足

我国部分食品安全检验检测体系由多个部门组成，但各部门联系不够，无法构成健全的体系。检验标准是约束生产的准则，统一严格的标准是生产合格产品的前提，当前，我国食品安全检测标准并不完善，食品检测标准包含国家标准、行业标准、地方标准与企业标准，同时，这种不协调的机制，造成食品加工生产者陷入质量标准、质检标准等多个标准的矛盾中，政府部门在食品监管中也陷入尴尬境地。

检测方式主要有突击检查或者任务检查等，并没有做到日常化和制度化。检测重点仍然以餐饮食品为主，对其源头和过程的检测不足，从而导致餐饮行业采用的食材不合标准。各部门制定的食品安全检验检测制度存在空白和矛盾之处，难以做到标准和内容上的和谐统一，可操作性较差。随着时代发展，食品加工工艺发生巨变，这就要求对食品检测标准加强更新，但是该标准更新力度不够，没有合理制定、执行和监管。

法律责任是法律制度实施的坚强后盾与保障，没有完善的法律责任体系就会导致违法成本过低，从而导致人们不遵守法律规章的现象发生。法律法规也有涉及食品检测方面，但是，我国食品安全检测实行区域管理，检测体系不严格，相关处罚条例并未执行到位，处罚措施不当，造成食品生产商对处罚条例警觉性不强。

（2）技术支撑较为缺乏

我国在食品安全检测方面的技术落后，主要表现在两个方面：一方面，是检测设备更新缓慢，无法满足需求，因资金问题，检测机构无法对检验设备及时更新换代；另一方面，检测技术更新较慢，面对食品中越来越多的新型危害成分，需要先进的科学检测技术。要想强化食品安全检验检测体系，技术支撑是重要基础。但是我国检验检测机构的资源配置存在着两极分化情况，国家级和省级单位具有很强的技术检测水平和先进的设施，而区县级单位的检测机构数量和设备都难以满足实际需求，设备维护更新不足，缺乏专业人才，检测的结果仅以能用为参考，法定性和权威性不足。此外，食品生产加工企业缺乏自我检测能力，设备和试剂利用率不高，存在应付检查和储存不当导致试剂设备过期等情况。

（3）服务意识不足

服务意识对于食品安全检验检测体系非常重要。所谓食品检测服务主要是应用相关仪器和试剂来检测食品是否存在不良因子，食品中的添加剂是否符合规范，保健食品中有效成分是否足够等，从生产到食用等各个环节来提供食品安全检测及咨询服务。我国很多食品安全检验检测机构大多是为政府服务的，根据行政执法部门监管的目的进行工作，检测项目指向性较强。就食品生产加工等技术支持而言，自愿有偿地为社会提供检测服务方面却明显做得不够。

（4）行业之间信息共享不够

完善食品安全检验检测体系，必须重视好各行业之间的信息共享工作，从而为食品安检提供丰富的网络数据。现如今我国很多地区建立了针对食品安全监管的信息档案网络系统，然而这些系统都是为卫生计生局以及食药监局的内部监管人员使用，行业间分享不够，各级食品安全监管信息没有在社会公开，公众无法掌握，损害了公众对食品信息的监督权和知情权。此外，该网络信息系统中的主要内容是日常监督量化评分、年度评级以及行政许可审批等，几乎没有检测数据内容，食品生产和加工过程中的违规行为也没有有效记录。

1.2.2.2　原因分析

综合分析原因可归纳为：组织结构的设置不完善，没有合理的设备配置方式以及专业人才的匮乏。

（1）没有完善的组织结构设置

政府部门检测机构太过分散，没有形成合力，联系不足。无论是实验室、检测站还是检测中心，它们都是监管局中的某个科室或者部门，并没有有效地独立出来。缺乏能够分配工作、处理人事以及管理绩效的办公室，它们的工作内容只是满足其上级监督部门的实际需要，难以对检测计划自行制订。

（2）没有合理的设备配置方式

所谓食品质量安全检验仪器，是指根据国家相关标准并应用先进设备仪器，在可靠的检测环境下对食品安全进行科学检验。其涉及食品种植、养殖、加工、生产、运输及经营等各个阶段，包括检测、鉴定、评价等各个内容。我国国家和省级单位的各食品安全检验检测机构所配置的检测设备都较为昂贵，种类和检测范围都有一定的保障，然而因为我国检测设备研发水平较低，采用的大都是从国外进口的设备，导致我国检测机构的资金投入增加，我国食品安全监管也缺乏自主独立性。我国县区级食品安全检验检测机构的检测设备无论是数量、种类还是更新维护力度等都严重不足，检测技术和检测能力得不到保证，检测报告的法定效力不高。

（3）缺乏专业人才

目前我国食品种植、生产和技工技术都在持续更新，检测设备和方法也在不断改革和完善，这就需要从事食品安全检验检测的工作人员有先进的技术和知识。我国食品安全检验检测人员无论是素质还是专业程度都在不断提高，然而我国在对该类专业人才的培养过程中，存在起步较晚的情况，人才规模较小，难以满足实际检测需要。我国现在仍然存在很多非专业人士在该方面任职的情况。此外，很多检验检测机构缺乏足够的资金，引进和培训人才实在困难，绩效提升平台渠道不足，对检测结构的技术水平以及资质认证步伐产生了重大影响。

1.2.2.3 解决策略

为解决我国食品安全检测体系存在的问题，应从以下几个方面入手。

（1）建立完善的食品安全检验检测体系

通过健全食品安全检验检测体系，对食品安全检测加强网络化建设，使食品检测能够被强有力的监督和管理。政府部门应该建立一种具有开放式的食品安全检验检测制度，为食品安全检验检测的公开性和透明性提供保证，此外，需建立高效的竞争机制，使食品行业能够应用正确的方式来进行行业竞争。要彻底摆脱食品行业中出现的相关制约因素，持续提升食品安全检验检测技术水平，为食品检验检测提供指导和帮助，如此方可采用科学合理的技术手段来评价和判断食品安全质量，进而让消费者能够吃到放心的食品。

建立统一、高效的食品安全检测体系，对现有检验检测机构进行整合，解决机构职能重叠的矛盾。为建立高效权威的食品安全检验检测体系，必须对我国现有的检验检测机构进行整合。在充分发挥现有各部门及各地方已经建立的监测网络各自优势的基础上，通过条块结合的方式实现中央机构与地方机构之间、中央各部门之间、国内进出口食品安全检验检测机构之间的有效配合。

针对目前检验检测体系众多、部门分割的实际情况，原国家食品药品监督管理总局应就检验检测体系的分工进行协调，通过协调来明确各部门在检测环节上的分工和职责，解决在实际检测中出现的问题。农业部负责产地环境监测、农业投入品检测、初级农产品过程检测，并负责食品污染物检测及食源性疾病及危害检测；质检总局负责产品质量检测、动植物进出境检验检疫和进出境食品安全检验监测；工商部门负责相关秩序的维持工作。

（2）完善食品安全检验检测体系制度

在对当地食品进行检验检测时，不能仅使用单一的技术手段。食品安全检验检测人员要明确自己的责任，如果工作人员不能履行责任，要给予适当的处罚。要及时调整好引发出的制度问题，并对工作内容进行补充，使食品安全质量问题能够迅速解决。另外，要对食品安全检验检测机构的工作人员加强培训，完善食品行业的法律法规，促使食品行业实际操作能够规范。

（3）为食品安全检验检测制定统一标准

食品安全事故之所以屡禁不止，这与各地区各机构在食品安全检验检测方面制定的标准差异有着重大的关系。因此，要保证所有的食品安全检验检测工作有统一化的标准，对于费用要统一规定，从而保证食品安全检验检测能够有准确的结构。从以下几个方面制定统一的标准：

①卫生、农业、工商、质检等相关部门，共同开展对现行的国家、行业、地方与企业标准进行清理，解决标准质检的交叉、重复、矛盾等不合理的问题；

②对已经备案的企业产品标准进行清理，将与国家法律法规、标准相矛盾的产品标准取消备案，逐步完善强制性、推荐性标准的合理定位。

建立具有动态化的评价机制，对食品安全检验检测体系进行完善，检测机构要形成绩效激励制度以及薪酬奖惩制度，并明确划分工作责任，如果出现问题，要及时找到相关责任人来承担责任，如此才能让食品安全检验检测工作得到保障。

（4）提升食品安全检测技术

食品安全检验检测的结果是否准确和食品检测技术是否科学有着重要的关系。我国应该学习西方的先进经验，并结合我国食品安全检验检测实际，完善我国食品安全检验检测技术。引进国际上先进的检验检测技术，建立一批我国在食品安全检验中迫切需要的，并拥有部分自主知识产权的快速筛选方法；在加强食品科学技求和食品检验监测方法研究中，国家应投入专项资金，改善我国实验室实验条件，并且要加强专业人员的业务提升工作，开展各类培训和学习活动，提高专业人员的素质，如在高校相关专业，完善人才培养模式，围绕产、学、研、用四个环节进行探索，完善课程体系建设，注重实践教学，培养实用型、创新型高素质人才；对于检测机构的从业人员加大培训，提升从业人员的专业知识，同时加强对人员的考核，督促从业人员更好地提高自身水平；检测机构要引进专业技术水平高的人员，增加团队活力，才能保证检测工作的顺利开展，进一步提升检测机构人员的整体水平。

对食品安全检验检测加强监督，制定相关的规范标准来对检测行为进行约束。此外，检测机构要加大对先进技术研发的资金投入，鼓励检验检测人员积极研究，政府要设立研究经费，对于优秀成果要申请专利。增加对检测机构的财政投入，保障仪器设备及时更新。政府及相关部门应充分认识到食品安全检测的重要性，增加财政投入，保障检测机构拥有足够的资金购买检测设备，提供良好的条件保障研究人员专心研发，能够创新出符合时代需要的检测技术。

1.2.3 食品安全检测技术研究

食品安全问题最直接的影响就是严重威胁消费者的健康安全和经济利益，同时对社会的稳定产生影响。

近年来，随着我国在食品安全领域投入大量的人力和科研精力，我国对食品安全的监督力度得到了前所未有的提升，在食品安全的检测技术研究中取得了重大进展。目前应用于食品安全方面检测技术主要可归纳为仪器分析方法、现代分子生物学方法、免疫学方法、分子印迹合成受体技术、酶联免疫吸附技术（ELISA）等，开始广泛应用于食品安全监测的各个领域。

1.2.3.1 前处理方法

在样品前处理方法上，新型样品前处理技术得到快速的发展。除了传统的液—液提取、液—固提取技术外，超临界流体提取、固相萃取、固相微萃取、基质固相分散萃取等已经成功地开发，同时超声波辅助提取、微波辅助提取、加压快速溶剂萃取成为常规的处理手段。样品的前处理变得更加高效、简单、快速、重现性好、安全，甚至一些技术已经实现了自动化处理。

1.2.3.2 仪器设备

在仪器设备方面，气相色谱仪（GC）、高效液相色谱仪（HPLC）、原子吸收光谱仪（AAS）、酶标仪、PCR 等已经成为常用的分析仪器，并且质谱仪（MS）也开始应用于定性分析、定量分析。

1.2.3.3 食品添加剂的检测技术研究进展

食品中添加剂中的苯甲酸和山梨酸的气相色谱法检测技术、高效液相色谱法甲醇检测技术已经应用的非常普遍；食品中抗氧化剂 BHA、BHT 的检测技术主要采用气相色谱法；食品中使用较多的主要甜味剂——糖精钠的检测方法有高效液相色谱法、薄层色谱法、紫外分光光度法、离子选择性电极法等；食品中禁用的防腐剂主要是采用姜黄试纸法进行定量检测，利用焰色反应进行定性检测。

1.2.3.4 农药、兽药残留物的检测研究进展

我国目前对于食品中农药、兽药残留物的检测研究取得了巨大的研究成果，可以成功地应用气相色谱法定性定量的方法检测有机氯、菊酯类农药的残留成分；采用 HPLC 检测农药中杀虫剂的使用；采用了超临界流体萃取的方法进行兽药样品的处理；采用酶联免疫法（EUSA）、高效液相色谱串联质谱法（HPLC-MS）、高效液相色谱法（HPLC）、液相色谱—荧光检测法（HPLC-FL）、杯碟法、薄层色谱法等技术检测青霉素类兽药残留。国外已有相当成熟的多组分农药残留的检测技术，一次可以检测多种有毒物质的残留与分析。

1.2.3.5 持久性有机污染物检测技术研究进展

对持久性有机污染物和环境激素类物质样品处理技术发展较快的有：固相萃取（SPE）、固相微萃取（SPME）、支载液体膜萃取（SLM）、微波萃取（MAE）、超临界流体萃取（SFE）等。主要检测方法有：气相色谱—质谱联用技术、高效液相色谱—质谱联用技术等。

1. 2. 3. 6 生物毒素检测技术研究进展

食品中的毒素物质的分析检测方法，现在已经可以采用薄层层析法、高效液相色谱法、酶联免疫吸附法、免疫亲和柱—荧光光度法和动物试验等方法。现阶段食品中毒素物质黄曲霉毒素的检测技术主要有光谱法、色谱法、酶联免疫法和纳米金免疫快速检测技术检测黄曲霉毒素 B_1（AFB_1）进行测定。

1. 2. 3. 7 重金属检测技术研究进展

当前食品中重金属元素分析较为先进的技术主要是微波消解样品预处理技术、原子吸收光谱仪（AAS）、原子荧光（AFS）光谱技术、连续光源光谱技术、电感耦合等离子体原子发射光谱技术（ICP-AES）、电感耦合等离子体质谱技术（ICP-MS）、高效液相色谱（HPLC）与 ICP-MS 联用、毛细管电泳、超临界色谱和气相色谱等各种分离方法与 ICP-AES 或者 ICP-MS 联用等技术，目前正广泛应用。

转基因食品的安全性问题受到消费者的广泛关注。对转基因食品的检测技术，与对有害生物的检测相类似，包括两种检测方法：一种是蛋白质水平上的检测；另一种是核酸水平上的检测。其中，基因芯片技术和 DNA 生物传感器技术的研究正在进展中。在日常的分析检测中，PCR 技术得到广泛的应用。

此外，在食品生产、流通领域中，食品掺假问题一直困扰着食品工业的健康发展，并对消费者的心理产生严重的影响。开发灵敏、准确、简便的掺假物质鉴别方法（尤其是化学方法、生物学方法），组合成为专用的试剂箱（盒），使其能够实际应用于现场检查与检验，可以为食品掺假问题的控制提供有效的手段。

1.3 食品安全保障

通过界定食品安全的概念，以及对食品安全概念的解析，不难发现，食品安全保障，实质上是紧紧围绕保证食品被消费者食用后不产生健康危害。具体可从从食品安全法律、食品安全监测、食品安全评估、食品安全控制、食品安全预警以及食品安全检验等多个方面保障食品安全，并形成了较为完善的食品安全保障体系。

1.3.1　食品安全监测

食品安全风险监测能够帮助了解我国食品中主要污染物和有害因素的污染水平和趋势，确定危害因素的分布和来源，便于掌握我国食品安全的状况，对发现并解决食品安全隐患有重要意义。食品安全风险监测为评价一个食品生产经营企业对污染的控制水平、执行食品安全标准的情况提供科学依据，为食品安全风险评估、风险预警、标准制（修）订和采取具有针对性的监管措施提供科学依据。便于了解我国食源性疾病的发病及流行趋势，提高对食源性疾病的预警与控制能力。

通过风险监测，了解掌握国家或地区特定食品或特定污染物的水平，掌握污染物变化趋势，开展风险评估并适时制（修）订食品安全标准，指导食品生产经营企业做好食品安全管理。风险监测也能从侧面反映一个地区食品安全监管工作的水平，指导确定监督抽检重点领域，评价干预实施效果，为政府食品安全监管提供科学信息。食品安全风险监测为食品安全风险评估、风险预警、风险交流和标准制（修）订提供了科学数据和实践经验，这是实施食品安全监督管理的重要手段，在食品安全风险治理体系中具有不可替代的作用。

我国食品安全风险监测网逐步健全。监测网络从国家、省（自治区、直辖市）、市、县延伸到了乡村，涉及老百姓餐桌上所有食品（30 大类），包括食品中绝大多数指标（300 余项），建立了约 2000 万个数据的食品污染大数据库。现阶段，以食源性疾病监测为"抓手"，在全国 9774 家医院建立哨点，初步掌握了我国食源性疾病的分布及流行趋势。

1.3.2　食品安全评估

食品安全风险评估指的是对食品、食品添加剂中生物性、化学性和物理性危害对人体健康可能造成的不良影响所进行的科学评估。食品安全风险评估是在国际上通行的制定食品法规、标准和政策措施的基础。在食品安全风险监测体系持续优化的基础上，我国持续展开食品安全风险评估，并取得了新成效。

我国食品安全风险评估工作从无到有，其中的稀土元素风险评估结果填补了国际空白，科学解决了稀土元素在茶叶等食品中的限量标准问题；食盐加碘评估提出了进一步精准实施"因地制宜、分类补碘"措施的科学建议等，也为及时发现处置食品安全隐患和正确传播食品安全知识提供了有效的技术支撑。

食品安全风险评估不仅是国际通行做法，也是我国应对日益严峻的食品安全形势的重要经验；食品安全风险评估可以为国务院卫生行政部门和有关食品安全监督部门决策提供科学依据，对于制（修）订食品安全标准和提高有关部门的监督管理效率都能发挥积极作用，对于在 WTO 框架协议下开展国际食品贸易有重大意义；食品安全风险评估是将食品安全管理由末端控制向风险控制转变，由经验主导向科学主导转变。

1.3.3　食品安全控制

保障食品安全，在整个食品供应链中贯穿风险控制与预防至关重要，控制食品安全风险，建立"从农田到餐桌"的综合食品安全控制制度显得尤为重要。食品安全标准则是我国的强制性标准，是保证食品安全、保障公众健康的重要措施，有利于实现我国食品安全科学管理、强化各环节监管，对规范食品安全生产经营、促进食品行业健康发展提供了技术保障，食品安全标准是进行风险交流的科学依据，是执法的前提。

党的十八大以来，我国食品安全标准取得了显著成效。构建并完善与国际接轨的食品安全国家标准框架体系，全面完成了 5000 多项食品标准的清理整合，发布实施了 1200 多项食品安全国家标准，涵盖 1 万多项参数指标，构建了一整套较为完善的、与国际接轨的食品安全国家标准框架体系，主要包括《食品安全国家标准管理办法》《食品安全国家标准跟踪评价规范（试行）》等。在国家食品安全标准目录中，食品原料标准约 200 项，食品安全地方标准约 10 项，食品添加剂标准约 400 项。标准体系的建立意味着食品的生产更加规范安全，生产企业有着严格的遵循标准。

市场情况复杂多变，为了应对这种情况，《食品安全企业标准备案办法》要求没有食品安全国家标准、地方标准，或其生产标准高于国家标准或者地方标准的食品生产企业制定企业标准，并在组织生产之前向省、自治区、直辖市卫生行政部门备案，有效期为 3 年。如盐城市供销食品厂的腌制生食动物性水产品系列、江苏香滋味槟榔有限公司的食用槟榔等。

《食品安全法》公布实施前，我国已有食品、食品添加剂、食品相关产品等国家标准 2000 多项，行业标准 2900 多项，地方标准 1200 多项，基本建立了以国家标准为核心，行业标准、地方标准和企业标准为补充的食品标准体系。《食品安全法》公布实施后，相关部门对以前的标准进行整理、整合，重新统一国家食品安全标准，目前已公布的标准约有 300 项。

1.3.4　食品安全预警

逐步建立我国食品安全预警和应急管理系统，及时对食品安全事件进行预警，防止食品安全事态扩大；相关部门应当具备处理食品安全突发事件的能力和技术储备，在食品安全事件发生前、中、后期，及时预警、适度处理、总结归档以预防未来食品安全事件发生。

我国已初步建立食品安全预警系统，包括食源性疾病监测网、食源性危害监测网、天然毒素监测网等对食品加工过程中存在的不安全因素进行量化和定性分析；进行人群中微生物、病毒危害的流行性预测预报，对致病菌在食物中的存在量进行分析，并就一段时期内哪种疾病发生率可能会升高进行预告；同时对进出口食品进行风险预警。

食品安全与国计民生息息相关，为人民提供安全的食品是政府应尽的义务，因此，我们应当在厘清食品安全概念的前提下，建立食品安全保障体系，保证食品被消费者食用后，没有相关健康危害发生。

1.3.5　食品安全检验

党的十八大以来，我国食品安全检验技术的进步取得了显著成效，食品安全基础研究工作进一步深入。在国家重大科技专项、科技支撑计划等重大项目的支持下，研发了一批具有我国自主知识产权的技术、设备和我国食品安全监管急需的检测技术。然而，对食品安全及其技术支撑工作提出的新挑战和新要求，随着时代的发展和人民群众日益增长的美好生活的需要逐渐出现。

我国在食品质量检验检测体系方面有待完善。检验检测技术水平薄弱，未建立健全完善的食品检验检测体系，这使一些方法的应用无法科学呈现。从当前的标准食品检验检测的体系操作流程来看，很多食品是在农田生产后再进行加工的，在具体的食品检验检测的工作上容易流于形式，使一些没有达到标准的食品混入其中。根据实际的检测标准来看，一个科学完整的食品检测体系要能从多方面进行覆盖。现实是，体制的制度健全方面还存在着相应的问题，如在检测过程中还受到人力以及物力层面的限制，食品的风险检测评估机制未完善等，这无法保障食品的安全性。此外，一些食品企业设立了自己的产品质检部门，但是在利益的驱使下，弱化了质检部门的实际作用，造成食品不合格的问题日渐突出。

食品检测方式存在一定的差异，食品的检测也没有形成统一标准，这为实际工作带来了很大的问题。不仅如此，食品的检验检测机构在力量上相对薄弱，和一些发达的国家比较，食品的检验检测在人员以及技术层面都存在很大的差异性。

我国的食品检验检测体系没有完全适应我国当前的经济发展需要，对食品检测信息的共享以及互补等也不能有效满足检测的实际需要。食品检测检验实验室的资质管理有不合理之处，在技术能力以及质量保证层面都需要进一步提升。在食品检验检测实验室资质管理结果认定层面缺乏全面统一的认定管理制度等。

针对这些问题，我国现阶段的重点是注重监管的科学性和实效性，力求"用科学数据说话"，充分发挥科学研究和技术支撑在食品安全治理中的作用。

第一，成立国家食品安全科学研究院。为深入贯彻党的十九大关于"加快建设创新型国家"，进一步提升我国食品安全科技创新能力和技术支撑水平，应坚决从源头上、体制上、根本上解决问题。整合现有国家级食品安全技术支撑机构，建设统一、全面、权威、科学的国家级食品安全科学研究院(科研事业单位)，负责研究解决食品安全领域基础性、前瞻性的重大科技难题和关键技术问题。

第二，加强食品安全技术支撑人才队伍建设。进一步加大食品安全技术支撑领域的人力资源投入，以国家需求为导向，引进和培养食品安全技术支撑领军人才，注重青年人才培养，促进人才可持续发展。

第三，充分加强对食品检验检测体系的网络化建设。网络化的建设能够有效提升食品检验检测的工作效率，也能够有效实现食品检验检测机构的发展目标。进一步发展和完善食品检验检测的标准和技术手段，任何体系的建设都和标准化建设有着紧密联系，所以应从标准上加强我国食品检验检测体系的建设，从源头有效控制，对食品生产及加工、销售等重要的环节加强质量控制。

我国在食品检验检测的体系建设方面的重点是实施行政执法检验检测机构的改革，从多方面保证食品检验检测的质量水平。这需要建立以食品安全为核心，与本部门监管职责有效结合，满足全过程的管理体系，充分加强检验检测网络化制度的建设，提升食品检验检测的各方面能力。通过严格的资质审核建立食品检验检测市场的进入制度、退出制度，有效提升我国的食品检验检测能力。

针对食品安全保障体系，本书从食品安全风险监测、食品安全风险评估、食品安全风险控制、食品安全风险预警、食品安全检验五个方面对食品安全与风险进行阐述，旨在系统地预防食品安全问题，保证食品"从农田到餐桌"的全过程。

1.4　食品分析理论与标准

1.4.1　食品分析理论

1.4.1.1　食品分析的特征

"国以民为本，民以食为天。食以安为先，安以质为重，食品质量是关键。"随着生活水平的不断提高，人们不再满足于"吃饱、吃好"，追求安全、科学、均衡营养、吃出健康和长寿的生活理念不断增强。因此，消费者迫切需要各种富有营养、安全可口、味道鲜美、有益健康的高质量食品。通常，人们需要根据食品的化学组成及色、香、味等物理特性来确定食品的营养价值、功能特性，并决定是否购买。所以，无论是食品企业、广大消费者还是各级政府管理机构以及国内外的食品法规，均要求食品科学工作者监控食品的化学组成、物理性质和生物学特性，以确保食品的品质质量和安全性。

现代食品分析是专门研究食品物理特性、化学组成及含量的测定方法、分析技术及有关理论，进而科学评价食品质量是一门技术学科，是食品质量与安全、食品科学与工程、食品营养与检验教育等专业的一门必修课程。食品分析贯穿于原料生产、产品加工、储运和销售的全过程，实行的是全过程检测，是食品质量管理和食品质量保证体系的一个重要组成部分。食品和药品涉及人们的生命和健康，国家把食品和药品一起统一管理，食品分析所用的法定分析方法和药品一样是非常严格的，这是食品分析的显著特征。

1.4.1.2 食品分析的内容

食品分析涵盖的内容相当广泛，每种食品的分析项目因分析目的而异，有时需测定营养成分，有时需检测有毒有害物质，而有时则需分析功效成分。

（1）营养成分的分析

食品中营养成分分析包括七大营养素和食品营养标签所标示的成分。按照食品标签法规要求，所有食品商品标签上都应该注明该食品的主要配料、营养要素和热量。对于具有特殊功能的食品，还要标示其功能性成分、含量及其介绍。食品分析中的主要营养素有水分（水分活度）、灰分及矿物质、有机酸、脂类、糖类、蛋白质（氨基酸）、维生素等，此外还包括食品中的色素物质、香气物质、食品添加剂等非营养成分。

（2）食品添加剂的分析

食品添加剂是指为改善食品品质和色、香、味，以及为防腐和加工工艺的需要而加入食品中的化学合成或者天然物质。食品添加剂本身不作为食用目的，也不一定具有营养价值。食品添加剂起着改善食品感官性状及食品品质，提高食品保藏性能的作用。目前，所使用的食品添加剂多为化学合成物质，有些对人体具有一定的毒副作用，国家食品安全卫生标准对食品添加剂的使用范围及用量均做了严格的规定。目前，食品添加剂存在超范围使用和超剂量使用的问题。因此，为监督生产企业合理使用食品添加剂，保证食品的安全性，对食品中的添加剂进行分析检测是食品分析的一项重要内容。

（3）食品中有毒有害物质的分析

食品在生产、加工、包装、储藏、运输和销售等过程中，会产生、引入或污染对人体有毒有害的物质。对这些有毒、有害物质的检测是食品分析的重要内容之一，从而可以保障食品安全。有毒有害物质分析主要包括对食品添加剂合理使用的监督、化学性污染分析、生物性污染分析。化学性污染的主要来源有农药残留、兽药残留、有毒重金属、源于包装材料的污染物（如塑化剂、聚氯乙烯、印刷油墨的多氯联苯、包装纸中的荧光增白剂等）、其他化学性有毒有害物质（如食品在熏烤等加工过程中产生3，4-苯并吡、丙烯酰胺、亚硝胺类化合物等）等。生物性污染的主要来源有微生物及其毒素，如黄曲霉毒素 B_2、黄曲霉毒素 G_1、黄曲霉毒素 G_2、黄曲霉毒素 M_1、黄曲霉毒素 M_2 等；有害生物，如寄生虫、卵等。

1.4.2 食品分析标准

1.4.2.1 中国食品分析标准

食品质量和安全性是维护公民健康和生命基础的根本，同时也关系到产品在功能上的稳定性。为此，我国制定了一系列标准和原则，并规定了食品标准的内容必须包括以下四个方面：

①食品卫生与安全。食品卫生与安全是食品质量标准必须规定的内容，涉及食品中重金属元素、农药残留、有毒有害物质的限量指标及相应的规定方法，以确保食品安全。

②食品营养。食品营养是食品标准必须规定的指标，营养水平的高低是评价食品质量优劣的重要指标，反映产品的实际情况，并对原料选择、加工工艺提出明确的规定。

③食品包装、运输与储藏。在食品标准中必须明确规定产品包装、标志、运输和储存等条件，确保人们食用的安全。

④引用标准。一个产品标准一般需要引用有关技术标准，执行国家有关食品法规。在标准的引用中对相关食品卫生安全的国家法律法规和强制性标准必须贯彻执行，绝不能根据自己企业的需要自定。在制定国家、地方、行业和企业的食品标准时，必须严格按照上述内容编写，然后报请有关部门审核，待批准后实施。

食品标准是食品工业领域各类标准的总和，包括食品产品标准、食品卫生标准、食品分析方法标准、食品管理标准、食品添加剂标准和食品术语标准等。在食品标准分类中除按级别分类（国家标准、行业标准、地方标准和企业标准四大类）外，还有按性质分类（强制性标准和推荐性标准：国家强制性标准"GB"，国家推荐性标准"GB/T"）、内容分类和形式分类。

我国于2003年由国家质量技术监督检验检疫总局对我国食品卫生微生物

学检验标准和食品中各种成分含量的测定和检验方法标准进行了修订，将相关的标准归并为《食品卫生微生物学检验》和《食品卫生检验方法理化部分总则》两个条例标准，并将 1996 年的 72 个食品卫生理化检验方法经修改扩充到目前的 203 个。中华人民共和国卫生部和中国国家标准化管理委员会于 2003 年 8 月 11 日联合发布了上述标准，于 2004 年 1 月 1 日起实施。

食品理化检验标准方法中检测成分包括食物成分、具有保健功能的活性成分、有害元素、农药残留、食品添加剂、致癌物质等。检测对象包括粮食、食用油、水果、蔬菜、谷类、肉与肉制品、乳与乳制品、水产品、蛋与蛋制品、豆制品、淀粉类食品、食糖、糕点、饮料、酒类、茶叶、冷饮食品、酱醋和腊制品、酱腌菜、食盐、味精、坚果及块茎类植物性食品、干果、食品添加剂、橡胶和塑料制品（食品用）、食品包装用纸、陶瓷、铝制和搪瓷食具容器等。每一检测项目列有几种不同的分析方法，应用时可根据各地不同的条件选择使用，但以第一种方法为仲裁方法。详细的食品检验方法标准参见国家标准 GB/T 5009.1—2003～GB/T 5009.203—2003 及 GB/T 5009—2008。

1.4.2.2 国际食品分析标准

国际食品分析标准主要是指国际标准化组织（International Standard Organization，ISO）制定的一系列关于质量控制及纪录保持的国际标准（ISO 9000 和 ISO 9000 以上），以及联合国粮食及农业组织（简称联合国粮农组织，Food and Agriculture Organization，FAO）和世界卫生组织（World Health Organization，WHO）组建的食品法典联合委员会（简称食品法典委员会，Codex Alimentarius Commission，CAC）制定的食品和农产品的标准与安全性法规。

各项标准公布在食品法典中，旨在保护消费者健康，维护食品的公平竞争，促进国际食品贸易，并力争使不同国家和地区的食品分析方法统一而有效。食品法典共出版了 13 卷：第 1 卷总则包括标签、食品添加剂、污染物（放射性）、进出口食品检验和食品卫生以及分析和抽样方法；第 3 卷规定了食品中杀虫剂及兽药残留量；第 9 卷编辑了基本商品标准与法典应用。目前食品分析国际标准方法多采用 CAC 制定的标准。

除 CAC 以外，在国际上有影响的组织还有国际公职分析化学家协会（Association of Official Analytical Chemists，AOAC，原称法定分析化学家协会），其成立于 1884 年，职能是提供政府法规和研究机构所需的分析方法，这些实验方法在普通实验室条件下能达到一定准确性和精密度。该协会将关于确认法定分析方法有效性的详细程序（如参与审查的实验室数量、每级分析物中的样品、参照物、参照样品及方法综述等）刊登在 AOAC 出版的《法定分析方法》一书中。作为国际 AOAC 的法定分析方法，每 4~5 年修订一次并不断更新。国际 AOAC 的法定分析方法适用于多种产品和材料的测定，已被越来越多的国家采用。

第 2 章 食品安全检测技术
原理与研究进展

食品安全是世人关注的热点和敏感问题，关乎着人民群众的人身安全。确保食品安全，加快食品安全检测技术的发展势在必行。现代科技发达，对于食品的安全检测有了更多、更先进的仪器设备与技术，这些检测技术能够检测出食物中是否含有对人体有害的物质，能够保证人类的健康，是现代生活中不可缺少的部分。

2.1 食品安全检测技术的重要性

"民以食为天"，这是中华民族传承了数百年的文化，它体现了食品在中国文化中的地位。同时，食品安全问题也一直是全球关注的热点问题。近年来，随着我国经济建设的不断深入，我国的食品安全情况却不容乐观，相关事件频频发生，对此，政府出台了一系列食品安全相关的监督管理措施，并有逐渐深化的趋势。2013 年，国务院更是启动新一轮机构改革，对备受争议的食品生产、流通、餐饮环节分段监管职能进行整合，明确规定新组建的国家食品药品安全监督管理总局负责除种植、屠宰环节以外，从生产线到餐桌的整链条食品安全监管。为保障食品的质量和安全，食品的监管需要相关安全技术的支撑，其中检测技术是一个重要的方面。目前中国食品安全主要在以下几方面存在问题：

第一，农产品、禽类产品的安全状况令人担忧。过度施用化肥、农药，滥用抗生素、激素等使一些有害物质残留于农产品、畜禽、水产品体内，农业产品中重金属污染较为严重。

第二，制造食品的过程中使用劣质原料，添加有毒物质的情况屡屡发生。我国食品生产经营企业总体的规模化、集约化程度不高，自身管理水平仍然偏低，有些企业为了追求利润不惜违反法律，使用劣质原料或有毒化学物质。

第三，病原微生物控制不当。致病性微生物引起的食源性疾病仍然是人类健康的主要威胁之一。在气温较高的夏、秋季节更容易发生病原微生物引起的食物中毒事件。

第四，食品新技术、新材料应用给食品安全带来新的挑战。如转基因食品、酶制剂和新的食品包装材料，其对食品安全的危害方面的研究还不够深入，甚至存在空白。

上述食品安全存在的问题和挑战均需要技术层面的应用得以解决。法律法规是对食品安全进行监管，对制售不安全食品行为进行制裁的手段。但要判断某种食品是否安全，不安全的危害在哪里，这些问题是法律不能解决的，需要依赖科技手段的应用。食品安全技术的运用首先体现在检测技术上，它是保障食品安全最为有效的手段。通过检测可以发现食品中的不安全因素，然后去了解什么情况下它会对人体造成危害，应采取什么有效措施去控制。在食品领域，检测技术的重要性主要体现在以下几个方面。

①食品安全检测技术是生产经营企业开展产品质量安全评价的技术保障。随着经济的发展，社会的进步，使食品工业得到迅速发展，随之而来的是新问题的不断出现，检测人员需要不断掌握和具备新的知识和技能，才能应对新的挑战。生产经营企业须根据制定的技术标准或要求，运用现代科学技术和检测分析手段，对食品工业使用的原辅料、半成品、包装材料及成品进行监测和检验，从而对产品的品质、营养、安全与卫生等各方面做出评定。从而为新资源、新产品的开发，为新工艺、新技术的研究及应用提供可靠的依据。企业可以自己培养食品安全检测人员，也可以通过委托有资质的第三方食品检测机构来开展质量安全的评价。

②食品安全检测技术是政府开展市场监管的重要技术支撑。政府每年都承担着大量的国家抽查、地方政府抽查、风险监测以及打假治劣的任务。各级检测机构出具的检测报告是各级政府了解企业质量水平，开展执法抽查并做出宏观调控的重要依据。要保证公平、公正和高水平的检测，向各级政府提供真实、可靠和科学的数据，必须把提高食品质量安全检验能力作为一个系统、持续的工作来做。面对日益复杂的国际国内形势，造假者日益高明的手段，政府的监管难度也日益增加。政府不能满足被动应付，而应通过发展一些科学技术，主动保证百姓的食品安全。需要大力发展食品安全检测技术的开发，尤其是加强一些有毒有害物质的检测方法的技术储备。

③食品安全检测技术是应对国际贸易技术壁垒、对民族企业进行必要的技术保护的工具之一。

部分发达国家为保护国内产业不受冲击，频频利用自身经济优势设立的各种"绿色壁垒"限制外来产品的进入。欧盟、美国、日本等国纷纷制定更苛刻的食品安全标准，提高外来产品进入门槛。在部分食品出口时，许多检测项目在国内检不了或没有检测标准支持，质量安全状况家底不清，到达贸易国口岸才查出问题，不但使出口企业蒙受损失，也使贸易国对我国食品质量安全水平产生怀疑；在国外食品进入我国时，许多有毒有害物质检不出，不能有效地实施技术壁垒。因此，有必要大力发展食品安全检测技术，密切注意与国际贸易相关的食品检测技术研究信息和动向，加快开拓发展检测能力的步伐，在技术创新和能力提升上达到国内外先进水平。

因此，食品检测技术在食品产品质量安全评价、市场监管和产品贸易等方面担负着重要的技术支撑作用，对保证食品产品质量安全，提高食品行业整体水平起着重要的保障作用。只有真正重视食品安全检测工作，加大投入力度，充分调动检测人员的工作积极性，提高检测效率，才能保障食品安全检验检测工作的顺利开展，从而提升全社会的食品安全状态。

2.2　食品安全检测技术原理分析

2.2.1　样品处理技术

食品安全涉及的样品主要是各种动物源、植物源食品以及加工食品，所含成分复杂，干扰测定的物质众多，目标分析物含量很低，为确保检测结果的准确性，样品在进行检测前需先进行处理。样品前处理涉及的因素很多，直接影响到整个样品测试分析的各项技术指标、成本和效率，占用了将近 70% 甚至更高比例的分析工作量，因此样品处理是食品安全分析结果准确的前提条件。样品的前处理通常包括提取、净化、浓缩富集等步骤。

提取是用物理的或化学的手段破坏待测组分与样品成分间的结合力，将待测组分从样品中释放出来并转移到易于分析的溶液状态（或其他合适的形态）。根据目标分析物的性质、样品种类、实验条件，选择不同的样品提取方法。提取的效果需要通过考察提取效率来进行评价，如采用有证标准物质验证、标准添加回收试验等方式。

2.2.1.1 提取

（1）提取方法

常见提取方法有匀浆提取法、振荡法、索氏抽提法、超声波辅助提取、超临界流体萃取、微波辅助萃取、强化溶剂萃取等。

浸渍、漂洗法：用提取液漂洗样品，或将样品浸渍在提取液中。

消化法：加热使加入消化剂的样品消化，再用溶剂将待测物质提取出来。

振荡法：把提取剂加入盛有样品的容器中，振荡数小时，或采用高速涡旋振荡器，可加快提取速度。

匀浆提取法（组织捣碎法）：将样品放在匀浆杯中，加入提取剂，快速匀浆。

索氏提取法：将样品放在索氏提取器套管中，圆底烧瓶中加入提取剂，加热连续提取数小时。

超声波辅助提取法：将粉碎或匀浆撷碎的样品加入提取剂，在超声波仪中提取一定时间。

为更有效地将目标分析物从样品中提取出来，有时会组合使用上述样品提取方式，如先采用匀浆法提取，离心后的残渣再用振荡法提取上2次。

（2）提取剂

提取剂的选择很大程度上取决于目标分析物的极性和样品基质的类型，在设计实验方案时，可使用"相似相溶"规则来指导设计样品提取方案。这里的"似"是指目标分析物的分子极性与提取剂极性的相"似"程度，化学物质的极性取决于其化学结构所含基团，当分子结构中母核相同时，结构中所含基团的极性越大、氢键形成能力越强，或含极性基团越多则分子的极性越大，含双键、共轭双键越多，分子的极性越大，极性基团的位阻越小，分子的极性越大。在公开的文献资料、书籍里可查阅到常见提取剂（有机溶剂，缓冲液）的极性。

2.2.1.2 净化

净化是将待测组分与杂质分离的过程。净化过程复杂而灵活多样，基本原理主要为液—液作用、液—固作用、液—气作用及化学反应。目前，应用较多的前处理方法包括液液萃取、固相萃取、固相微萃取、基质固相分散技术、免疫亲和色谱技术等。

（1）液液萃取

液液萃取（LLE）技术是用选定的溶剂分离液体混合物中某种组分的过程，液液萃取中所用的萃取溶剂必须与被萃取的混合物液体（样品提取液）不相融，对提取液中的各组分（目标分析物以及样品的其他组分）具有选择性的溶解能力，而且必须有好的热稳定性和化学稳定性，并且毒性和腐蚀性要小。若萃取后续操作需要浓缩萃取溶剂（或完全赶走），萃取溶剂的沸点不能太高。

液液萃取法操作简便，提取效率高，而且不需要特殊的辅助仪器，但是需要消耗的有机溶剂量较大，共萃取杂质较多，有时仍需要额外的净化步骤，操作上难以实现自动化和高通量操作。

（2）固相萃取

固相萃取（SPE）是 20 世纪 70 年代发展起来的一种样品前处理技术，也是目前最常用的一种前处理技术。它主要基于液—固色谱理论，其原理是利用固体吸附剂将液体样品中的目标化合物吸附，与样品的基体和干扰化合物分离，然后再利用洗脱液洗脱，也可选择吸附干扰杂质，让被测物留出，从而达到分离和富集分析物的目的。固相萃取法与液相色谱法原理相同，作用机理丰富，所用的 SPE 柱种类非常多，分析者选择的空间很大。

固相萃取分离效率高，处理样品的比容量大，不需要大量有机溶剂，处理过程中不会产生乳化现象，不仅更有效，还更易于实现自动化操作，目前已有不少成熟的商品化自动化固相萃取仪。但固相萃取仍然存在一些不足：一是在处理复杂样品时可能会引起回收率的显著降低；二是吸附剂的选择性有时不够强，对样品提取液净化不完全。样品提取时可能使用了某些不适合后续测定的化学试剂（如无机酸），可采用固相萃取的方式进行样品净化处理，在净化过程中同时实现溶剂转换。

（3）固相微萃取

固相微萃取（SPME）的原理是利用待测物在基体和萃取相间的非均相平衡，使待测组分扩散吸附到石英纤维表面的固定相涂层，待吸附平衡后，再与气相色谱或高效液相色谱联用于分离和测定待测组分。该技术由波利西恩（Pawliszyn）及其合作者在 1990 年首次提出，是一种对环境友好，集萃取、富集和解析于一体，而且很有应用前景的样品前处理方法。固相微萃取技术排除了 SPE 要使用柱填充物和使用有机溶剂进行洗脱的缺点。然而，由于需要使用的固相涂层种类还不是很多，限制了它的应用范围和联用技术。

（4）基质固相分散技术

基质固相分散技术（MSPD）是 1989 年巴克（Barker）等人在固相萃取的基础上提出的一种新的样品前处理方法。其基本操作步骤是在玻璃或玛瑙研钵中将样品直接与固谱固定相装柱、洗脱，洗脱液浓缩以后可以直接进行色谱分析。基质固相分散将提取、过滤、净化等过程一步完成，避免了样品均质、离心、转溶等步骤带来的损失，提高了方法的准确度和精密度。但 MSPD 方法也有一些缺陷，主要包括手工研磨混合样品和吸附剂、人工填柱，自动化程度不高，容易引起由操作带来的误差。为了减少工作量，取样量少，萃品中痕量的组分分析难以达到检测灵敏度的要求，而且难以应用到黏性小的液态样品中。

（5）免疫亲和色谱技术

免疫亲和色谱技术（IAC）是一种利用抗原抗体特异性可逆结合特性的前处理技术，根据抗原抗体的特异性亲和作用，从复杂的待测样品中捕获目标化合物。其原理是将抗体与惰性微珠共价结合，然后装柱，将含抗原的溶液过免疫亲和柱，抗原与固定了的抗体结合，而非目标化合物则沿柱流下，最后用洗脱缓冲液洗脱抗原，从而得到纯化的抗原。用适当的缓冲液和合适的保存方法，柱子可以反复使用。

IAC 作为理化测定技术的净化手段，可将免疫技术的高选择性和理化技术的快速分离与灵敏性融为一体。这项技术发展的潜力很大，它的净化效率也是其他净化方法无法比拟的。现在市场已有克仑特罗、黄曲霉毒素等多种商品化免疫亲和柱出售，使用效果理想。

（6）超临界流体萃取

超临界流体萃取（SFE）是近年来迅速发展起来的一种新型物质分离、精制技术，是当前发展最快的分析技术之一，国内外很多实验室已经把它用来作为液体和固体样品的前处理技术。具优点是基本上避免了使用有机溶剂，简单快速，能选择性地萃取待测组分并将干扰成分减少到最小程度。

（7）加速溶剂萃取

加速溶剂萃取（ASE）是 1995 年瑞希特（Richter）等人提出的一种全新的萃取方法，ASE 的基本原理是利用升高温度和压力，增加物质溶解度和溶质扩散效率以提高萃取的效率。ASE 具有有机溶剂用量少、萃取快速、样品回收率高等突出优点，被美国环保局（EPA）推荐为标准方法（EPA3545）。目前在食品分析中被用来检测食品中的有毒有害物质含量、农药残留和确定食品中脂肪含量等，为食品分析提供了高速、简单和节省材料的前处理方法。

（8）凝胶渗透色谱法

凝胶渗透色谱法（GPC）是根据溶质（被分离物质）分子量的不同，通过具有分子筛性质的固定相（凝胶），使物质达到分离目的。该方法具有净化效果好、适用的样品范围广、回收率高、分析结果的重现性好等优点。GPC 作为一种快速的净化技术，被应用于农药残留分析中脂类提取物与农药的分离，是目前高脂肪含量样品农药（或其他中等极性、弱极性分析物）残留分析净化中先进的有效手段，但该方法有机溶剂使用量大，环境污染性强，仪器设备昂贵，操作时间长。

（9）QuEChERS 法

QuEChERS 法于 2002 年在 EPRW 会议上首次被提出，最初旨在针对水果、蔬菜和谷物等低脂农产品建立一个快速、低花费的多农药残留检测的前处理方法。具体来说，是将固相萃取吸附剂分散到样品的萃取液中，吸附干扰物，保留目标物质，净化液直接进行色谱分析。

正如"QuEChERS"这个简写的概括，该方法的确快速、简易、廉价、有效、稳定和安全。QuEChERS 方法得到 AOAC（美国分析化学家协会）和欧盟农残监测委员会的认可，在食品安全检测领域得到广泛的使用。

该技术采用的固相分散萃取剂主要为 PSA、Gg 和石墨化炭黑。PSA 吸附剂能有效去除样本中的脂肪酸、糖类物质等极性基质杂质，Gg 吸附剂能去除部分非极性脂肪和脂溶性杂质，石墨化炭黑能去除色素和固醇类杂质。随着 QuEChERS 方法在各实验室的广泛应用，其也在不断改进和完善。

最初的 QuEChERS 方法是不加缓冲盐的，为了有效地萃取一些对 pH 敏感的化合物，减弱这类农药降解的程度，缓冲盐被加进来，扩大了检测的范围。目前，已经形成的标准方法有加入醋酸盐缓冲体系的"AOACOfficialMethod2007.01"以及采用柠檬酸盐缓冲体系的"EuropeanStandardEN15662"，目前，已经有商品化的 QuEChERS 前处理试剂套装出售。QuEChERS 方法具有非常突出的优点，如灵活多变，可根据所用样品特性进行调整；适用于多种类、多残留分析；采用该方法前处理的样品可直接应用于 GC-MS 和 LC-MS 检测。

（10）其他净化方法

磺化法：样品提取液中的脂肪、蜡质等干扰物质与浓硫酸发生磺化反应，从而使分析物与杂质分离的净化方法。

冷冻法：用低温处理样品提取液，待脂肪、蜡质、蛋白质等杂质析出后，在低温条件下过滤掉杂质。

凝结沉淀法：在净化液中加入凝结剂，使溶液中的脂肪、蜡质、蛋白质等杂质沉淀析出，再经离心，达到净化目的。

2.2.1.3　浓缩富集

由于经提取和净化后的待测组分其存在状态，可能不能满足检测仪器的要求（如浓度低于检测器的响应范围、待测物的溶剂与色谱体系不兼容等）而无法直接测定，必须对组分进行浓缩和富集，使待测样品达到仪器能检测的浓度，或进行溶剂转换。

浓缩的主要目的：一是提高样液中待测组分的浓度，通过样液的浓缩，减少样液中的溶剂体积，从而提高待测组分浓度以满足检测灵敏度要求；二是进行溶剂转换，通过浓缩蒸发除去某些不适合进入下一步操作（如过 SPE 柱、进样分析等）的溶剂，如对于大部分的液相色谱体系都不是很适合的乙酸乙酯、正己烷、三氯甲烷等，如很多时候样液上 HLB、C_{18} 等过 SPE 柱时，为提高样液上柱时待测组分在 SPE 柱的保留，必须要减少甚至完全去除待上柱样液中的有机溶剂。浓缩富集过程常用的方法有旋转蒸发仪浓缩、气流吹蒸法、真空离心浓缩法等，很多情况下净化、浓缩、富集等几个步骤是交织在一起的，很难截然分开。

①自然挥发法：将待浓缩的溶液置于室温下，使溶剂自然挥发。

②吹气法：用干燥空气或氮气吹向溶液液面，并同时使用水浴加热使溶剂挥发的浓缩方法。在食品安全检测中所测分析物很多是容易氧化的物质，因此更多是采用氮气。

③K–D 浓缩器浓缩法：采用 K–D 浓缩装置进行减压蒸储浓缩的方法。

④真空旋转蒸发法：在真空状态下有机溶剂的沸点下降，从而可在较低的温度下赶走样液中的有机溶剂，操作的条件是减压、加温、旋转。

目前食品安全检测中对样液进行浓缩的方式主要是旋转蒸发和吹氮浓缩两种，两种浓缩方式都需要水浴加热。但旋转蒸发是在真空状态下进行，需要的温度相对没那么高，溶剂去除的速度也较快，但难以实现批量操作。吹氮浓缩的操作是在常压下进行，需要较高的水浴温度（高于去除溶剂的沸点），溶剂去除的速度相对慢一些，尤其是遇到沸点较高的溶剂如甲醇、乙腈，去除体积又较大时，需时较长，但吹氮浓缩适合大批量样品的同时操作，实验室在选择时可根据实际需要决定采用何种浓缩方式。需要注意的是，商品化的吹氮浓缩仪有直吹和斜吹两种，直吹型的构造简单，价格低廉，但气流过大时易造成吹氮管中样液的飞溅，有可能造成样液的交叉污染，使用时应注意观察，控制好氮气流的大小。

样液浓缩时很多时候会遇到吹不干的情况，无论是调高水浴温度，还是延长浓缩时间，梨形瓶或吹氮管中都仍有少量液体，主要原因是样液含有较多的脂肪或少量水分。前者是因为动物源性食品样品有相当含量的脂肪，尤其是鳗鱼、三文鱼等富含油脂的样品，建议样品浓缩前先行脱脂；对于后者，样液中的少量水分可通过加入无水硫酸钠等吸水剂去除再行浓缩。

部分兽药药物对热敏感，因此在进行浓缩操作时应严格按照标准方法规定的蒸发（吹氮）温度操作，避免样液中待测组分的降解，如磺胺类药物对热不稳定，建议在 40℃下进行浓缩操作。

有些分析物较易氧化，尤其是属于标志残留物的部分代谢物，在进行浓缩操作时应予以特别关注，避免长时间暴露在空气中，在样液蒸发至干后应马上加入复溶解液（溶剂），如苯并咪唑类药物残留检测，部分苯并咪唑类药物的代谢物不稳定，在样液旋转蒸发至干后要立即加入复溶解液（乙月青），方可得到较稳定的提取回收率。

个别的检测标准方法由于修订时间较早，或因标准制订时考虑适用性，操作步骤中溶剂的浓缩采用全浓缩方式，须去除的溶剂体积很大，耗时较长，实验室在确保检测灵敏度足够的情况下，可对须浓缩的样液先定容，再准确分取部分样液进行浓缩及后续的样品处理步骤，可大大减少样液蒸发时间，对于那些对热敏感不宜长时间加热的待测药物组分还有额外的好处。

当采用液相色谱法或液相色谱—质谱法时，由于液相色谱对进样的样液介质有一定的要求，越接近液相色谱的流动相组成，对后续的色谱分离影响越小，因此样液挥发干净后最理想的复溶解溶剂就是用液相色谱的流动相。当流动相含水比例高，而分析物在水中的溶解度不高时，可先用少量的有机溶剂如乙醚、甲醇溶解残渣，然后加入适量的水或缓冲液，经充分混合后再过滤上机。

2.2.2 测定技术

2.2.2.1 色谱法

色谱法是利用不同物质在不同相态的选择性分配，以流动相对固定相中的混合物进行洗脱，混合物中不同的物质会以不同的速度沿固定相移动，最终达到分离的效果。

色谱法包括气相色谱法、液相色谱法、薄层色谱法、离子色谱法、分子排阻色谱法（凝胶渗透色谱法）等。

色谱本身不能实现物质的直接测定，但色谱法可以提供强大的分离能力，从而可以在复杂基质中将目标分析物分离出来供后续的其他检测技术进行测定和鉴别，因此在食品安全检测领域中色谱技术的应用是最为广泛的。

（1）气相色谱法

气相色谱法的原理是不同的物质具有不同的物理和化学性质，与特定的色谱柱填充物（固定相）有着不同的相互作用而被流动相（载气）以不同的速率带动，不同的组分在不同的时间（保留时间）从柱的末端流出，从而实现分离。当分析物在载气带动下通过色谱柱时，分析物的分子会受到柱壁或柱中填料的吸附，使通过柱的速率降低。分子通过色谱柱的速率取决于吸附的强度，它由被分析物分子的种类与固定相的类型决定。由于每一种类型的分子都有自己的通过速率，分析物中的各种不同组分就会在不同的时间（保留时间）到达柱的末端，从而得到分离。

气相色谱系统由气源、色谱柱、柱箱、检测器和记录器等部分组成。随着技术的进步，气相色谱的检测器已经有超过 30 种不同的类型，常见的检测器有：ECD（电子捕获检测器）、FPD（火焰光度检测器）、FID（火焰电离检测器）、NPD（氮磷检测器）。这些检测器不能提供目标分析物的化学结构信息，在气相色谱法中不同的物质（组分）的表征通过物质流出柱（被洗脱）的顺序和它们在柱中的保留时间来实现。

分子吸附与分子通过色谱柱的速率具有强烈的温度依赖性，柱温常常会对分离效果产生很大影响，因此色谱柱必须严格控温到十分之一摄氏度，以保证分析的精确性。降低柱温可以提供最大限度的分离，但是会令洗脱时间变得非常长。某些情况下，色谱柱的温度以连续或阶跃的方式上升，以达到某种特定分析方法的要求，这一整套过程称为程序控温（在液相色谱法里相对应的是梯度洗脱），实际上在气相色谱中，程序性温度控制是必需的一种温控方式。

在气相色谱法中为了满足某一特定的分析的要求，可以改变的条件包括进样口温度、检测器温度、色谱柱温度及其控温程序、载气种类及载气流速、固定相、柱径、柱长、进样口类型及进样口流速、样品量、进样方式等。

通常来说，气相色谱法适合于那些沸点在 500℃ 左右并在该温度以上保持稳定的物质。沸点太高或热稳定性差的物质不适于用气相色谱法分析。

（2）液相色谱法

液相色谱是以液体为流动相的色谱方法，其分离过程的本质是待分离物质分子在固定相和流动相之间分配平衡的过程，不同的物质在两相之间的分配会不同，这使其随流动相运动速率各不相同，随着流动相的运动，混合物中的不同组分在固定相上相互分离。根据待分离物质分子的分离机制，又可分为吸附色谱、分配色谱、离子交换色谱、凝胶色谱、亲和色谱等类别。

液相色谱法里流动相参与了组分的分离过程，色谱分离过程利用不同的溶质（组分）在流动相和固定相之间的作用力（分配、吸附）的不同来实现分离。实际操作中经常通过改变流动相的组成来调节待测组分在色谱柱上的保留和选择性，以适应不同的样品分离分析的需要。

目前使用的高效液相色谱法（HPLC）是在经典的液相色谱法基础上发展起来的，具有更高的分离效率和检测灵敏度，本书提及的液相色谱法主要是指高效液相色谱法。高效液相色谱系统由流动相储液瓶、输液泵、进样器、色谱柱、检测器和数据接收处理系统组成。常见的检测器有紫外—可见光检测器（包括单波长或多波长紫外—可见光检测器，二极管阵列检测器）、荧光检测器、示差折光检测器、蒸发光检测器等。应用最多的是紫外—可见光检测器，其次是荧光检测器。

当一个化合物的结构中有共轭体系存在时，跃迁所需能量显著减少，吸收向长波方向移动，共轭体系越大，跃迁能阶的能差越小，吸收越向长波方向位移。对于饱和的有机化合物（结构中没有共轭体系，如醇、酸等），其吸收波长处于远紫外区，不适宜采用紫外（或紫外—可见光）检测器，也不适合采用荧光检测器。对于这些物质可采用化学衍生化的方式，改变原来的化学结构从而适合紫外—可见光检测器或荧光检测器。

与其他波谱相比，有机化合物的紫外光谱反映被测物结构特性的能力偏弱，对那些含量水平很低的非法添加物（或药物残留物），单凭二极管阵列检测器提供的紫外光谱来进行准确的定性判别有很高的风险。对于这种情况，建议分析者采用选择性更强、灵敏度更好的检测方式来进行定性判别，如液相色谱—质谱联用。随着液相色谱—质谱联用技术应用的急速发展，在食品安全检测领域里，液相色谱越来越多地与现代质谱结合，形成选择性更强、灵敏度更高、测定速度更快的检测技术。

（3）薄层色谱法

薄层色谱是以吸附剂作为固定相，以溶剂作为流动相的分离、分析技术。根据固定相的性质和分离机理不同，薄层色谱法分为吸附薄层法、分配薄层法、离子交换薄层法和凝胶薄层法等类型，其中吸附薄层法应用最为广泛。常规的吸附薄层色谱法的固定相为吸附剂，在密闭的色谱容器中，含有不同组分的混合溶液在吸附剂的一端，通过适当的展开剂展开。在展开溶剂的作用下，各组分在固定相上进行反复不断的无数次的吸附和解吸附，并且随着展开剂向前移动。

由于每种组分的分配系数不同，因此在固定相上移动的速率不同，从而实现对各组分的分离。采用常规薄层色谱法分析时，只需通过制板、点样、展开和扫描即可实现对待测组分的分离和检测。在定量检测方面，薄层色谱的定量检测有吸收测定法、荧光测定法和荧光猝灭法。对在可见及紫外光区有吸收的化合物可用镝灯和氙灯在 200~800nm 范围进行透射和反射吸收法测定。化合物本身或者经过色谱前和色谱后衍生化生成对紫外有吸收并能放出更长波长的化合物适用荧光法测量，荧光法灵敏度高，最低可测至 pg 级。本身无颜色，又无特征紫外吸收或荧光，并且不易衍生的化合物可采用荧光猝灭法测量。薄层色谱的特点是可以同时分离多个样品，分析成本低，对样品预处理要求低，对固定相、展开剂的选择自由度大，适用于含有不易从分离介质脱附或含有悬浮微粒或需要色谱后衍生化处理的样品分析。但是，常规的 TLC 法存在展开时间长、展开剂体积需求大和分离结果差等缺点，致使其应用受到一定的限制。

近年来，随着分析技术的研究和发展，薄层色谱法在微量、高分离效率和仪器化等方面有了新的进展，已经发展成一种新的薄层色谱分析技术，即高效薄层色谱法（HPTLC）。高效薄层色谱采用更细、更均匀的改性硅胶和纤维素为固定相，对吸附剂进行疏水和亲水改性，可以实现正相和反相薄层色谱分离，提高了色谱的选择性，较常规薄层色谱法可改善分离度，提高灵敏度和重现性，更适用于定量测定。薄层色谱因其设备简单、操作方便、适用性广，可以快速给出可靠、准确的结果等特点，一直被很多分析工作者所关注，并被用于许多领域。在食品添加剂检测方面，作为一种对添加剂测定的简单扫描方法，薄层色谱法具有广阔的应用和发展空间。

（4）离子色谱法

离子色谱是液相色谱的一种，离子色谱法是利用离子交换原理和液相色谱技术测定溶液中阴离子和阳离子的一种分析方法。狭义地讲，离子色谱法是基于离子性与固定相表面离子性功能基团之间的电荷相互作用实现离子性物质分离和分析的色谱方法；广义地讲，是基于被测物的可离解性或离子性进行分离的液相色谱方法。根据分离机理，离子色谱可分为离子交换色谱、离子排阻色谱、离子对色谱、离子抑制色谱和离子有机化合物色谱法等几种分离模式，其中离子交换色谱是应用最广泛的离子色谱方法。离子交换色谱利用不同离子对固定相亲和力的差别来实现分离，常用的固定相是离子交换树脂，又分为阳离子交换树脂和阴离子交换树脂。当流动相将样品带到分离柱时，由于样品离子对离子交换树脂的相对亲和能力不同而得到分离，由分离柱流出的各种不同离子，经检测器检测，即可得到一个个色谱峰。然后用通常的色谱定性定量方法进行定性定量分析。

离子色谱法既能分析简单无机阴、阳离子，还能够分析有机酸、碱。随着新固定向合成，离子色谱还可以分析各种各样的极性有机物，甚至可以同时分离极性、离子型和中性化合物及色谱性能相差极大的化合物，极大地拓展了离子色谱法解决问题的能力。离子色谱法是进行离子测定的快速、灵敏、选择性好的方法之一，特别是对阴离子的测定更是其他方法所不能相比的，它是同时测定多种阴离子的快速、灵敏的分析方法。

在食品添加剂检测方面，应用离子色谱法可以对糖类、增稠胶、聚磷酸盐、硝酸盐、亚硝酸盐、人工合成甜味剂等多种添加剂进行测定。通常，分析不同种类的糖类可以使用一系列具有不同选择性的阴离子交换柱进行分离，采用 NaOH 和 Ba（OH）$_2$ 组成的洗脱液得到较好的选择性，采用二极管阵列检测器提高灵敏度和方法的稳定性。

（5）分子排阻色谱法

分子排阻色谱法又称空间排阻色谱法（SEC）、凝胶色谱法，是利用多孔凝胶固定相的独特性产生的一种分离方法，主要取决于凝胶的孔径大小与被分离组分分子尺寸之间的关系，与流动相的性质没有直接的关系。分子排阻色谱法中样品组分与固定相之间不存在相互作用，色谱固定相是多孔性凝胶，仅允许直径小于孔径的组分进入，这些孔对于溶剂分子来说是相当大的，以致溶剂分子可以自由地扩散出入。样品中的大分子不能进入凝胶孔洞而完全被排阻，只能沿多孔凝胶粒子之间的空隙通过色谱柱，首先从柱中被流动相洗脱出来；中等大小的分子能进入凝胶中一些适当的孔洞中，但不能进入更小的微孔，在柱中受到滞留作用，较慢地从色谱柱洗脱出来；小分子可进入凝胶中绝大部分孔洞，在柱中受到更强的滞留作用，会更慢地被洗脱出；溶解样品的溶剂分子，其分子量最小，可进入凝胶的所有孔洞，最后从柱中流出，从而实现具有不同分子大小样品的完全分离。

广义上分子排阻色谱法也属于液相色谱法，但在分子排阻色谱法中，溶剂分子最后从柱中流出，这一点明显不同于其他液相色谱法。在食品安全检测领域中，分子排阻色谱法更多的是应用在样品净化方面。

2.2.2.2 色谱—质谱联用技术

色谱法是一种分离分析技术。它利用物质在两相中分配系数或吸附的微小差异，当两相做相对移动时，被测物质在两相之间进行反复多次分配或吸附，以达到有效分离、分析的目的。但这些具有高效分离能力的技术，在对分离后各组分的定性鉴定方面显得无能为力。

质谱法与色谱法常用的检测器相比，其在选择性、灵敏度等方面有非常大的优势，且能同时提供分析物的化学结构信息，对化合物分析有独到的鉴定能力。但单独的质谱对复杂基质中的组分测定又显得力不从心，因此具有高分离能力的色谱分离技术与高选择性的质谱测定技术联合在一起具有非常强大的技术优势。

（1）气相色谱—质谱联用技术

气相色谱—质谱联用技术（GC-MS）的发展历经半个多世纪，是发展成熟且应用广泛的分离分析技术。20世纪80年代，毛细管气相色谱的广泛使用、真空泵性能的提高及大抽速涡轮分子泵的出现，保证了质谱仪所需要的真空；低流失交联键合色谱柱的发展降低了质谱的背景干扰；大抽速涡轮分子泵及差动抽气方式使允许进入质谱仪的载气流量提高到 15mL/min；LV1（大体积）技术和宽口径毛细管柱在气质联用仪上的应用使仪器灵敏度和使用范围都得到改善。目前低分辨色谱—质谱联用仪器主要是四极杆质谱和离子阱质谱，高分辨质谱仪器主要是飞行时间质谱和扇形场质谱，串联式质谱仪器主要是三重四极杆质谱。

气相色谱—质谱联用技术中较常使用的离子化方式是电子轰击源（EI源），标准的电离能量是 70eV，由于采用统一的标准化电离能量，因而 EI 源产生的质谱图实现了谱图的标准化，常见的谱库有 NIST 库、Wiley（威利）谱库，极大地方便了分析者的使用。

（2）液相色谱—质谱联用技术

液相色谱—质谱联用技术（LC-MS）的关键技术是高压液相色谱产生的液态流出物与需要高真空工作的质谱的匹配，即接口技术。目前液相色谱—质谱联用仪的接口技术主要有电喷雾离子化（ESI）和大气压化学离子化（APCI）技术。液相色谱—质谱联用技术中质量分析器有单四极杆分析器、三重四极杆（又称串联四极杆）分析器、离子阱分析器、飞行时间分析器、飞行时间与四极杆混合分析器、杂交轨道阱分析器。在食品安全检测分析中，目前使用最多的是串联四极杆质量分析器。串联四极杆中第一个四极杆起到分析物准分子离子（母离子）的质量分离作用，第二个四极杆主要用于离子碰撞产生离子碎片作用，第三个四极杆主要是分离第二个四极杆产生的碎片离子。

在扫描方式方面，可以有全谱扫描，多重反应监测（MRM）等模式。与全谱扫描相比，MRM 方式有更高的灵敏度与选择性，因而使用最广泛。有些商品化的质谱仪利用第三个四极杆同时作为线性离子阱，通过计算机的数据自动关联技术可实现 MRM 与二级质谱全谱同步，大大丰富了质谱提供的分析物的结构信息，提高了质谱鉴别的可靠性。

由于目前液相色谱—质谱所采用的离子源如 ESI 源、APC1 源存在离子化不稳定，各家公司在电离能量及产生质谱碎片的碰撞能量未达到标准化程度，因而没有跨仪器设备型号的标准化的二级质谱谱库，个别公司推出的谱库只能在自家的数据处理系统上使用，难以在其他品牌质谱上重现。适合于液相色谱分离的物质都可采用液相色谱—质谱技术检测，而且相对于常规液相色谱中采用的紫外—可见光检测器、荧光检测器，质谱算是一个通用型的检测器，因此那些不进行化学衍生化就难以应用液相色谱检测的物质，如内酰胺类药物、氨基糖苷类药物等，无须任何化学衍生化就可很方便地采用液相色谱—质谱技术完成检测。

2.2.2.3　免疫分析法

免疫分析法的基础是抗原与抗体的特异性、可逆性结合反应。免疫反应涉及抗原与抗体分子间高度互补的一系列化学及物理的综合作用，因此免疫分析技术具有单独任何一种理化检测分析技术都难以实现的高选择性和高灵敏度，因而广泛应用于复杂基质中微量或痕量组分的分离检测。

在食品安全检测领域中常用到的成熟的免疫分析技术主要有酶联免疫吸附技术、放射免疫技术。需要注意到的是，免疫分析法是一种定性或半定量分析方法，无法给出一个准确的结果，主要作为筛选方法在使用，筛选得到的怀疑不合格结果（阳性结果）需要采用满足确证检测要求的其他理化仪器检测手段加以确证。

（1）酶联免疫吸附法

酶联免疫吸附法（ELISA）始于 20 世纪 70 年代，是一种把抗原和抗体的特异性免疫反应和酶的高效催化作用有机结合起来的检测技术。酶联免疫吸附法的基本原理是以抗原与抗体的特异性反应为基础，加上酶与底物的特异性反应，使反应的灵敏度放大的一种技术。它可以对抗原或者抗体进行定性，也可以通过酶与底物的反应产生颜色，借助吸光度值来进行定量。由于酶促反应的放大作用使反应的灵敏度大大提高，同时又提高了反应物的利用率。

ELISA 方法测定技术前处理简单、快速、准确、样品所需量少、检测容量大，如微量酶标板（96 孔）每次可同时分析 44 个样品（双孔计）。随着单克隆抗体技术的发展应用及免疫试剂盒的商业化，ELISA 已广泛应用于食品分析检测中，如在动物源食品中的氯霉素残留、克伦特罗残留、莱克多巴胺残留等项目的快速检测中，ELISA 方法都取得了非常好的效果。

需要注意的是，目前商品化的 ELISA 试剂盒多是针对一个具体的目标分析物设计的，某些试剂盒声称可以进行多个同类物质检测，是利用同类物质的交叉反应实现的，由于同类药物中不同药物的交叉反应率有显著的差异（严重的会相差一个数量级），分析者使用时要严格复核，避免出现假阴性结果。

（2）放射免疫技术

放射免疫技术为一种将放射性同位素测量的高度灵敏性、精确性和抗原抗体反应的特异性相结合的体外测定超微量物质的新技术。广义来说，凡是应用放射性同位素标记的抗原或抗体，通过免疫反应测定的技术，都可称为放射免疫技术。

食品安全检测中较多使用的放射免疫技术是 Charm Ⅱ 技术。Charm Ⅱ 技术是一种专利性技术，原理也是基于细菌受体分析的免疫筛选，不需要复杂的样品前处理程序，可对动物源性食品中的抗生素按药物类别分组筛选，具有快速、灵敏、高通量等许多传统化学分析方法无法比拟的优点，被欧盟国家和美国食品和药品管理局所认可并应用于快速筛选分析，在动物源食品（如动物肌肉、内脏、奶、尿液等）药物残留检测中有非常成熟的应用。但 Charm Ⅱ 技术也有明显的局限性，只能按类检测而无法分辨具体的药物，当样品里混有较多添加剂时（如加工食品），会对结果有明显的影响。另外，Charm Ⅱ 的试剂是专利产品，专用药片价格昂贵也影响了这种技术的普及使用。

流动注射分析法（FIA）是在 Skeggs 的空气分隔流动比色分析系统的基础上发展起来的。流动注射分析原理是将一定体积的样品注入一种密闭的、由适量液体（反应试剂和水）组成的连续流动的载液中，同时与载液中某些试剂发生反应，或进行渗析、萃取，生成某种检测的物质，流经检测器，产生响应，从而测定待测样品的含量。FIA 摆脱了溶液化学分析平衡理论的束缚，其进行测定时反应时间和混合状态可高度重现，即使试剂呈化学反应不稳定状态仍可得到良好的分析结果，这打破了几百年来分析化学必须在物理化学平衡条件下完成的传统，使非平衡条件下的化学分析成为可能。

FIA 分析系统具有装置简单、操作可靠、自动化程度高、分析速度快（每小时可分析几百个甚至上千个试样）、分析结果的重现性良好、所需试剂量少、灵敏度高、检测限低等突出优点。就 FIA 分析方法来说，要使不同的待分析物产生适当的响应值，通常所需发生的化学反应莫不同的，所以没有通用的分析方法。FIA 技术已经应用了许多年，与传统的检测方法相结合，FIA 表现出极广泛的适应性，从而使这些检测方法在分析性能方面有显著提高。如流动注射—分光光度法、流动注射—化学发光法、流动注射—电化学法、流动注射—原子光谱法、流动注射—荧光法等。近年来，FIA 又实现了与电感耦合等离子体质谱（ICP－MS）及微波等离子体发射光谱（MW-PES）的联用，取得了一些有意义的结果。随着 FIA 法的不断发展和成熟，各种实验装置和仪器也在不断进步，许多具有特殊溶液处理功能的 FIA 仪器相继问世，不但可以测定金属离子、非金属离子，还可以测定一些放射性元素及有机物。在食品分析领域内，已有文献报道了 FIA 在食品添加剂检测中的应用。采用该技术可以对阿斯巴甜、柠檬酸、氯化物、硝酸盐、亚硝酸盐、甜蜜素、亚硫酸盐、碳酸盐等多种物质进行检测。

2.2.3 实验方案设计需要考虑的因素

与其他领域的检测相比较，食品安全检测显得更有挑战性，样品基质之复杂和多变，检测灵敏度要求之高，检测时效要求之快，检测样品量之大，检测标准的适应性等因素都给食品安全检测的实验方案设计带来较大难度的挑战。

2.2.3.1 检测要求

分析者在接到一个检测任务时，首先得清楚目标分析物是什么？对于农药残留、兽药残留检测，目标分析物就是法规规定的标志残留物，与生产过程使用的药物有可能不是同一种化学物质，有可能是它的代谢物、降解产物等；对于食品添加剂、非法添加物，目标分析物多由主管部门规定。分析者可以从下列途径了解目标分析物的检测要求信息：

①政府监管部门（或国际组织）发布的法规、法令、标准等文件，如 GB 2763—2014《食品安全国家标准食品中农药最大残留限量》，GB 2762—2012《食品安全国家标准食品中污染物限量》，GB 2760—2011《食品安全国家标准食品添加剂使用标准》，农业部 235 号公告《动物性食品中兽药最高残留限量》，欧盟指令 37/2010《动物源性食品中药物活性物质最高残留限量以及分类》等；

②权威组织发布的检测方法标准，这些标准里通常明确规定了具体的检测目标分析物；

③权威学术杂志、互联网也可帮助了解目标分析物的相关信息，但对获得的信息要进行甄别；

④与检测委托者（如监管部门、商业客户）的交谈了解。

同一种目标分析物，不同的国家/地区可能有不同的管理要求，商业客户也会有自身的检测目的和要求，因此分析者要清楚了解所检样品的检测要求。如我国农业部 235 号公告《动物性食品中兽药最高残留限量》里规定恩诺沙星为批准用药（在牛、羊、猪等动物肌肉中的最高残留限量为 1Rg/kg），但此药在美国被列为禁用药。又如莱克多巴胺在美国、加拿大、巴西等美洲国家被列为批准用药，但该药物在我国是禁用药物。不同的检测要求会影响检测方法的选择。

同一种目标分析物，但样品基质不同，也有可能采用不同的检测方法，如内脏组织类样品与液态奶样品里的药物残留检测，液体饮料类样品与酱类样品里的添加剂检测，其样品处理方式会有很大的区别。

2.2.3.2　样品处理方法

样品的前处理包括了分析物的提取，提取液的净化、浓缩，样液残渣的复溶解等步骤，这些步骤很多时候不能进行严格的划分，如净化与浓缩往往就是一起进行的。设计一个检测方案的样品前处理步骤时，应考虑样品基质（本底）、仪器的选择性与灵敏度、单目标检测抑或是多目标检测、是筛选检测还是确证检测等因素。

（1）提取方法

提取剂的选择主要考虑以下几个方面：

①分析物在提取液中的溶解度，要确保分析物有理想的溶解；

②样品与提取剂有好的相容性，样品能在提取剂中充分分散以确保其中的分析物能充分接触提取剂；

③在满足分析物得到充分溶解的同时，要尽可能减少样品中共存的其他组分进入提取液以避免或减少共存物质对后续测定的干扰；

④提取剂的沸点要适中，以减少溶剂浓缩时间，建议选择沸点在 40～80℃的提取剂；

⑤还要考虑提取剂的经济成本和环保性，要易于纯化、毒性小、价格低。

有些相对简单的测定如液体饮料中的食品添加剂检测，其净化步骤简单，此时要考虑提取液与后续测定所用仪器的兼容性，否则要进行溶剂转换。对于农药残留测定，主要考虑从样品中提取农药的效果。常用作提取剂的有机溶剂有乙腈、丙酮、乙酸乙酯等。乙腈提取法可用于大多数农药的提取，提取液通过添加氯化钠，使乙腈和水分离，AOAC 早期的方法及美国加州食品和农业部方法多采用乙腈作溶剂。丙酮作为一种提取溶剂，具有毒性低、易于纯化、挥发性好及价格低廉等优点，并且既能萃取极性物质又能萃取非极性物质，许多国家农药残留标准方法均采用丙酮作为主要溶剂。丙酮提取液用氯化钠或硫酸钠饱和后，分配至二氯甲烷、乙烷或石油酸中，从而可得到对不同化合物有利的分配特性和有机相的快速分离。乙酸乙酯极性相对丙酮、乙腈要弱，因此其对弱极性农药的提取回收率一般较好，并且其共提物，尤其是色素要显著少于丙酮，从而减少了净化时的压力。在荷兰的检测方法中，乙酸乙酯作为主要的提取溶剂。

对于兽药残留测定，广泛采用甲醇、乙腈等水溶性有机溶剂作为提取剂。水溶性有机溶剂与动物组织样品相容性好，对样品的渗透性强，黏度小，提取的同时可兼具脱蛋白和脱脂肪作用，提取液可调节 pH 以提高提取效率。对于一些特殊样品有时可在提取剂中加入部分的二甲基甲酰胺（DMF）或二甲亚砜（DMSO）改善提取效率。对于那些极性中等的药物残留物如苯并咪唑类药物则可采用非水溶性有机溶剂如乙酸乙酯、二氯甲烷等作提取剂。提取时加入无水硫酸钠可通过盐析作用提高目标分析物的提取效率。

（2）净化与富集

净化方法的设计主要考虑目标分析物的理化性质及样品基质情况，如分析物的极性、在各种溶剂中的溶解性（脂溶性或水溶性）、酸性或碱性等，样品含蛋白质、脂肪、色素等有可能干扰测定的物质，其次还需要考虑后续测定仪器时样液的要求、样品检测通量、检测成本等因素。

目前食品安全检测面对的样品基质比较复杂，对净化效果有较高的要求，固相萃取是其中使用较多的一种净化方式。设计固相萃取方法时主要考虑因素包括吸附剂的负载量（吸附容量）、穿透体积、淋洗曲线等。

负载量是指单位质量的吸附剂所能吸附的最大目标物的总质量。一般来说，吸附剂的负载量越大，能吸附的目标物总质量也越高。在进行负载量实验时，应考虑实际样品基质的影响，因为一些基质和目标化合物相对于吸附剂存在着竞争，因此，实际负载量一般要低于纯目标物的负载量。穿透体积是指随着上柱液（包括样品提取液、淋洗液）的不断加入，吸附在吸附剂上的目标物分子被上柱液洗脱下来时的液体体积，即对某种吸附剂，能最大允许流过的上柱液体积。这就要求在实验过程中应注意以下两点：

①样品的上样体积不能大于固相萃取柱的穿透体积，防止样品未上完固

相萃取柱，已有目标物流出固相萃取柱，应尽量减少样品上样体积；

②净化时，要控制冲洗杂质的溶剂体积（淋洗液），避免目标物穿透固相萃取，以保证净化回收率。

洗脱体积是指萃取富集结束之后，使用某种溶剂将所吸附的目标物能完全洗脱下来所用溶剂的最小体积，包含洗脱溶剂的选择和体积。对于不同的洗脱溶剂，所需要的淋洗体积略有差别。一般淋洗体积的确定需要对高低浓度及吸附剂上所吸附的高低含量的目标物都进行实验测定（在某些情况下，吸附剂上目标物的吸附量较大时，可能对淋洗溶剂体积要求不同）。一般的操作是分体积接收淋洗溶剂，然后分别浓缩后用相应的仪器分析，绘制一条洗脱曲线。

采用选择性高的检测方法可以减少样品净化的工作量，色谱—质谱联用技术在选择性方面具有单一色谱仪器没有的巨大优势，在某种程度上，样品净化方法可以相对简捷一些，"容忍"部分的干扰物质进入最后的样液中。评判净化方法的标准主要考虑回收率、净化稳定性、上机分析液中干扰物，对于色谱—质谱联用方法还需要考察净化后的样液是否存在基质效应。

2.2.3.3　测定仪器

选择用什么类型的分析仪器，首先得清楚将要检测的目标分析物的化学特性，包括在各种分析实验室中常用的有机溶剂、水（包括缓冲液）里的溶解度，热稳定性，化学结构特点（是否有紫外吸收、荧光特性）等。液相色谱法适合那些沸点较高难以气化的物质或对热敏感的物质。如兽药大多数是离子型化合物，极性较强，如不进行化学衍生化，难以实现气相色谱分离测定，因而多是采用液相色谱法或液相色谱—质谱联用法。

气相色谱法适合沸点较低、热稳定性较好、容易汽化的物质，大部分的农药适宜用气相色谱进行分离测定。某些不能直接测定的目标分析物可通过化学衍生方法改变其化学结构从而适合后续测定所用仪器，如对于青霉素类药物等没有紫外—可见光吸收的分析物不能直接用液相色谱测定，可通过化学衍生化技术处理，对衍生化后的分析物用紫外—可见光检测器进行测定或采用其他的检测器（如荧光检测器、质谱等）；硝基呋喃代谢物分子很小，可通过与2-硝基苯甲醛（2-NBA）进行衍生从而获得理想的测定效果。

选择测定方案时，还需要考虑样品量多少，是采用快速筛选还是需要准确确证或准确定量。快速筛选法适合高通量的样本检测，但在定性、定量的准确度方面会有一定的局限；确证方法（或定量方法）结果可靠性高，但样品处理时间偏长、设备及操作等方面要求高。这些都需要分析者在设计一个检测方案时有所考虑。

2.2.3.4　单组分检测方法与多组分检测方法

食品安全检测方法，经历了单组分检测法（单残留检测法）到多组分检测法（多残留检测法）的发展历程。多组分检测法在兽药残留检测中目前仍以分类检测为主，即以目标分析物的化学结构主体分类，一次性完成同类的多个目标分析物的样品前处理、上机检测工作，但在农药残留、食品添加剂检测中，所谓的跨类多组分（多残留）检测技术已相当成熟。单组分检测方法，相对而言在操作简便性、准确度等方面有较大的优势，但由于一次检测只完成一个目标分析物的检测，检测效率低，采用理化方法原理的单组分检测法难以实现高通量检测。

多组分检测方法检测效率较高，易于实现高通量检测，是目前食品安全检测的主流方法，特别是在农药残留、兽药残留、食品添加剂检测方面。但由于方法（包括前处理、检测）要兼顾多个分析物，因此在方法研发、实际操作、仪器性能上都有较高要求。有些多组分方法纵使采用先进的色谱—质谱联用技术（甚至高分辨质谱技术），但其方法学指标不能满足食品安全检测对确证方法的质量控制要求（如回收率、精密度），这样的多组分检测方法仍只能作为筛选方法，得出的怀疑不合格结果仍需要采用满足确证方法质量控制要求的单组分检测方法或其他确证方法进行确证。

2.2.3.5　空白实验

食品安全检测的项目中很多属于痕量检测，在提取、净化和检测过程中均有可能引入污染物，因此，在样品前处理时，应同时做空白实验（空白溶剂、空白样品），以此来判断是否有污染引入，这是非常关键也是不可或缺的步骤。

2.2.3.6　检测成本

食品安全检测样本量大，检测本身属性要求高，一个理想的实验方案首先考虑满足检测要求，其次还得要考虑检测成本，不能一味地追求使用高精尖方法。检测成本中样品处理消耗、测定仪器投入的贡献占据绝大部分。色谱—质谱联用技术在检测灵敏度、结果准确、检测效率上比单一的色谱技术要优越得多，近年在食品安全检测所用仪器技术比例越来越高，一方面仪器安全检测对检测灵敏度、检测准确性要求趋高；另一方面色谱—质谱联用仪器普及率也急剧增加，但对于基层实验室，仍建议按自身检测需求、仪器条件、实验室人员素质及经济成本等因素，合理设计实验方案所用仪器、方法。

2.3　现代食品安全检测技术研究进展

食品安全检测技术，顾名思义就是检测技术在食品安全领域的应用。因此，根据食品安全应用的特点，其检测技术的发展原则必须是准确可靠、灵敏度高。分析化学的发展为食品安全检验提供了准确可靠的分析方法，随着科学技术的迅速发展，食品检验技术已能达到百万分之一甚至十亿分之一的准确度。从学科特性上来讲，食品安全检测技术应是在无机化学、有机化学、分析化学、生物化学、微生物学等多门学科基础之上的集检验理论和实验于一体的一门技术性、应用性学科。

从检测对象来看，食品安全检验大致可分为化学成分分析和生物成分分析两大类。化学成分分析主要针对食品中存在的化学组分开展，根据成分的性质又大致分为无机成分分析和有机成分分析，主要包括食品的一般成分检测、重金属元素检测、农药残留检测、兽药残留检测、生物毒素检测、食品添加剂检测及其他有害物质如环境污染物、违禁添加物质检测等。而生物成分分析主要指食品中的微生物及致病菌检测以及转基因检测等的检测分析。由于食品中成分复杂，随着科学的进步和社会的发展，检测对象也在不断变化和发展。

从检测所采用的技术方法来看，仪器分析方法逐渐成为食品安全检测主要的手段，包括分光光度法、原子荧光光谱法、电化学法、原子吸收光谱法、气相色谱法、高效液相色谱法、离子色谱法等。近年来，一些高端的仪器设备如气相色谱—质谱法、液相色谱—质谱法、电感耦合等离子体质谱法发展趋势迅猛。发展方向主要表现在以下几个方面。

2.3.1　前处理技术发展迅猛

随着现代化学分析技术的快速发展，分析手段越来越向着快速、微量、准确、自动化的方向发展，样品的分析时间基本在 20~30 分钟，痕量样品的检测可达 ppb-ppto。然而，检测技术的发展需要有自动化的前处理技术的支持。现代色谱分析样品制备技术的发展趋势使处理样品的过程更简单、更快速、使用装置更小、引进的误差更小、对欲测定组分的选择性和回收率更高。作为一种含多种成分（脂肪、蛋白质、糖、矿物质、微量食品添加剂等及其复合物）的复杂的生物基质样品，其在食品安全检测中面临着一个非常重要和艰巨的任务，即食品中痕量和超痕量有机污染物质的分析检测。这些物质的分析需要大量细致的分离净化和浓缩过程。一些较为先进的前处理技术不断发展并普及起来，如固相萃取（SPE）、微波提取技术、凝胶层析（GPC）、加速溶剂提取（ASE）、基体分散固相萃取（MSPD）、超临界萃取（SFE）、固相微萃取、微孔液膜萃取、纳米材料富集、顶空—吹扫富集、加温加压快速溶剂萃取等。

2.3.2　新兴的大型高精尖仪器设备的使用不断增多

食品安全检测行业的特殊性在于检测样品种类多，基质复杂，所掺杂的污染物含量低，一些恶意的添加剂需要低含量下的定性确认，而复杂掺假行为往往需要多个仪器的检测结果共同作为依据判定。因此，随着现代科学仪器的发展，一些大型分析仪器越来越得到广泛的使用，如有机或无机的质谱仪（如液相色谱—质谱仪、气相色谱—质谱仪、同位素质谱仪、离子色谱质谱仪、电感耦合等离子体质谱仪）、光谱仪（傅里叶红外光谱仪、近红外光谱仪、X射线荧光光谱仪）等在食品安全检测中的使用越来越多。为适应食品安全检测中对未知成分和生物组分的分析需求，一些灵敏度更高、分辨率更高的仪器如飞行时间质谱仪、高分辨率磁质谱等不断推出。很多检测机构都投入了大量的资金用于购买这些大型的高精尖仪器。

据不完全统计，我国目前面向社会从事检测业务的实验室超过1.5万家，拥有大于10万元的仪器设备近6万台套，价值超过160亿元人民币，平均每个实验室拥有总价值100万元的大型仪器设备4台套。由于地区和行业差别，这些大型仪器设备的分布不均，拥有大型仪器设备的大型检测机构更多地集中于发达地区的大、中城市。在这些地方，有不少的实验室拥有价值数千万甚至上亿元的大型仪器设备。尽管这些大型设备的使用不断增多，但由于配套的标准、人员及应用存在局限性，也存在部分检验机构设备的利用率较低的问题。解决该问题的关键是要加强相关技术人员的培训，通过研究带动检测技术的开发，加强与国外相关机构的交流。

2.3.3　分析方法的联用技术不断发展

从目前国际食品安全检测技术的发展趋势看，简便、快速、高灵敏、大通量、多组分是食品安全检测的方向和趋势。如农药、兽药残留，重金属的分析已从以前的单一成分发展到几十种甚至上百种成分同时测定。食品中违禁物质、其他环境污染物等的检测也不例外，由于这些物质成分复杂和不可预测，种类繁多，使用范围广，可能造成的危害和影响十分严重，更需要建立多组分快速检测技术（即通过特异性的分类技术、前处理方法和检测方法，一次性地将多种污染物鉴别或检测出来），对食品行业不明污染物加强监管，加强预防性。

为适应该特点，分析方法的联用技术发展迅猛。气相色谱—质谱（GC-MS）和液相色谱—质谱（LOMS）技术已成为检测食品中农药和兽药残留的主要手段，现在已经发展到二级质谱。以欧盟 96/23/EC 指令（2000 年版本）为例，为检测各种畜禽产品、水产品、饲养的特种动物（野味）、蜂蜜的药物残留，在不同场所取样、检测不同种类、不同组分的兽药残留和污染物，按指令确定的检测方法和仪器统计，确定各种方法和仪器的累计次数。美国加州食品农业部所属的分析化学中心于 20 世纪 90 年代开发成功基于气相色谱和液相色谱的农药残留快速扫描方法。该方法适用于新鲜蔬菜、水果样品中有机磷、有机氯、拟除虫菊酯、氨基甲酸酯四大类 200 多种农药残留的检测。而日本为应对肯定列表下的农药残留制度已经开发出同时能检测 600 多种农药的气相色谱—质谱联用技术，这些联用技术的采用，完成了以前单一分析手段不能实现的检验效果。

2.3.4　快速检测技术发展迅猛，向仪器便携化、检测现代化发展

此方向最早大多是由紫外—可见分光光度法派生出来的，比如蔬菜中农药残留量检测经常采用气相色谱法或高效液相色谱法，一次检验从抽取样品到出具数据，一般需要数天，且检验成本昂贵。为此，根据农药对胆碱酯酶的抑制原理测定蔬菜中有机磷类及氨基甲酸酯类农药的残留量，科研人员研制了农药残留检测仪，该仪器可以在蔬菜生产、流通、市场等环节用于蔬菜

中农药残留量的现场快速检测。该类检验早期常以紫外—分光光度法为基础，目前发展到除化学特征性反应比色外，一些如醯抑制法、酶联免疫吸附测定法、免疫胶体金法、生物测定法、层析法、电化学法和生物传感器法等技术也得到了广泛应用，检测类别也覆盖到兽药、生物毒素、违禁添加剂等方面。速测法仪器便携，甚至可以做到如手机大小，连同所有附属设备总重量只有几公斤，外出携带十分方便。该类仪器由电池供电，可以在室内外随时随地现场操作，从取样开始，约在半小时左右即可取得测定结果，且操作对人员要求不高。速测技术尽管快速、简便，但精准性不够，酶抑制法和酶联免疫分析法都可能出现假阳性或假阴性的结果。

随着科技高速发展，航天、生命科学、军事、反恐和环保等领域的急迫需求，近几年来仪器微型化、全微分析、芯片技术等发展极快，出现了鞋盒大小的微型质谱、微型色谱、芯片毛细管电泳仪、阵列传感器（电子鼻、电子舌）和生物芯片。这些已成为生物技术、疾病诊断、药物和食品安全检测中应用的热门。这些新仪器、新方法势必会应用到食品安全检测领域，催生出新一代既具有当今实验室大型分析仪器的灵敏度、检出限等性能，又具有使用方便、便携等特点，能在农、牧、渔业生产和食品加工及营销等现场对食品进行检测和监控的新一代方法和仪器。

2.3.5　生物检测技术在食品安全检测中的作用越来越广

生物技术在食品检测中的应用，主要表现在对食品微生物、转基因成分等对人体有害物质的检测上。以 PCR 基因扩增技术、免疫学技术、胶体金免疫层析技术、基因探针和生物芯片等技术为代表的生物检测技术近年来在食品安全检测中蓬勃发展。食品中微生物传统鉴定方法有：形态结构、细胞培养、生化试验、血清学分型、噬菌体分型、毒性试验及血清试管凝聚试验等。这些方法主要依赖于微生物的富集培养、选择性分离和生化鉴定，操作烦琐、时间冗长、检出效率及灵敏度低、容易出现假阴性。

近年来，随着分子生物学和微电子技术的高速发展，快速、准确、特异检验微生物的新技术、新方法不断涌现，微生物检验技术由培养水平向分子水平迈进，并向仪器化、自动化、标准化方向发展，提高了食品微生物检验工作的高效性、准确性和可靠性。食品微生物检验新技术有以下几种：

①激光代谢学的技术，如电阻抗法、快速酶触反应及代谢产物的检测、微量生化法、放射测量技术等；

②基于抗原抗体反应的技术，如乳胶凝集反应、酶联免疫吸附法等；

③分子生物学技术，如核酸探针技术、聚合酶链式反应（PCR）技术等；

④自动或半自动仪器法，如流式细胞术、免疫磁性微球、电阻电导检测、VITEK–AMS>VIDAS 全自动免疫分析仪等。

随着科学技术的发展，转基因食品的种类也越来越多，而由此带来的一些伦理学影响如对人体健康和生态环境的影响受到越来越多人的关注和重视。如何提高检测技术水平以满足转基因食品的检测需求也是需要食品领域的人员加以考虑的。目前的转基因检测技术主要以 PCR 扩增技术和酶联免疫方法为主，但随着生物转基因技术的发展，人们在改良食品品种时，往往会将几种外源口的基因同时转入生物体内，使转基因后的生物同时具有多种改良特性，因此基因芯片技术逐渐发展成为转基因的检测技术。

生物技术普遍具有成本低、操作简便、效率高、特异性高等优势，在实际应用中各种生物检测技术均存在自身的局限性，需要结合实际灵活选择、搭配。为了更好地提高食品检测水平，解决食品安全问题，新的生物检测技术还在不断地开发，现有技术方法也在不断地优化过程中。

第3章　食品样品采集

样品是一批食品的代表，是分析工作的对象，是判断一批食品质量的主要依据，一般要求所采取的样品必须能够反映出整批被检产品的全部质量内容，必须具有代表性，以便后续的分析工作得到精确有用的数据并加以处理。

3.1　食品样品采集和保存

3.1.1　食品样品采集

从大量的分析对象中抽取有代表性的一部分供分析化验用，这项工作称为样品的采集，简称采样。采样的具体要求如下：

①采集的样品要均匀、具有代表性，能反映全部被测食品的组成、质量及卫生状况。

②有时要确定食品的腐败程度时，也可取其腐败、污染或可疑部分。

③采样中避免成分逸散或引入杂质，应保持原有的理化指标。

④认真填写采样记录，写明采样单位、地址、日期、样品批号、采样条件、包装情况、采样数量、检验项目及采样人等。

由于食品的种类不同，食品的组成成分、成分含量、分布都不一致，因此即使是同一种类的食品，由于品种的产地、成熟期、加工方法及储存的条件、时间等的不同，食品中的成分及其含量也会有一定的差异。同一品种食品不同部位成分含量也不尽一致。因此，要从一批食品中采取代表整批质量的样品，必须使用正确的采取方法，遵守一定的采样规则，同时，还必须防止成分的逸散及其他物质的污染。

根据样品采集的过程可依次得到检样、原始样品和平均样品三类。

①检样。由整批食物的各个部分所抽取的样品称为检样。检样的多

少，按该产品标准中检验规则所规定的抽样方法和数量执行。

②原始样品。将许多份检样综合在一起称为原始样品。原始样品的数量是根据受检物品的特点、数量和满足检验的要求而定。

③平均样品。将原始样品按照规定方法经混合平均，均匀地分出一部分，称为平均样品。原始样品经过处理再抽取其中一部分供分析检验使用的样品。

采样一般分为以下三个步骤：

①获取检样。

②将所有获取的检样集中在一起，得到原始样品。

③将原始样品经技术处理后，均匀抽取其中的一部分供分析检验用。

三个步骤（抽样、集中、均样）对应三类样品（检样、原始样品、平均样品），采样的过程便是"检样→原始样品→平均样品→试样"的过程。不同质量的检样单独作为原始样品、平均样品、试样，单独进行分析，具体可见图3-1。

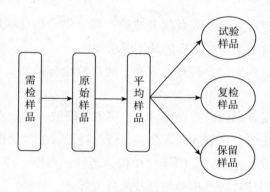

图3-1　采样步骤

采样的数量方面，所采样数量应能反映该食品的卫生质量和满足检验项目对取样量的需求，样品应一式三份，分别供检验、复验、备查或仲裁，一般散装样品每份不少于0.5kg，具体采样方法因分析对象的性质而异。

在采样的方法方面，样品的采集一般分为随机抽样和代表性取样两类。随机抽样是指均衡地、不加选择地从全部产品的各个部分取样，要保证所有物料各个部分被抽到的可能性均等。代表性取样，是用系统抽样法进行采样，根据样品随空间（位置）、时间变化的规律，采集的样品能代表其相应部分的组成。随机取样可以避免人为倾向，但是对不均匀样品，仅用随机抽样法是不够的，必须结合代表性取样，从有代表性的各个部分分别取样，才能保证样品的代表性。

样品采集方法要求既要满足采样要求，又要尽量达到快速、准确、成本低和配合实务。食品检验样品的具体采集方法是概率抽样的具体体现，常见的是简单随机抽样和代表性抽样及它们的配合。没有特殊缘由或特殊授权，不能采用任何非概率抽样法。

概率抽样法抽取的样本是按照样本个体在样本总体中出现的概率随机抽出的。它的优点是：样本具有代表性，而且可根据具体抽样方法的设计和统计学方法估计采样的精确度。

概率抽样又可分为简单随机抽样、分层随机抽样、系统抽样、集群抽样、两段集群抽样等。简单随机抽样指不对样本总体的任何个体加以区分，每一个体均有相同的概率被抽中。分层随机抽样是指先将样本总体的个体按空间位置或时间段等特性分成不重叠的组群（称为"层"），然后从它们中各随机抽取若干个体，混合均匀即为样本。系统抽样指将样本总体的每一个体按一定顺序编号，然后每隔一定编号间隔系统地抽取一个个体，合起来即为样本。集群抽样是将样本总体中相邻近的个体划分为一个集体，形成一系列集体后，再以集体为单位，简单随机从这些中集体选取几个单位，合起来即为样本。两段集群抽样是先按集群抽样抽取几个集体，然后从这些抽出的集体中分别简单随机抽出部分基本个体，然后混合。

非概率抽样法抽取的样本不按均等概率出现在样本总体中。例如，只取方便可取的样品个体的方法称为便利抽样；研究人员凭其经验和专业知识，主观地抽取他认为有代表性的样本的方法称为判断抽样；先根据研究人员认为较重要的控制变项把样本总体分类，然后在各类中按定额数量抽选样本的方法称为配额抽样。这些非概率抽样法缺乏代表性，也无法计算抽样误差，因此一般不能在食品质量与安全检测中采用。个别情况下使用的一个例子，如检验者已有一定根据怀疑某一农产品的某个局部的个体是引起某一食物中毒事故的毒源所在，为检验它是否果真有毒，就可只对这一局部的个体采样。

对于不同类型的食品或农产品，具体的采样方法已建立。其中都包含了概率取样方法的原理并考虑了不同样品的特点和把采样误差限制在允许的范围内。

3.1.2 食品样品保存

样品采集后，应储存于适当的容器中，原则是容器不能与样品的主要成分发生化学反应。为防止吸水或失水，常用玻璃、塑料、金属等容器保存，最好放在避光处。

样品采集后，为了防止水分或其挥发性成分散失，以及其他待测成分的变化，应尽快分析，尽量减少保存时间。如不能马上分析，则需妥善保存，不能使样品出现受潮霉变、挥发、风干、变质、成分分解等现象，以确保样品的外观和化学组成不发生任何变化，保证测定结果的准确性。特殊情况下，可加入不影响分析结果的防腐剂或冷冻干燥保存。样品的保存归纳为4个字：净、密、冷、快。

①净。将样品放在洁净容器内，周围环境也应保持干燥整洁。

②密。尽可能放在密闭的环境中保存，防止易挥发成分的逸散，易分解的要避光保存。

③冷和快。易腐败变质的样品要低温保存，保存时间也不能太长，应尽快分析。

保存的方法是将制备好的平均样品装在密封、洁净的容器内（最好使用具有磨口塞的玻璃瓶，切忌使用带橡皮垫的容器），置于避光处。样品应按不同的检验项目妥善包装、保管。保存方法根据样品可能的变化而定：易腐败变质的样品应保存在0~5℃的冰箱中；易失水的样品应先测定水分，使用时可根据需要和测定要求选择。

3.1.2.1 冷藏
短期保存温度一般以0~5℃为宜。

3.1.2.2 干藏
可根据样品的种类和要求采用风干、烘干、升华干燥等方法。其中升华干燥又称为冷冻干燥，它是在低温及高真空度的情况下对样品进行干燥（温度：-100~-30℃，压强：10~40Pa），所以食品的变化可以降至最低程度，保存时间也较长。

3.1.2.3 罐藏
不能及时处理的鲜样，在允许情况下可制成罐头储藏。例如，将一定量的试样切碎后，放入乙醇（$p = 96\%$）中煮沸 30min（最终乙醇含量应在 78%~82%的范围内），冷却后密封，可保存一年以上。

3. 1. 2. 4　其他

特殊情况下，可加入不影响分析结果的防腐剂保存。

一般检验后的样品还需保留一个月，以备复查，保留期从检验报告单签发之日起开始计算，易变质食品不予保留。保留样品应加封存放于适当的容器中及环境，并尽可能保持其原状，当易变质的食品不能保存时，可不保留样品，但应事先对送验单位说明。对感官不合格的样品可直接定为不合格产品，不必进行理化检验。最后，存放的样品应按日期、批号、编号摆放，以便查找。

此外，不论是将样品送回实验室，还是要将样品送到别处去分析，都要注意防止样品变质。某些生鲜样品要先冻结后再用冰壶加干冰运送，易挥发的样品要密封运送；水分较多的样品要装在几层塑料食品袋内封好，干燥而挥发性很小的样品（如粮食）可用牛皮纸袋盛装，但牛皮纸袋不防潮，还需有防潮的外包装；蟹、虾等样品要装在防扎的容器内，所有样品的外包装要结实而不易变形和损坏。并且，运送过程中要注意车辆等运输工具的清洁，注意车站、码头有无污染源，避免样品污染。

样品采集后，最好由专人立即送检。如不能由专人送样时，也可快递托运。托运前必须将样品包装好，应能防破损，防冷冻样品升温或融化，在包装上应注明"防碎""易腐""冷藏"等字样，做好样品运送记录，写明运送条件、日期、到达地点及其他需要说明的情况，并由运送人签字。

3.2　食品样品制备和预处理

3.2.1　食品样品制备

样品的制备是指对所采集的样品进一步粉碎、混匀、缩分等过程。由于用一般方法取得的样品数量较多、颗粒过大且组成不均匀，因此，必须对采集的样品加以适当的制备，以保证样品完全均匀，使任何部分都具有代表性，并满足对样品分析的要求。

国家标准 GB/T 5009.1—2003 食品卫生检验方法（理化部分）对食品样

品采样量和检验方法都有具体规定和要求，但对如何进行样品预处理前的样品制备方法介绍得不详细。许多检测机构存在直接取样进入样品预处理，没有对样品进行缩分及均质处理的现象。虽然现在食品加工工艺在不断提高，但一些小型规模的食品加工单位，存在加工过程中添加剂等混合不均匀、被测成分在同一样品中分布不均匀的现象。样品在预处理之前未进行准备（尤其是固体样品），得到的检测结果代表性不强。

样品的制备是为了使被测定成分在样品中均匀分布，使样品具有代表性。对样品进行缩分，是便于样品均质。常用的缩分方法有：瓜果常采用"米"字形分割再横切的方法如图3-2所示；粮食采用"圆锥状"循环反复1/2缩分的方法，直到缩分至满足检测需要为止，形状不规则的可采用等分法缩分样品；还可以采用对角线法、棋盘法等缩分方法。

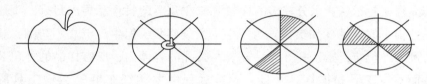

图3-2　苹果分割缩分图

为了缩分后的总体试样均匀，即均质，一般必须根据水分含量、物理性质和混匀操作间的关系，并考虑不破坏待测成分的条件，用以下方法混匀：

①粉碎、过筛。

②磨匀。

③溶于溶液，加热使其成为液体，搅拌。

一般含水分多的新鲜食品（如蔬菜、水果等）用研磨方法混匀；水分少的固体食品（如谷类等）用粉碎方法混匀；液态食品容易溶于水或适当的溶剂，使其成为溶液，以溶液作为试样。

食品分析中还应注意在均质时样品成分的变化。碳水化合物、蛋白质、脂肪、灰分、无机物主成分、食品添加剂、残留农药、无机物等是比较稳定的，用前述方法干燥、粉碎或研磨时试样成分不会有多大变化。而新鲜食品中的微量有机成分、维生素、有机酸、胺类等很容易减少或增加，原因是被自身的酶分解或因微生物增殖。所以在对样品均质处理时要加入酶抑制剂，而且研磨样品时要在5℃以下，可防止上述两种情况的发生。

3. 2. 1. 1　常规食品样品的制备

制备时，根据待测样品的性质和检验项目的要求，可以采取不同的方法进行，如摇动、搅拌、研磨、粉碎、捣碎、匀浆等。具体制备方法因产品类型不同有如下几种：

①液体、浆体或悬浮液体。样品可摇匀，也可以用玻璃棒或电动搅拌器搅拌，使其均匀，然后获取所需要的量。

②互不相溶的液体。如油和水的混合物，应先使不相溶的各成分彼此分离，再分别进行采样。

③固体样品。先将样品制成均匀状态，具体操作可采用切细（大块样品）、粉碎（硬度大的样品，如谷类）、捣碎（质地软含水量高的样品，如果蔬）、反复研磨（韧性强的样品，如肉类）等方法将样品研细并混合均匀。常用工具有粉碎机、组织捣碎机、研钵等，然后用四分法采集制备好的均匀样品。

需要注意的是，样品在制备前必须先去除不可食用部分：水果去除皮、核；鱼、肉膏类去除鳞、骨、毛、内脏等。

固体试样的粒度应符合测定的要求，粒度的大小用试样通过的标准筛的筛号或筛孔直径表示，标准筛的筛号及筛孔直径的关系见表 3-1。

表 3-1　标准筛的筛号与筛孔直径大小

筛号/目	3	6	10	20	40	60	80	100	120	140	200
筛孔直径/mm	6.72	3.36	2.00	0.83	0.42	0.25	0.177	0.149	0.125	0.105	0.074

④罐头。水果类罐头在捣碎前要先清除果核；鱼类罐头、肉禽罐头应先剔除骨头、鱼刺及调味品（葱、姜、辣椒等）后再捣碎、混匀。

在上述样品制备过程中，还应注意防止易挥发成分的逸散和避免样品组成及理化性质发生变化，尤其是做微生物检验的样品，必须根据微生物学的要求，严格按照无菌操作规程制备。

3. 2. 1. 2　测定农药残留量时样品的制备

①粮食。充分混匀后用四分法取 20g 粉碎，全部过 0.4mm 标准筛。

②蔬菜、水果。洗去泥沙并除去表面附着水，依当地食用习惯，取可食用部分沿纵轴剖开，各取 1 /4，然后切碎、混匀。

③肉、禽、蛋类。肉类去除皮和骨，将肥瘦肉混合取样；禽类去除毛及

内脏，洗净并除去表面附着水，纵剖后将半只去骨的禽肉绞成肉泥状；蛋类去壳后全部混匀。每份样品在检测农药残留量的同时还应进行粗脂肪的测定，以便必要时分别计算其中的农药残留量。

④鱼。每份鱼样至少三条，去鳞、头、尾及内脏后，洗净并除去表面附着水，纵剖取每条的一半，去骨、刺后全部绞成肉泥状，混匀。

3.2.2　食品样品预处理

对大多数样品都需要进行预处理（也称为前处理），将样品转化成可以测定的形态以及将被测组分与干扰组分分离。由于实际分析的对象往往比较复杂，在测定中最大的误差往往来源于前处理过程。

预处理的目的：

①测定前排除干扰组分。

②对样品进行浓缩。

预处理的原则：

①消除干扰因素。

②完整保留被测组分。

③使被测组分浓缩。

3.2.2.1　溶解法

水是常用溶剂，能溶解很多糖类、部分氨基酸、有机酸、无机盐等。酸碱能溶解某些不溶性糖类、部分蛋白质。有机溶剂如乙醚、乙醇、丙酮、氯仿、四氯化碳、烷烃等，多用于提取脂肪、单宁、色素、部分蛋白质等有机化合物。实际检测中应根据"相似相溶"的原则，选用合适的有机溶剂。有机相中存在的少量水，如果对检测有影响，可以用无水氯化钙、无水硫酸钠脱水。

3.2.2.2　灭酶法

在样品预处理过程中，面临的一个问题就是酶的作用。通常情况下，如果某样品它所有成分的含量都已经确定了，这个时候就没有必要考虑酶灭活了。但是如果要分析检测一些样品中糖、脂肪、蛋白质等成分时，就要考虑酶的作用，必须采用一定的手段处理酶，使其失活，从而保证分析结果的稳定性和准确性。

无论什么时候，在对样品进行分析时，都应该尽可能采用新鲜的材料。这时采用一定的手段使酶灭活，以使目标化合物以最初的形式存在。通常来说，酶的活性受温度变化的影响比较大，所以常用的灭酶手段就是加热。例如，真菌中对热敏感的淀粉酶，通过相对较低的温度处理就可以达到使其灭活的目的；而一些细菌的淀粉酶耐热性就相对强一些，它可以承受面包烘烤温度。

对样品进行干燥时应该尽可能使用较低的温度、较短的时间，与此同时，样品表面积的扩大有利于干燥加快。通常来说，60℃真空干燥条件，如果样品中不含热敏感和挥发性成分，也可以采用加热到 70~80℃维持数分钟，采用加热条件，可以达到使大多数酶失活和破坏细胞的目的。

通常情况下，在干燥过程中，酶失活的同时也伴随着维生素的损失，而蛋白质和脂肪的变化不大。此外，如果在干燥的过程中处理不小心，酸性食品中可能会发生焦糖化和糖转化反应，这可能会影响样品的分析。

3.2.2.3 有机物破坏法

在测定食品或食品原料中金属元素和某些非金属元素（如砷、硫、氮、磷等）的含量时常用这种方法。这些元素有的是构成食物中蛋白质等高分子有机化合物本身的成分，有的则是因受污染而引入的，并常常与蛋白质等有机物紧密结合在一起。

测定食品中无机成分的含量需要在测定前破坏有机结合体，被测元素以简单的无机化合物形式出现，从而容易被分析测定。有机物破坏法是将有机物在强氧化剂的作用下经长时间的高温处理，破坏其分子结构，有机质分解呈气态逸散，而被测无机元素得以释放。该法除常用于测定食品中微量金属元素之外，还可用于检测硫、氮、氯、磷等非金属元素。根据具体操作不同，又分为干法和湿法两大类，具体可见图 3-3。

各类方法又因原料的组成及被测元素的性质不同而有许多不同的操作条件，选择的原则应是如下：

①方法简便，使用试剂越少越好。

②方法耗时间越短，有机物破坏越彻底越好。

③被测元素不受损失，破坏后的溶液容易处理，不影响以后的测定步骤。

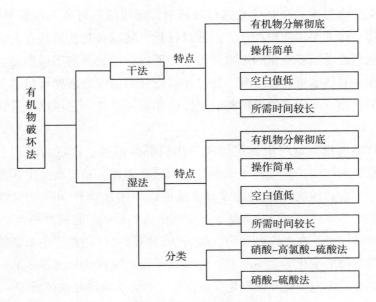

图 3-3　有机物破坏法

3.2.2.4　蒸馏法

蒸馏法是利用被测物质中各种组分挥发性的不同进行分离的一种方法。该方法可以去除干扰物质，也可以用于被测组分的蒸馏逸出，收集馏出液进行分析（如啤酒酒精含量的测定）。

3.2.2.5　浓缩法

食品样品经提取、净化后，有时净化液的体积较大，在测定前需进行浓缩，以提高被测成分的浓度。常用的浓缩方法有常压浓缩法和减压浓缩法两种。

当食品试液中被测组分的量极少，浓度很稀且低于检测限时不能产生显著的测定信号，被测组分不可能被检出。这时，为满足测定方法灵敏度的需要，保证食品分析工作的顺利进行，测定之前就需要对试液进行浓缩富集，以提高被测组分的浓度。浓缩富集法有常压和减压等方法。

①常压浓缩法。此法主要用于待测组分为非挥发性的样品净化液的浓缩，通常采用蒸发皿直接挥发；溶剂可以回收重复使用，以降低测定成本。该法快速、简便，是较常见的浓缩方法。

②减压浓缩法。此法主要用于待测组分为热不稳定性或易挥发的样品净

化液的浓缩，通常采用 K–D 浓缩器。

3.2.2.6 色谱分离法

食品分析常遇到样品中共存有理化性质十分接近的同分异构体或同系有机化合物。例如，各种氨基酸、维生素等，用其他方法测定时可能会相互干扰，很难用普通的方法排除。此时，可用色谱法分离，预处理后再进行测定。

色谱分离法是将样品中的组分在载体上进行分离的一系列方法，又称色层分离法。该类分离方法效果好，在食品分析检验中广为应用。色谱分离的方法很多，按流动相的状态可分为气相色谱（GC）和液相色谱（IX），流动相为超临界流体的称为超临界流体色谱（SFC）；按固定相状态分为气—固色谱（GSC）、气—液色谱（GLC）、液—固色谱（LSC）和液—液色谱（LLC）。按固定相使用的外形和性质可分为柱色谱（CC）、纸色谱（PC）和薄层色谱（TLC）。

3.2.2.7 化学分离法

化学分离法是利用化学的方法来处理被检测样品，从而便于目的组分的检测。主要有以下几种方法：磺化法、皂化法、沉淀分离法、掩蔽法等。

①磺化法。本法是用浓硫酸处理样品提取液，能有效地除去脂肪、色素等干扰杂质。其原理是浓硫酸能使脂肪磺化，并与脂肪和色素中的不饱和键发生加成反应，形成可溶于硫酸和水的强极性化合物，不再被弱极性的有机溶剂所溶解，从而达到分离净化的目的。此法简单、快速、净化效果好，但仅适用于对强酸稳定的被测组分的分离。

②皂化法。本法是用热碱溶液处理样品提取液，以除去脂肪等干扰杂质。使油脂被碱皂化，由憎水性变成亲水性，这时油脂中那些被测定的非极性物质就能较容易地由非极性或较弱极性的溶剂提取出来。

常用碱为 NaOH 或 KOH，NaOH 直接用水配制，而 KOH 易溶于乙醇溶液。此法仅试用于对碱稳定的组分，如维生素 A、维生素 D 等提取液的净化。

● 用于白酒中总酯的测定，用过量的 NaOH 将酯皂化掉，过量的碱再用酸滴定，最后由用碱量来计算总酯含量。

● 用于植物油皂化价的测定，评价油脂中游离脂肪酸的含量，皂化价高表示含游离脂肪酸量大。

③沉淀分离法。在试样中加入适当的沉淀剂，使被测组分沉淀下来或将干扰组分沉淀下来，再经过滤或离心把沉淀和母液分开。该法为常用的样品

净化方法。例如，测冷饮中糖精钠含量时加入碱性硫酸铜，将蛋白质及其他干扰物、杂质沉淀出来，而糖精钠留在试液中，取滤液进行分析。

④掩蔽法。利用掩蔽剂与样液中干扰成分作用，使干扰成分转变为不干扰成分，即被掩蔽起来。样品中的干扰成分仍在溶液中，但失去了干扰作用。这种方法可以在不分离干扰成分的条件下消除其干扰作用，简化分析步骤，因而在食品分析中应用广泛，多用于络合滴定中金属元素的测定。如双硫腙比色法测定铅时，在测定条件（pH=9）下，Cu^{2+}、Cd^{2+}等离子对测定有干扰，可加入氰化钾和柠檬酸铵掩蔽，消除它们的干扰。

3.2.2.8 溶剂抽提法

在同一溶剂中，不同的物质有不同的溶解度；同一物质在不同溶剂中的溶解度也不同。利用样品中各组分在特定溶剂中溶解度的差异，使其完全或部分分离即为溶剂提取法。常用的无机溶剂有水、稀酸、稀碱；有机溶剂有乙醇、乙醚、氯仿、丙酮、石油醚等。可用于从样品中提取被测物质或去除干扰物质。在食品分析中常用于维生素、重金属、农药及黄曲霉毒素的测定。

3.3 检测试验方法选择

食品质量和安全检验的项目众多，根据食品检验质量指标的属性，可分为感官检验、理化检验、卫生检验。根据食品检验安全指标的属性，可分为致病菌及其毒素检验、人畜共患病检疫、食品中非食用添加品和禁用添加剂的检验、食品添加剂检验、农药和兽药残留检验、天然毒素检验、环境污染检验、食品加工中可能产生的有害物检验、物理伤害因素检验、放射性污染检验、转基因食品检验、包装材料中有害物检验、食品掺假检验。而且任何一项检验可能都不只有一种试验法，新颖的方法正在不断增加，国家规定的检测标准也在不断更新中，所以，具体的食品检验或分析的方法越来越多。

食品质量和安全分析检测主要类别包括：感官分析方法、化学分析方法、仪器分析方法和生物试验方法。感官分析为最初的和最适宜现场检验的方法，加上现代统计和计算机应用，感官分析的可靠性和适用范围已大大提高和扩大。化学分析法虽然传统，但原理清晰、结果准确、所需设备少、具体方法积累多。仪器分析灵敏度高、速度快、对于微量多组分分析更为适用。生物分析是进行食品的生物性危害分析必不可少的，传统的生物分析速度慢，但结果明确、所需设备简单。现代生物分析则灵敏度高、速度较快、结果可靠。现代生物分析的形式和具体做法接近仪器分析或化学分析，其试剂和其他一些关键用品来自现代生物技术和工程制造。根据实验内容和目的要求，选择试验方法的一般原理。

试验方法的选择是根据试验目的和已有方法的特点进行评价性选择的过程。只有正确地选出试验方法，才能从方法上保证试验结果具有合乎要求的精密度和准确性，保证试验按要求的速度完成，保证降低试验成本和减轻劳动强度。

3.3.1　实验试剂配制方法

实验试剂配制是进行食品质量检验的关键步骤之一。实验试剂的纯度和稳定性对分析结果的准确性和可重复性具有至关重要的作用。下面将介绍实验试剂的配制方法和注意事项。

3.3.1.1　实验试剂的选择

在进行食品质量检验时，需要选用合适的实验试剂。实验试剂的选择应根据检验项目的要求来确定。一般来说，实验试剂应具有纯度高、稳定性好、价格合理等特点。

3.3.1.2　实验试剂的配制

实验试剂的配制需要根据具体的检验方法来确定。在配制实验试剂时，应首先准备好所需的试剂和容器，并按照配方比例进行称量或计量。为了保证实验结果的准确性，应使用干净、无菌的容器，并避免容器的交叉污染。

在进行试剂的配制时，应注意以下几点：

①配制试剂前应进行必要的消毒和清洗。

②在配制过程中应遵循标准操作程序，避免配制错误。

③配制试剂的过程中应避免对试剂的污染。

④配制完成后，应立即进行标签标注，注明试剂名称、浓度、配制时间等信息，并存放在合适的环境中。

3.3.1.3　实验试剂的储存

储存实验试剂需要注意以下几点：

①将实验试剂储存在避光、干燥、低温、通风的环境中，避免受潮、受热、受氧化等影响。

②避免实验试剂受到外界环境的污染，应尽量避免接触到空气、灰尘和其他杂质。

③实验试剂应单独存放，避免与其他试剂混合。

④储存实验试剂的容器应标注清楚试剂名称、浓度、储存时间等信息，并定期检查试剂的质量状况，如出现变色、变质等现象，应立即予以处理。

在食品样品采集过程中，应严格遵守操作规程，确保样品的代表性和质量稳定性；在实验试剂的配制和储存过程中，应注意操作细节，确保试剂的纯度和稳定性。只有在样品采集和实验试剂配制环节做好的情况下，才能保证食品质量检验结果的准确性和可靠性，从而保障公众的健康和安全。

3.3.2　实验步骤

3.3.2.1　样品前处理

（1）样品的准备

将鲜奶样品摇匀后，取出 100mL 的样品，放入容器中备用。

（2）样品的处理

取出样品中的脂肪，可以采用氯仿提取法或乙醚提取法进行处理。在本次实验中，采用乙醚提取法进行样品的前处理。

具体实验操作步骤如下：

取出鲜奶样品中的脂肪。将 10mL 的样品放入滤器纸中，用滤纸纸条将样品压榨，以去除其中的水分。然后将样品转移至干净的容器中，加入 5mL 的浓盐酸，并充分混合，放置 20 分钟，以去除其中的蛋白质和碳酸盐等杂质。

乙醚提取法的处理：第一，将处理后的样品中加入 20mL 的乙醚，并用磁力搅拌器搅拌 5 分钟，使脂肪充分溶解在乙醚中；第二，然后将混合物离心 5 分钟，以分离出乙醚和水两层，取出上层的乙醚，放入干燥管中，用干燥剂将其中的水分除去；第三，最后再将乙醚溶液放入烘箱中，进行烘干，直至完全干燥，即可得到样品中的脂肪量。

3.3.2.2　实验操作

（1）样品的烘干

将样品放入烘箱中进行烘干，直至干燥。

（2）样品的冷却

将烘干后的样品取出，放置于室温下，进行冷却。

（3）脂肪量的测定

将烘干后的样品加入 10mL 的氯仿中，并用磁力搅拌器搅拌 5 分钟，使样品中的脂肪充分溶解在氯仿中。然后将混合物静止放置，以分离出氯仿和水两层，取出上层的氯仿，放入干燥管中，用干燥剂将其中的水分除去。最后再将氯仿溶液放入烘箱中，进行烘干，直至完全干燥，即可得到样品中的脂肪量。

（4）计算样品中的脂肪含量

样品中的脂肪含量可根据以下公式计算得出：

脂肪含量（%）＝样品中的脂肪量（g）/样品重量（g）×100%

3.3.3　实验结果的分析

将实验结果进行记录和分析，以得出样品中脂肪含量的测定结果。根据实验结果，可以得出样品中脂肪含量的测定结果，以判断样品是否符合标准要求。

例如，在本次实验中，如果检测出样品中的脂肪含量超过了标准规定的范围，则表明该批鲜奶的质量存在问题，需要采取相应的措施进行处理。如果检测结果符合标准要求，则表明该批鲜奶的质量是符合要求的。

3.3.4　结果的计算和分析

食品质量与安全检验希望采用快速、准确和经济的试验方法，然而，许多试验方法不一定同时具有这三个特点。因此，方法的选择要能满足实际需要的情况。相比来讲，化学分析法准确度高、灵敏度低、相对误差为 0.1%，用于常量组分的测定；仪器分析法准确度低、灵敏度高、相对误差约为 5%，用于微量组分的测定，在进行同项目多样品测定或多平行测定时，由于不必每个测定都重新调试仪器的工作条件，因此平均测定速度快；

现代生物技术开辟的检验方法属速度较快、灵敏度高、检测限低的试验方法；国际组织规定和推荐的标准方法和国家标准方法是较为可靠、较为准确、具有较好重复性和较权威的方法；感官鉴评法、试纸片和试剂盒检测法是最常用的现场快速检验方法。

按照以上经验或按照参考文献初选到一种方法后，往往还不能确定其是否就是合适的方法，还需要做一些预试验，通过对预试验结果的分析来进一步评价该方法的可靠性、检出限和回收率，最后决定其取舍。

3.3.4.1 分析方法可靠性检验

（1）总体均值的检验——t 检验法

这种方法是在真值（用 μ_0 表示）已知，总体标准差（σ）未知，用 t 检验法检验分析方法有无系统误差时采用的方法。具体检验步骤如下。

给定显著水平（α），求出一组平行分析结果的 n、$\bar{x}$ 和 S 值，代入下式求出 $t_{计算}$ 计算：

$$t_{计算} = \frac{\bar{x} - \mu_0}{S/\sqrt{n}}$$

从 t 分布表中查出 $t_{表}$ 值。

若 $|t_{计算}| \geq t_{表}$ 表时，说明分析方法存在系统误差，用此方法得出的 μ 与 μ_0 有显著差异。

（2）两组测量结果的差异显著性检验

这是一种将 F 检验与 t 检验结合的双重检验法，它适用于真值不知晓的情况，具体做法分三大步。

①作对照分析选用一种公认可靠的参考分析方法，也将被测样品平行测定几次。于是得到对同一样品的两种测定方法的两组数据：$\bar{x}_1$、S_1、n_1 和 $\bar{x}_2$、S_2、n_2。

②作 F 检验按下式求出方差比（F）：

$$F_{计算} = \frac{S_{大}^2}{S_{小}^2}$$

根据 $f_1 = n_1 - 1$，$f_2 = n_2 - 1$，在置信度 $p = 0.95$ 的设定下，从 F 表中查出 $F_{表}$ 值。

如果 $F_{计算} < F_{表}$，说明 S_1、S_2 及 σ_1 和 σ_2，差异不显著，两组分析有相似

的精密度，可以继续往下作 t 检验。否则结论相反，直接可判定现用分析方法不可靠。

③作 t 检验按下式求出置信因子（t）：

$$t_{计算} = \frac{\bar{x}_1 - \bar{x}_2}{S_p} \sqrt{\frac{n_1 n_2}{n_1 + n_2}}$$

式中：S_p——合并标准差。

S_p 可按下式计算：

$$S_p = \sqrt{\frac{(n_1 - 1) S_1^2 + (n_2 - 1) S_2^2}{n_1 + n_2 - 2}}$$

根据 $f = n_1 + n_2 - 2$，在置信度 $p = 0.95$ 的设定下，从 t 表中查出 $t_表$ 值。

如果 $t_{计算} < t_表$ 说明 $\sqrt{x_1}$ 和 $\sqrt{x_2}$、μ_1 与 μ_2 差异不显著，两组分析有相似的准确度，可判定现用分析方法可靠。否则结论相反，可判定现用分析方法不可靠。

3.3.4.2 检出限的求取

一个分析方法的检出限可以定义为：能用该方法以 95% 的置信度检出的被测定组分的最小浓度。在做微量组分含量测定时，检出限必须小于或等于要求的程度。

在计算检出限之前，先需要规定一个检出标准。检出标准是被检物的一个含量或浓度，它的含义在于，只有当一个测定结果高于检出标准，我们才确信希望检出的物质是存在的。检出标准在这里必须由空白测定实验来确定，方法如下：

首先在几天内反复采用待评价的分析方法做几次空白测定，获得空白测定结果（可以包括负值）的标准差 $S_{空白}$，然后按公式（检出标准 $= t_{空白} S_{空白}$）计算出检出标准。

现在需要在试样检出限浓度附近进行几次测定来得到测定结果的标准差 S。尽管我们现在还不知道检出限，但可估计检出限大约是检出标准的 2 倍。为谨慎起见，我们可配制浓度为检出标准 2.5 倍的试样来测定。这样获得测定结果后，计算出标准差 S，求出与该标准差相应的自由度，查 t 检验临界值表的双侧检验表下的 t 值，最后用下列公式计算出检出限：

检出限 = 检出标准 + tS

3.3.4.3　测定回收率

回收率（$R \cdot C$）是检验分析方法准确度的一种常用方法，该方法是在被分析的样品中定量的加入标准的被测成分，经过测定后，如果加入的标准被测成分被很准确地定量测出，我们就判定这种方法的准确度很高；如果加入的标准被测成分不能被准确地定量测出，但分析的精密度仍保持较高，我们判定这种分析方法存在系统误差。

回收率的计算公式如下：

$$R \cdot C = \sqrt{\frac{\bar{x}_i + \bar{x}_{i0}}{\bar{\omega}}} \times 100$$

式中：$R \cdot C$——回收率，常表示为百分比；

$\bar{x}_i$ 和 $\bar{x}_{i0}$——加入和未加入标准被测成分时数次平行测定结果的均值；

$\bar{\omega}$——次加标试验时所加标准物量的均值。

一般情况下，回收率从 95%～105%可接受。

第4章 食品常见成分的检测分析

食品质量与其营养成分含量有密切的关系。本章主要内容就是有关水分、灰分、酸类、脂类、碳水化合物、蛋白质及氨基酸、膳食纤维等成分的检测分析。

4.1 水分含量与活度检测分析

4.1.1 水分含量检测分析

水是生物体生存所必需的物质，对生命活动具有十分重要的作用，它是机体中体温的重要调节剂、营养成分和废物的载体，也是体内化学作用的反应剂和反应介质、润滑剂、增塑剂和生物大分子构象的稳定剂。

水分是食品分析的重要项目之一。不同种类的食品，水分含量差别很大。控制食品的水分含量，对于保持食品良好的感官性状、维持食品中其他组分的平衡关系、保证食品具有一定的保存期等均起着重要的作用。此外，各种生产原料中水分含量的高低，除了对它们的品质和保存有影响外，对成本核算、提高工厂的经济效益等均具有重大意义。因此，食品中水分含量的测定被认为是食品分析的重要项目之一。

4.1.1.1 方法选项

食品中水分含量的分析方法如下，每种方法的适用范围都有所不同。

（1）常压干燥法

原理：利用食品中水分的物理性质，在101.3kPa（一个大气压），101~105℃条件下加热至恒量。采用挥发方法测定样品中干燥减失的质量，包括体相水、部分结合水，再通过干燥前后的称量数值计算出水分的含量。

仪器：分析天平、组织捣碎机、研钵、具盖铝皿、电热鼓风干燥箱、干燥器。

（2）真空干燥法

真空干燥法也称为减压干燥法，该法适用于在较高温度下加热易分解、变质或不易出去结合水的食品，如糖浆、果糖、味精、麦乳精、高脂肪食品、果蔬及其制品水分含量的测定。

原理：利用食品中水分的物理性质，在达到40~53kPa压力后加热至60±5℃，采用减压烘干方法去除试样中的水分，再通过烘干前后的称量数值计算出水分的含量。

仪器：真空烘箱（带真空泵）；扁形铝制或玻璃制称量瓶；干燥器：内附有效干燥剂；天平：感量为0.1mg。

在用减压干燥法测定水分含量时，为了除去烘干过程中样品挥发出来的水分，以及避免干燥后期烘箱恢复常压时空气中的水分进入烘箱，影响测定的准确度。整套仪器设备除必须有一个真空烘箱（带真空泵）外，还需设置一套安全、缓冲的设施，连接几个干燥瓶和一个安全瓶，如图4-1所示为减压干燥的工作流程。

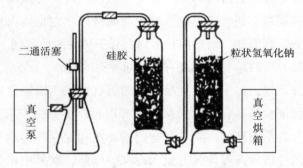

图4-1　减压干燥的工作流程

（3）蒸馏法

蒸馏法主要包括两种方式：一是把试样放在沸点比水高的矿物油里直接加热，使水分蒸发，冷凝后收集，测定其容积，现在已不使用；二是把试样与不溶于水的有机溶剂一同加热，以共沸混合蒸发的形式将水蒸馏出，冷凝后测定水的容积。这种方法称为共沸蒸馏法，是目前应用最广的水分蒸馏法。

蒸馏法又称为共沸法，是依据两种互不相溶的液体组成的二元体系的沸点，比其中任一组分的沸点都低的原理，加热使之共沸，将试样中水分分离。根据水的密度和流出液中水的体积计算水分含量。

蒸馏法分为直接蒸馏和回流蒸馏两种方法。回流蒸馏只需比水的沸点略高的有机溶剂，一般选用甲苯、二甲苯或者苯。由于回流蒸馏对有机溶剂的沸点要求不高，且蒸馏温度较低，样品不易加热分解、氧化，是目前应用最广的蒸馏方法。

（4）其他方法

红外线干燥法。以红外线发热管为热源，通过红外线的辐射热和直射热加热试样，高效迅速地使水分蒸发，样品干燥过程中，红外线水分测定仪的显示屏上直接显示出水分变化过程，直至达到恒定值即为样品水分含量。

卡尔·费休（Karl Fischer）法，简称费休法或 K-F 法，是一种以容量法测定水分的化学分析法，属于碘量法，是测定水分最专业、最准确的方法。卡尔·费休法是一种既迅速又准确测定水分含量的方法，广泛地应用于各种固体、液体及一些气体样品的水分含量的测定，都能得到满意的结果，该法也常被作为水分特别是痕量水分的标准分析法，用来校正其他测定方法。在食品检验中，凡是普通烘箱干燥法得到异常结果的样品，或是以真空烘箱干燥法进行测定的样品，都可采用该法进行测定。该法已广泛应用于面粉、糖果、人造奶油、巧克力、糖蜜、茶叶、乳粉、炼乳及香料等食品中水分的测定。

4.1.1.2　实验试剂及配制方法

（1）无水硫酸钠

无水硫酸钠是测定食品水分含量常用的试剂。其配制方法如下：

将一定量的普通硫酸钠加入 500mL 锥形瓶中，加入适量的无水硫酸，并在搅拌的同时加热，使其全部溶解。然后将溶液过滤，并取出过滤液，放置在密闭容器中，待使用时取出即可。

（2）对苯二酚

对苯二酚是一种常用的指示剂，用于测定水分含量。其配制方法如下：

将一定量的对苯二酚加入适量的无水酒精中，搅拌均匀后即可使用。

4.1.1.3　设备

（1）烘箱

用于将样品进行烘干，常用温度为 105℃。

（2）称量仪器

用于精确称量样品和试剂。

（3）称量纸

用于精确称量样品和试剂，并避免交叉污染。

（4）干燥器

用于去除实验样品中的水分，保证实验结果的准确性。

（5）电子天平

用于精确称量样品和试剂。

4.1.1.4 实验步骤

（1）样品的准备

将待测样品充分混合后，按照需要的量取出样品，并记录下样品的重量。

（2）样品的烘干

将样品放入烘箱中进行烘干，常用温度为105℃，烘干至样品重量稳定，一般需要3~6小时。

（3）样品的冷却

将烘干后的样品取出，放置于室温下进行冷却，使其达到室温。

（4）样品的称量

将冷却后的样品重量进行称量，并记录下来。

（5）样品的再次烘干

将样品再次放入烘箱中进行烘干，常用温度为105℃，烘干至样品重量稳定。一般需要连续烘干两次，直到样品的重量相同为止，以保证样品中的水分已经完全被除去。

（6）配制无水硫酸钠

按照无水硫酸钠的配制方法，将试剂配制好，并记录下其浓度和配制时间。

（7）样品的称量和加入试剂

将烘干后的样品放入称量纸中，精确称量样品的重量，并加入适量的无水硫酸钠试剂，记录下试剂的用量和加入时间。

（8）样品的加热

将加入无水硫酸钠试剂的样品放入干燥器中，进行加热，通常加热时间为3小时左右，温度为105℃。

（9）样品的冷却和称量

将加热后的样品取出，冷却至室温后再次进行称量，并记录下称量结果。

4.1.1.5　结果的计算和分析

根据实验测得的样品重量和干燥后的样品重量，可以计算出样品中的水分含量。计算公式如下：

水分含量（%）=（样品重量−干燥后的样品重量）/样品重量×100%

根据实验结果，可以判断样品的水分含量是否符合标准要求。如果水分含量超过标准范围，则表明样品质量存在问题，需要采取相应的措施进行处理。如果水分含量符合标准要求，则表明样品质量是符合要求的。

4.1.1.6　新技术分析

传统的水分含量检测方法包括烘箱法、卤素酸法、卡尔·费休法等。然而，这些方法存在着仪器精度低、样品处理烦琐等问题，不适用于高通量分析和在线检测。因此，近年来一些新技术应运而生，如下所述：

（1）微波加热干燥法

微波加热干燥法是一种快速、高效的水分含量检测方法。在该方法中，样品通过微波辐射加热，水分子被加热后蒸发出来。该方法具有操作简便、快速、不需要样品处理等优点。

（2）原位近红外反射光谱法

原位近红外反射光谱法是一种非破坏性的水分含量检测方法。该方法利用近红外光的穿透和反射特性，通过分析样品的反射光谱，推算出水分含量。该方法具有快速、高效、非破坏性等优点。

（3）电子鼻技术

电子鼻技术是一种基于化学传感器阵列的水分含量检测方法。该技术使用多个化学传感器，将样品中的挥发性成分吸附在传感器表面，并通过分析吸附后的信号变化，推算出水分含量。该方法具有快速、高效、灵敏度高等优点。

（4）微型核磁共振技术

微型核磁共振技术是一种基于核磁共振现象的水分含量检测方法。该方法使用微型核磁共振仪对样品进行分析，可以直接获得水分含量信息。该方法具有高分辨率、高精度、无须样品处理等优点。

总之，随着科技的不断进步，水分含量检测技术也不断更新换代。新技术的应用，不仅提高了检测的精度和效率，也为实现水分含量的在线监测提供了可能。

4.1.2 水分活度分析

水分活度（a_w）表示食品中水分存在的状态，表示食品中所含的水分作为微生物化学反应和微生物生长的可用价值，即反映水分与食品的结合程度或游离程度。其值越小，结合程度越高；其值越大，结合程度越低。同种食品，水分质量分数越高，其 a_w 值越大，但不同种食品即使水分质量分数相同值也往往不同。因此食品的水分活度是不能按其水分质量分数考虑的。例如，金黄色葡萄球菌生长要求的最低水分活度为 0.86，而与这个水分活度相当的水分质量分数则随不同的食品而异，如干肉为 23%，乳粉为 16%，干燥肉汁为 63%。所以，按水分质量分数难以判断食品的保存性，测定和控制水分活度对于食品品质的稳定与保藏具有重要意义。

4.1.2.1 水分活度仪法

在一定温度下，用标准饱和盐溶液校正水分活度测定仪的 a_w 值，在相同条件下测定样品，利用测定仪上的传感器，根据样品上方的水蒸气分压，从仪器上读出样品的水分活度值。一般在 20℃ 恒温箱内进行测定，以饱和氯化钡溶液（$a_w = 0.9$）为标准校正仪器。如果实验条件不在 20℃，可根据表 4-1 校正值对其校正。

具体操作步骤如下：

①将等量的纯水及捣碎的样品（约 2g）迅速放入测试盒，拧紧盖子密封，并通过转接电缆插入"纯水"及"样品"插孔。固体样品应碾碎成米粒大小，并摊平在盒底。

②把稳压电源输出插头插入"外接电源"插孔（如果不外接电源，则可使用直流电），打开电源开关，预热 15 分钟，如果显示屏上出现"E"，表示溢出，按"清零"按钮。

③调节"校正 H"电位器，使显示为 100.00±0.05。

④按下"活度"开关，调节"校正 1"电位器，使显示为 1.000±0.001。在室温 17~25℃，湿度 50%~80% 的条件下，用饱和盐溶液校正水分活度仪。

⑤等测试盒内平衡半小时后（若室温低于 25℃，则需平衡 50 分钟），按下相应的"样品测定"开关，即可读出样品的水分活度 AQ 值（读数时，取小数点后面三位数）。每间隔 5min 记录水分活度仪的响应值。当相邻两次响

应值之差小于 0.005A 时，即为测定值。仪器充分平衡后，同一样品需要重复测定三次。

⑥测量相对湿度时，将"活度"开关复位，然后按相应的"样品测定"开关，显示的数值即为所测空间的相对湿度。

⑦关机，清洗并吹干测试盒，放入干燥剂，盖上盖子，拧紧密封。

表 4-1　a_w 值的温度校正表

温度/℃	校正值
15	-0.010
16	-0.008
17	-0.006
18	-0.004
19	-0.002
21	+0.002
22	+0.004
23	+0.006
24	+0.008
25	+0.010

4.1.2.2　康卫氏皿扩散法

本法为 GB/T 23490—2009 方法，在密封、恒温的康卫氏皿中，试样中的自由水与水分活度（a_w）较高和较低的标准饱和溶液相互扩散，达到平衡后，根据试样质量的变化量，求得样品的水分活度。康卫氏皿扩散法适用于水分活度为 0.00~0.98 食品的测量。

4.1.2.3　水分活度分析的新技术

近年来，随着新技术的发展，出现了一些新型的水分活度检测方法，包括以下几种。

（1）微波共振技术（MWR）

微波共振技术是一种非破坏性的检测方法，可用于测量固体和液体样品的水分活度。该技术利用微波信号与水分子之间的相互作用，通过测量微波共振频率和衰减，计算出样品的水分活度。该方法具有快速、准确、便捷等优点。

（2）能量色散 X 射线荧光光谱仪（EDXRF）

EDXRF 技术是一种非破坏性的检测方法，通过测量样品中的 X 射线荧光光谱，计算出样品中的水分活度。该方法具有检测速度快、准确性高、操作简便等优点，适用于各种不同类型的食品。

（3）电感耦合等离子体质谱仪（ICP-MS）

ICP-MS 技术是一种高灵敏度的检测方法，可以测量食品中微量元素和重金属的含量。该方法通过测量食品中的水分子，计算出水分活度。虽然该方法相对于传统的水分活度检测方法更加复杂，但是其灵敏度和准确性都非常高。

（4）原位荧光光谱技术

原位荧光光谱技术是一种快速、无损、非破坏性的检测方法，可用于测量食品中的水分含量和水分活度。该技术通过激发样品中的荧光物质，测量样品的荧光强度和荧光波长，计算出样品的水分含量和水分活度。

新技术在水分活度检测方面具有更高的检测速度、更高的准确性和更广的适用范围，能够有效提高食品质量和安全的监测水平。

4.2　灰分检测分析

食品的组成非常复杂，除了大分子的有机物外，还含有许多无机物质，当在高温灼烧灰化时将会发生一系列的变化，其中的有机成分经燃烧、分解而挥发逸散，无机成分则留在残灰中。食品经灼烧后的残留物就叫作灰分。所以，灰分是食品中无机成分总量的标志。

4.2.1　食品中灰分的测定实验

4.2.1.1　实验试剂及设备

（1）实验试剂

①硝酸铵（NH_4NO_3）。

②硝酸（HNO_3）。

③硫酸（H_2SO_4）。

④氢氧化钠（NaOH）。

⑤氯化钠（NaCl）。

⑥纯水。

（2）设备

①烘箱。

②硬质石英玻璃燃烧舟。

③燃烧炉。

④天平。

⑤精密滴定管。

⑥滤纸。

4.2.1.2　实验步骤

（1）样品的准备

取样品适量进行研磨，然后充分混合。

（2）样品的烘干

将取出的样品放入烘箱中，以105℃的温度烘干至重量稳定。烘干时间一般为2~4小时。

（3）样品的冷却

取出烘干后的样品，放置在室温下进行冷却，使其达到室温。

（4）样品的称量

使用天平对烘干后的样品进行称量，并记录下其重量。

（5）样品的燃烧

将样品放入已经清洗干净的燃烧舟中，然后将舟放入燃烧炉中进行燃烧。燃烧时，要控制好燃烧舟的位置，以防止灰分的飞溅。将样品燃烧至完全无黑色物质残留。

（6）样品的冷却

将燃烧后的燃烧舟取出，放置在干燥器中冷却至室温。

（7）灰分的称量

使用天平对冷却后的燃烧舟进行称量，并记录下其重量。

（8）灰分的处理

将燃烧后的燃烧舟放入滤纸上，加入10mL的热水，用滤纸将舟中的残留物过滤，收集滤液。将过滤后的滤液分成两份，一份用于水溶性灰分的测定，另一份用于水不溶性灰分的测定。

（9）水溶性灰分的测定

将一份滤液放入烧杯中，加入一滴NaOH溶液，加热沸腾10min，冷却，加入一滴酸化溶液，加入 20mL 的蒸馏水，用精密滴定管滴加 0.1mol/L 的 $AgNO_3$ 溶液，直至出现浑浊，然后再滴加 2 滴 K_2CrO_4 指示剂，继续滴加 $AgNO_3$ 溶液，直至溶液由红棕色变为橙色，记录所用的 $AgNO_3$ 溶液的滴数。

水溶性灰分的计算公式如下：

水溶性灰分（%）=（$AgNO_3$ 的用量−空白的 $AgNO_3$ 用量）×0.01×100/样品的重量

（10）水不溶性灰分的测定

将另一份滤液倒入一个干燥的铝盘中，在烘箱中烘干至恒重，然后取出铝盘，放置于室温下冷却。

将冷却后的铝盘放入灰分瓶中，并加入 2～3mL 的浓硝酸，加热至溶解，然后加入少量的 HCl，再次加热，直至溶解为止。待溶解后的样品冷却至室温，然后用蒸馏水洗涤灰分瓶，收集洗涤液，将洗涤液与灰分瓶中的样品一起倒入预先称重的燃烧舟中，进行燃烧。

将燃烧后的燃烧舟取出，放置在干燥器中冷却至室温。

将冷却后的燃烧舟放入滤纸上，加入 10mL 的热水，用滤纸将舟中的残留物过滤，收集滤液。将过滤后的滤液放入烧杯中，加入一滴 NaOH 溶液，加热沸腾 10min，冷却，加入一滴酸化溶液，加入 20mL 的蒸馏水，用精密滴定管滴加 0.1mol/L 的 $AgNO_3$ 溶液，直至出现浑浊，然后滴加 2 滴 K_2CrO_4 指示剂，继续滴加 $AgNO_3$ 溶液，直至溶液由红棕色变为橙色，记录所用的 $AgNO_3$ 溶液的滴数。

4.2.2 结果的计算和分析

灰分测定内容包括总灰分、水溶性和水不溶性灰分、酸不溶性灰分、灰分的快速分析。

4.2.2.1 总灰分

将一定量的样品经炭化后放入高温炉内灼烧，有机物中的碳、氢、氮被氧化分解，以二氧化碳、氮的氧化物及水等形式逸出，另有少量的有机物经灼烧后生成的无机物以及食品中原有的无机物均残留下来，这些残留物即为灰分。对残留物进行称量即可检测出样品中总灰分的含量。总灰分的计算公式如下：

$$灰分（\%）= \frac{m_3 - m_1}{m_2 - m_1} \times 100$$

式中：m_1——坩埚质量，g；

　　　m_2——样品加坩埚质量，g；

　　　m_3——残灰加坩埚质量，g。

测定灰分通常以坩埚作为灰化的容器。坩埚分为素烧瓷坩埚、铀坩埚、石英坩埚，其中最常用的是素烧瓷坩埚。它的物理和化学性质与石英坩祸相同，具有耐高温、内壁光滑、耐酸、价格低廉等优点。但它在温度骤变时易破裂，抗碱性能差，当灼烧碱性食品时，瓷坩埚内壁釉层会部分溶解，反复多次使用后，往往难以得到恒重。在这种情况下宜使用新的瓷坩埚，或使用铂坩埚等其他灰化容器。铂坩埚具有耐高温、耐碱、导热性好、吸湿性小等优点，但其价格昂贵，所以应特别注意使用规则。近年来，某些国家采用铝箔杯作为灰化容器，比较起来，它具有自身质量轻、在 525～600℃ 范围内能稳定地使用、冷却效果好、在一般温度条件下没有吸潮性等优点。如果将杯子上缘折叠封口，基本密封好，冷却时可不放入干燥器中，几分钟后便可降到室温，缩短了冷却时间。

灰化容器的大小应根据样品的形状来选用，液态样品、加热易膨胀的含糖样品及灰分含量低、取样量较大的样品，需选用稍大些的坩埚，但灰化容器过大会使称量误差增大。

4.2.2.2　水溶性和水不溶性灰分

水溶性灰分和水不溶性灰分是根据它们在水中的溶解状态划分的。水溶性灰分主要是钾、钠、钙、镁等的金属氧化物及可溶性盐类。水不溶性化合物主要是铁、铝等的金属氧化物，碱土金属的碱式磷酸盐和混入原料半成品及成品中的泥沙等。

将测定所得的总灰分用适量的无离子水充分加热溶解，用无灰滤纸过滤，将滤渣及滤纸重新灼烧灰化至恒重，得到水不溶性灰分的含量，用总灰分的含量减去水不溶性灰分的含量即可得水溶性灰分的含量。具体的计算公式如下：

$$水不溶性灰分（\%）= \frac{m_3 - m_1}{m_2 - m_1} \times 100$$

式中：m_1——坩埚质量，g；

　　　m_2——样品加坩埚质量，g；

　　　m_3——不溶性灰分加坩埚质量，g。

$$水溶性灰分（\%）= 总灰分（\%）- 水不溶性灰分（\%）$$

需要注意的是，炭化要彻底；过滤时应选择无灰滤纸；加热和过滤时不要有损失。

4.2.2.3　酸不溶性灰分

按下式计算酸不溶性灰分的质量分数：

$$酸不溶性灰分（\%）= \frac{m_3 - m_1}{m_2 - m_1} \times 100$$

式中：m_1——坩埚质量，g；

m_2——样品加坩埚质量，g；

m_3——酸不溶性灰分加坩埚质量，g。

4.2.2.4　灰分的快速分析

（1）微波快速灰化法

微波加热使样品内部分子间产生强烈振动和碰撞，导致加热物体内部温度急剧升高，不管样品是在敞开还是在密闭的容器内，用程序化的微波湿法消化器与马弗炉相比缩短了灰化时间，同时可控制真空度和温度，如面粉的微波干法灰化只需 10~20min。在一个封闭的系统中微波湿法灰化同样快速和安全。微波系统干法灰化约 40mm 的效果相当于马弗炉中灰化 4h，对植物样品（铜的测定除外），用微波系统灰化 20min 即可，显著加快分析速度。

（2）面粉灰分快速测定法

①近红外分析仪灰分测定。近红外技术（NIR）在近 30 年得到不断改进和发展，已成为一种具有良好性能的工具。20 世纪 80 年代中期，NIR 被国际谷物化学师协会（AACC）、国际粮食科技协会（ICC）接受，成为测定谷物成分的标准方法。其中灰分采用近红外测定法（瑞典 Perten 8620）进行分析（ICC 标准，第 202 号）。

近红外分析仪是用近红外范围的光照射样品，用光检测元件检测各段波长的光吸收特性，其优点是所需样品量少，重复性好，不用化学试剂，整个过程只需 20s。

②电导法测定面粉中的灰分。利用面粉抽提液中可溶性离子的电导率测定面粉的灰分是一种快速测定方法，面粉抽提液中可溶性离子浓度与灰分存在着一定的关系。其影响因素主要为抽提温度、时间、抽提方法及底物。首要影响因素为抽提温度，建议控制温度为 30℃；抽提时间在一定范围内延长

有利于电导率的测定，在 1h 左右达到稳定；抽提方法中离心后静置 15min 测定其上清液最佳，过滤对测定结果影响不大；蒸馏水对测定有影响，要求用重蒸馏水，也可结合超声波、微波等辅助抽提技术，为未来建立电导率法快速测定面粉的灰分和有关仪器的研制提供理论依据。

4.3　酸类和脂类检测分析

4.3.1　酸类检测分析

食品中的酸类物质包括有机酸、无机酸、酸式盐以及某些酸性有机化合物（如单宁、蛋白质分解产物等）。这些酸有的是食品中本身固有的，例如，果蔬中含有苹果酸、柠檬酸、酒石酸、醋酸、草酸，鱼肉类中含有乳酸等；有的是外加的，如配制型饮料中加入的柠檬酸；有的是因发酵而产生的，如酸奶中的乳酸。酸度可分为总酸度、有效酸度和挥发酸度。

4.3.1.1　总酸度

总酸度是指食品中所有酸性物质的总量，包括离解的和未离解的酸的总和，常用标准碱溶液进行滴定，并以样品中主要代表酸的质量分数来表示，故总酸又称为可滴定酸度。

食品中的酒石酸、苹果酸、柠檬酸、草酸、乙酸等其电离常数均大于 10^{-8}，可以用强碱标准溶液直接滴定，用酚酞作指示剂，当滴定至终点（溶液呈浅红色，30s 不褪色）时，根据所消耗的标准碱溶液的浓度和体积，可计算出样品中总酸含量：

$$总酸度 = \frac{c \times V \times K \times V_0}{m \times V_1} \times 100$$

式中：c——标准 NaOH 溶液的浓度，mol/L；

　　V——滴定消耗标准 NaOH 溶液体积，mL；

　　m——样品质量或体积，g 或 mL；

　　V_0——样品稀释液总体积，mL；

　　V_1——滴定时吸取的样液体积，mL；

　　K——换算系数，即 1mmol NaOH 相当于主要酸的质量（g）。

因食品中含有多种有机酸，总酸度测定结果通常以样品中含量最多的那种酸表示，具体可见表4-2。

表4-2 换算系数 K 的选择

分析样品	主要有机酸	换算系数 K
葡萄及其制品	酒石酸	0.075
柑橘类及其制品	柠檬酸	0.064 或 0.070（带 1 分子结晶水）
苹果、核果及其制品	苹果酸	0.067
乳品、肉类、水产品及其制品	乳酸	0.090
酒类、调味品	乙酸	0.060
菠菜	草酸	0.045

4.3.1.2 有效酸度

有效酸度是指样品中呈游离状态的氢离子的浓度（准确地说应该是活度），常用 pH 表示。常用的测定溶液有效酸度（pH）的方法有比色法和电位法（pH 计法）两种。

①比色法。比色法是利用不同的酸碱指示剂来显示 pH，它具有简便、经济、快速等优点，但结果不甚准确，仅能粗略地估计各类样液的 pH。

②电位法（pH 计法）。电位法适用于各类饮料、果蔬及其制品，以及肉、蛋类等食品中 pH 的测定。它具有准确度较高（可准确到 0.01pH 单位）、操作简便、不受试样本身颜色的影响等优点，在食品检验中得到广泛的应用。

（1）电位法测定 pH 的原理

将玻璃电极（指示电极）和甘汞电极（参比电极）插入被测溶液中组成一个电池，其电动势与溶液的 pH 有关，通过对电池电动势的测量即可测定溶液的 pH。

（2）酸度计

酸度计也称为 pH 计，它是由电计和电极两部分组成。电极与被测液组成工作电池，电池的电动势用电计测量。目前各种酸度计的结构越来越简单、紧凑，并趋向数字显示式。

4.3.1.3 挥发酸度

挥发酸是指易挥发的有机酸，如醋酸、甲酸及丁酸等可通过蒸馏法分离，再用标准碱溶液进行滴定。挥发酸含量可用间接法或直接法测定。

间接法。间接法是先用标准碱滴定总酸度,将挥发酸蒸发去除后,再用标准碱滴定非挥发酸的含量,两者的差值即为挥发酸的含量。

直接法。直接法是用水蒸气蒸馏法分离挥发酸,然后用滴定方法测定其含量。直接法操作简单、方便,适合挥发酸含量较高的样品测定。

如果样品挥发酸含量很低,则应采用间接法。样品经处理后,在酸性条件下挥发酸能随水蒸气一起蒸发,用碱标准溶液滴定,计算挥发酸的质量分数。

食品中有机酸的分离分析主要采用气相色谱法和液相色谱法。气相色谱用于有机酸的分析时,常因有机酸的沸点较高,不易气化,需要进行衍生后测定,方法比较烦琐,也会因有机酸反应直接影响测定结果的准确性。采用高效液相色谱法分析,样品只需经过离心或过滤等简单处理,操作简便,分离分析效果较好。

乳及乳制品酸度分析。牛乳中有两种酸度:外表酸度和真实酸度。

①外表酸度。外表酸度又称为固有酸度,是指刚挤出来的新鲜牛乳本身所具有的酸度,主要来源于鲜牛乳中的酪蛋白、白蛋白、柠檬酸盐及磷酸盐等酸性成分。在鲜乳中占 $0.15\% \sim 0.18\%$(以乳酸计)。

②真实酸度。真实酸度又称为发酵酸度,是指牛乳在放置过程中,由乳酸菌作用于乳糖产生乳酸而升高的那部分酸度。若牛乳的含酸量超过 $0.15\% \sim 0.20\%$,即认为有乳酸存在。习惯上把含酸量在 0.20% 以下的牛乳列为新鲜牛乳,而 0.20% 以上的列为不新鲜牛乳。

牛乳的总酸度为外表酸度与真实酸度之和。牛乳酸度有两种表示方法。

①用°T 表示牛乳的酸度。°T 是指滴定 100mL 牛乳所消耗 0.1mol/L 的氢氧化钠的体积(mL);或滴定 10mL 牛乳所消耗 0.1mol/L 的氢氧化钠的体积(mL)乘以 10,即为牛乳的酸度(°T)。新鲜牛乳的酸度常为 $16 \sim 18$°T。若牛乳存放时间过长,则细菌繁殖可导致牛乳的酸度明显增高。若乳牛健康状况不佳,患急、慢性乳房炎等,则可使牛乳的酸度降低。因此,牛乳的酸度是反映牛乳质量一项重要指标。

②用乳酸的质量分数来表示。用总酸度的计算方法表示牛乳的酸度。

4.3.1.4 食品中酸类的测定实验

实验旨在通过测定食品中酸类的含量,了解食品的化学性质,为食品质量的评价和检验提供基础数据。

（1）实验原理

食品中的酸类物质包括有机酸、无机酸、酸式盐以及某些酸性有机化合物（如单宁、蛋白质分解产物等）。这些酸类物质的含量可以通过酸度滴定法来测定。酸度滴定法是将酸性溶液与碱性溶液滴定，通过滴定量的差值计算出样品中酸类物质的含量。

在实验中，用 NaOH 溶液作为滴定液，使用酚酞或甲基橙作为指示剂，使溶液从红色变为淡黄色或从黄色变为淡红色，从而确定滴定终点。

（2）实验试剂及配制方法

试剂：NaOH 溶液，酚酞或甲基橙指示剂。

配制方法：

NaOH 溶液：将固体 NaOH 称取，加入足够的蒸馏水中，摇匀至溶解，制备 1mol/L 的 NaOH 溶液。

酚酞或甲基橙指示剂：将少量酚酞或甲基橙溶于适量的乙醇中，制备 0.1% 的指示剂溶液。

（3）实验步骤

样品的准备：将待测样品充分混合后，按照需要的量取出样品，并记录样品的重量。

样品的处理：将样品加入适量的蒸馏水中，溶解后转移至滴定瓶中。

滴定操作：使用酚酞或甲基橙作为指示剂，用 1mol/L 的 NaOH 溶液滴定至溶液颜色变化终点，记录滴定量。

（4）实验结果的分析

根据实验测定的结果，可以计算出样品中酸类物质的含量。根据测定的数据，可以评价食品的品质和安全性，为食品的质量检验和监管提供重要的参考数据。同时，实验结果也可以为食品制造商提供参考，帮助他们改进产品的配方和生产工艺，提高产品的竞争力和市场占有率。

4.3.2　脂类检测分析

脂类为人体的新陈代谢提供所需的能量和碳源、必需脂肪酸、脂溶性维生素和其他脂溶性营养物质，同时也赋予了食品特殊的风味和加工特性。脂肪是一大类天然有机化合物，它被定义为混脂肪酸甘油三酯的混合物。食品中的脂类主要包括脂肪（甘油三酸酯）和一些类脂化合物（如脂肪酸、糖脂、甾醇、磷脂等）。

脂肪在长期存放过程中易产生一系列的氧化作用和其他化学变化而变质。变质的结果不仅使油脂的酸价增高，而且由于氧化产物的积聚而呈现出色泽、口味及其他变化，从而导致其营养价值降低。因此，对油脂进行理化指标的检测以保证食用安全是必要的。

4.3.2.1　酸水解法

某些食品，其所含脂肪包含于组织内部，如面粉及其焙烤制品（面条、面包之类）；由于乙醚不能充分渗入样品颗粒内部，或由于脂类与蛋白质或碳水化合物形成结合脂，特别是一些容易吸潮、结块、难以烘干的食品，用索氏抽提法不能将其中的脂类完全提取出来，这时用酸水解法效果就比较好。即在强酸、加热的条件下，使蛋白质和碳水化合物水解，使脂类游离出来，然后再用有机溶剂提取。本法适用于各类食品中总脂肪含量的测定，但对含磷脂较多的一类食品，如鱼类、贝类、蛋及其制品，在盐酸溶液中加热时，磷脂几乎完全分解为脂肪酸和碱，使测定结果偏低，多糖类遇强酸易炭化，会影响测定结果。本方法测定时间短，在一定程度上可防止脂类物质的氧化。

将试样与盐酸溶液一起加热进行水解，使结合或包埋在组织内的脂肪游离出来，再用有机溶剂提取脂肪，回收溶剂，干燥后称量，提取物的质量即为样品中脂类的含量。

4.3.2.2　索氏抽提法

经前处理的样品用无水乙醚或石油醚等溶剂回流抽提，使样品中的脂肪进入溶剂中，蒸去溶剂后的物质称为脂肪或粗脂肪。因为除脂肪外，还含有色素及挥发油、树脂、蜡等物质。抽提法所测得的脂肪为游离脂肪。本法适用于脂类含量较高，结合态脂类含量较少，能烘干磨细，不易吸湿结块样品的测定。

4.3.2.3　罗紫—哥特里法

重量法中的罗紫—哥特里法（又称为碱性乙醚法），适用于乳、乳制品及冰淇淋中脂肪含量的测定，也是乳与乳制品中脂类测定的国际标准方法。一般采用湿法提取，重量法定量。

利用氨—乙醇溶液破坏乳品中的蛋白胶体及脂肪球膜，使其非脂肪成分溶解于氨—乙醇溶液中，从而将脂肪球游离出来，用乙醚—石油醚提取脂肪，再经蒸馏分离得到乳脂肪的含量。

4.3.2.4　巴布科克法和盖勃氏法

巴布科克法和盖勃氏法适用于鲜乳及乳制品中脂肪的测定。对含糖多的乳品（如甜炼乳、加糖乳粉等），用此法时糖易焦化，使结果误差较大，故不宜采用。样品不需事前烘干，操作简便、快速。对大多数样品来说可以满足要求，但不如重量法准确。

用浓硫酸溶解乳中的乳糖和蛋白质等非脂成分，将乳中的酪蛋白钙盐转变成可溶性的重硫酸酪蛋白，使脂肪球膜被破坏，脂肪游离出来，再通过加热离心，使脂肪能充分分离，在脂肪瓶中直接读取脂肪层，从而得出被检乳的含脂率。

4.3.2.5　食品中脂类的测定实验

（1）实验试剂及配制方法

硫酸—甲醇试剂：将98%的硫酸加入无水甲醇中，将两者混合均匀即可。注意在配制过程中应先加入硫酸，再缓慢加入甲醇，以免产生危险反应。

氯仿—甲醇试剂：将氯仿和无水甲醇按1∶2的比例混合均匀即可。

碘液：将碘和碘化钾加入蒸馏水中，将两者溶解均匀即可。碘液的浓度为0.1N。

（2）实验设备

①烘箱。

②分析天平。

③滴定管。

④滴定瓶。

⑤烧杯。

⑥量筒。

⑦恒温水浴槽。

⑧离心机。

（3）实验步骤

样品的准备：将待测样品充分混合后，按照需要的量取出样品，并记录样品的重量。

样品的提取：将样品加入烧杯中，加入适量的氯仿—甲醇试剂，加热至沸腾，然后离心使样品分离。取上层液体，加入蒸馏水，再次离心使样品分离。取上层液体，过滤后收集滤液备用。

滴定：取一定量的样品滤液，加入一滴酚酞指示剂，用 0.1N NaOH 溶液滴定至出现深红色的终点。重复 3 次测定，取平均值作为滴定值。

烘干：将测定的滤液放入烘箱中，烘干至干燥状态，然后取出称重，并记录称重值。

计算：根据测定的滴定值和样品的重量计算出样品中脂肪含量的百分比。

（4）实验结果的分析

根据实验测定的结果，可以计算出样品中脂肪含量的百分比。根据测定的数据，可以评价食品的品质和安全性，为食品的质量检验和监管提供重要的参考数据。同时，实验结果也可以为食品制造商提供参考，帮助他们改进产品的配方和生产工艺，提高产品的竞争力和市场占有率。

4.3.2.6　脂类检测的新技术

随着科技的不断发展，新技术的出现不断改善着脂类检测的精度、速度和可靠性。以下是几种新技术的介绍：

（1）基于红外光谱的脂类检测技术

基于红外光谱的脂类检测技术是一种无损检测技术，其原理是利用脂类分子中的 C—H、C＝O、C—O 等化学键对特定波长的红外光进行吸收和散射，通过测量样品在不同波长下的光谱反射率来计算脂类的含量和组成。与传统方法相比，该技术不需要样品的前处理，操作简便，同时还能检测多种脂类。

（2）基于质谱的脂类检测技术

基于质谱的脂类检测技术是一种高灵敏度、高准确度的检测技术，其原理是将样品中的脂类分子分解为质子或离子，然后利用质谱仪对分解产物进行检测和分析，从而得出脂类的含量和组成。该技术能够对微量的脂类分子进行检测，同时还能够分析脂肪酸的不饱和度和碳链长度等信息。

（3）基于电化学传感器的脂类检测技术

基于电化学传感器的脂类检测技术是一种快速、简便的检测方法，其原理是利用特定的电化学传感器对脂类分子的电化学反应进行监测，从而得出脂类的含量和组成。该技术具有快速、灵敏、低成本等优点，适用于实时监测食品加工和存储过程中的脂类含量变化。

新技术的出现不仅可以提高脂类检测的精度和速度，还能够降低检测成本，同时还能够适应不同类型和形态的食品，为食品质量安全控制提供了新的可能性。然而，需要注意的是，新技术的应用还需要经过充分的验证和标准化，以确保其准确性和可靠性。同时，对于新技术的应用和推广也需要充分的教育和培训，以确保使用者能够正确理解和操作这些技术，并避免潜在的误解和错误。

4.4　碳水化合物检测分析

碳水化合物统称为糖类，是由碳、氢、氧三种元素组成的一大类化合物。它是人体热能的重要来源，人体活动的热能的 50%~70% 由它供给。一些糖与蛋白质能合成糖蛋白，与脂肪形成糖脂，这些都是具有重要生理功能的物质。

食品中碳水化合物的测定方法很多，测定单糖和低聚糖常用的方法有物理法、化学法、酶法等。物理法包括相对密度法、折光法和旋光法。这些方法比较简单，对于一些特定的样品或生产过程进行监控，采用物理方法比较简单。

4.4.1　碳水化合物检测方法

化学法是应用最广泛的常规分析法，它包括还原糖法（斐林氏法、高锰酸钾法、铁氰化钾法等）、碘量法、缩合反应法等，这种方法测得的多是糖的总量，不能确定每种糖的含量。利用色谱法可以对样品中各种糖分进行分离和定量。目前利用气相色谱法和高效液相色谱法分离和定量食品中的各种糖类已得到广泛应用。近年来发展起来的离子交换色谱法具有灵敏度高、选择性好等优点，已成为一种卓有成效的糖的色谱分析法。用酶法测定糖类也有一定的应用。

4.4.1.1　总糖分析

总糖是食品生产中常规分析项目。它反映的是食品中可溶性单糖和低聚糖的总量，其含量高低对产品的色、香、味、组织形态、营养价值、成本等有一定影响。总糖是麦乳精、乳粉、糕点、果蔬罐头、饮料等许多食品的重要质量指标。

总糖的测定通常以还原糖的测定方法为基础，常用的有蒽酮比色法和苯酚—硫酸法等。

（1）蒽酮比色法

单糖类遇浓硫酸时，脱水生成糠醛衍生物，后者可与蒽酮缩合成蓝绿色的化合物。以葡萄糖为例，反应式如图 4-2 所示。

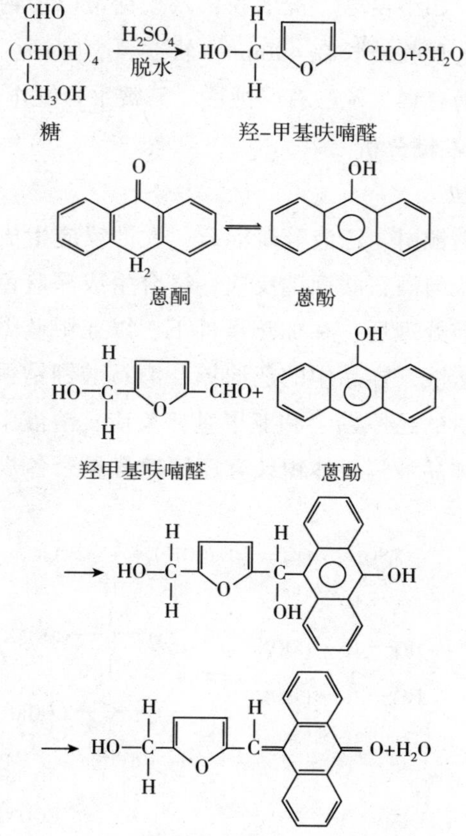

图 4-2　蓝绿色化合物

当糖的量为 20~200mg 时，其成色强度与溶液中糖的含量成正比，因此可以通过比色测定。该法是微量法，适合于含微量糖的样品，具有灵敏度高、试剂用量少等优点。蒽酮试剂不稳定，易被氧化，放置数天后变为褐色，故应当天配制，添加稳定剂硫脲后，在冷暗处可保存 48h。

（2）苯酚—硫酸法

在浓硫酸作用下，非单糖水解为单糖，单糖再脱水生成的糠醛或糠醛衍生物与苯酚缩合生成一种橙红色化合物，在一定的浓度范围内其颜色深浅与糖的含量成正比，可在480~490nm波长测定。

该法可以测定几乎所有的糖类，但是不同的糖其吸光度大小不同：五碳糖常以木糖为标准绘制标准曲线，木糖的最大吸收波长在480nm，适合测定木糖含量高的样品，如小麦麸、玉米麸；六碳糖常以葡萄糖为标准绘制标准曲线，葡萄糖的最大吸收波长在490nm，软饮料、啤酒、果汁等可用此法测定其中的总糖。苯酚有毒，硫酸有腐蚀性，需戴手套操作。

4.4.1.2 还原性糖分析

（1）直接滴定法

将适量的酒石酸铜甲、乙液等量混合，立即反应生成蓝色的氢氧化铜沉淀，生成的沉淀很快与酒石酸钾钠反应，络合生成深蓝色可溶的酒石酸钾钠铜络合物。试样经前处理后，在加热条件下，以亚甲蓝做指示剂，滴定标定过的碱性酒石酸铜溶液，样品中的还原糖与酒石酸钾钠铜反应，生成红色的氧化铜沉淀，微过量的还原糖会和亚甲基蓝反应，溶液中的蓝色会消失，即为滴定终点。根据样品液消耗体积计算还原糖含量。各步反应式（以葡萄糖为例）如图4-3所示。

$$CuSO_4+2NaOH = Cu(OH)_2\downarrow +Na_2SO_4$$

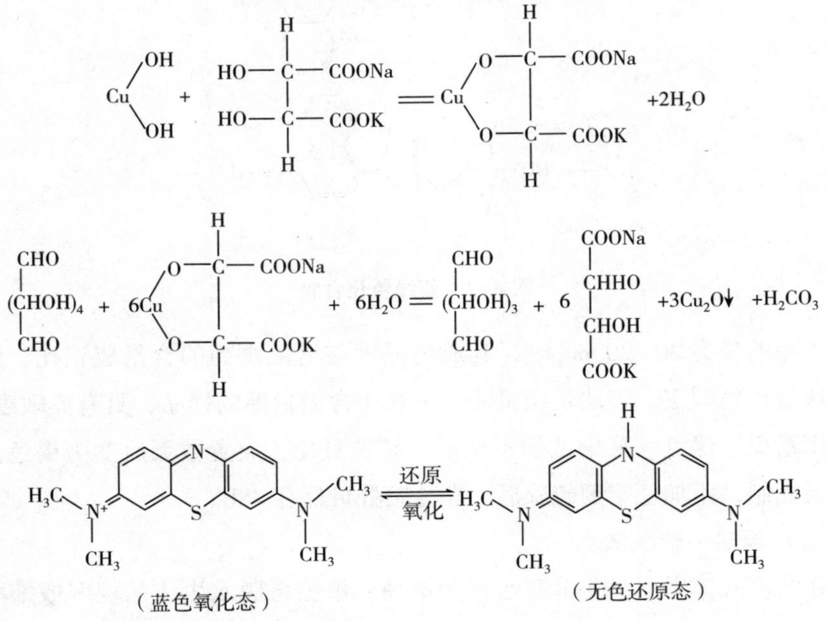

图4-3 直接滴定法各步反应式

（2）高锰酸钾滴定法

该法适用于各类食品中还原糖的测定，对于深色样液也同样适用。这种方法的主要特点是准确度高、重现性好，这两方面都优于直接滴定法。但操作复杂、费时，需查特制的高锰酸钾法糖类检索表。

将还原糖与一定量过量的碱性酒石酸铜溶液反应，还原糖使 Cu^{2+} 还原成 Cu_2O。过滤得到 Cu_2O，加入过量的酸性硫酸铁溶液将其氧化溶解，而 Fe^{3+} 被定量地还原成 Fe^{2+}，再用高锰酸钾溶液滴定所生成的 Fe^{2+}。根据所消耗的高锰酸钾标准溶液的量计算出 Cu_2O 的量。从检索表中查出与氧化亚铜量相当的还原糖的量，即可计算出样品中还原糖的含量。反应方程式如图 4-4 所示。由反应可见，5mol Cu_2O 相当于 2mol 的 $KMnO_4$，故根据高锰酸钾标准溶液的消耗量可计算出氧化亚铜的量。再由氧化亚铜量可查得相应的还原糖的量，如图 4-4 所示。

$$CuSO_4+2NaOH \longrightarrow Cu(OH)_2\downarrow+Na_2SO_4$$

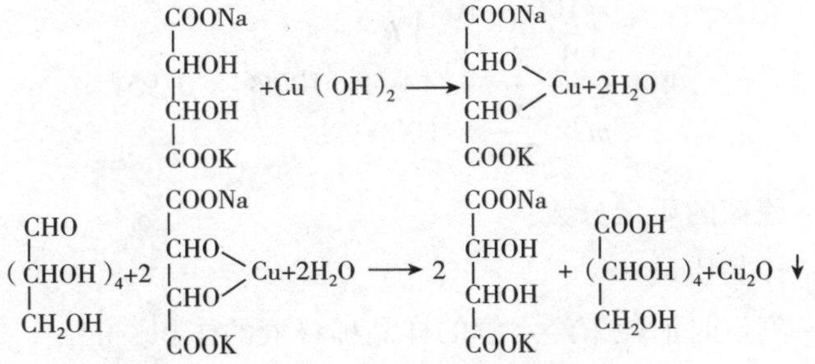

$$\begin{array}{l} COONa \\ | \\ CHOH \\ | \\ CHOH \\ | \\ COOK \end{array} +Cu(OH)_2 \longrightarrow \begin{array}{l} COONa \\ | \\ CHO \\ \quad\!\!\diagup \\ \quad\!\!Cu+2H_2O \\ CHO \\ | \\ COOK \end{array}$$

$$\begin{array}{l} CHO \\ | \\ (CHOH)_4 \end{array} +2 \begin{array}{l} COONa \\ | \\ CHO \\ \quad\!\!\diagup \\ Cu+2H_2O \\ CHO \\ | \\ COOK \end{array} \longrightarrow 2 \begin{array}{l} COONa \\ | \\ CHOH \\ | \\ CHOH \\ | \\ COOK \end{array} + \begin{array}{l} COOH \\ | \\ (CHOH)_4+Cu_2O\downarrow \\ CH_2OH \end{array}$$

$$Cu_2O+Fe_2(SO_4)_3+H_2SO_4 \longrightarrow Cu_2SO_4+2FeSO_4+H_2O$$

$$10FeSO_4+2KMnO_4+8H_2SO_4 \longrightarrow 5Fe_2(SO_4)_3+K_2SO_4+2MnSO_4+8H_2O$$

图 4-4　高锰酸钾滴定法反应式

4.4.1.3　蔗糖分析

在食品生产中，为判断原料的成熟度，鉴别白糖、蜂蜜等食品原料的品质，以及控制糖果、果脯、加糖乳制品等产品的质量指标，常常需要测定蔗糖的含量。蔗糖是非还原性双糖，不能用测定还原糖的方法直接进行测定，但蔗糖经酸水解后可生成具有还原性的葡萄糖和果糖，再按测定还原糖的方法进行测定。

对于纯度较高的蔗糖溶液，可用相对密度、折射率、比旋光度等物理检验法进行测定。

例如，盐酸水解法，原理：样品脱脂后，用水或乙醇提取，提取液经澄清处理除去蛋白质等杂质后，再用稀盐酸水解，使蔗糖转化为还原糖。然后按还原糖测定的方法，分别测定水解前后样液中还原糖的含量，两者的差值即为由蔗糖水解产生的还原糖的量，再乘以换算系数 0.95 即为蔗糖的含量。

试剂：1g/L 甲基红指本剂，称取 0.1g 甲基红，用体积分数为 60% 的乙醇溶解并定容至 100mL。6mol/L 盐酸溶液、200g/L 氢氧化钠溶液。其他试剂同还原糖的测定。

取一定的样品，按还原糖测定法进行处理。吸取经处理后的样品 2 份各 50mL 分别放入 100mL 容量瓶中，其中一份加入 5mL 6moL/L HCl 溶液，置于 68~70℃ 水浴中加热 15min，取出迅速冷却至室温，加 2 滴甲基红指示剂，用 200g/L 的氢氧化钠溶液中和至中性，加水至刻度摇匀。而另一份直接用水稀释到 100mL 按直接滴定法或高锰酸钾滴定法测定还原糖含量。

（1）直接滴定法

$$W = \frac{\left(\dfrac{100}{V_2} - \dfrac{100}{V_1}\right) F}{m \times \dfrac{50}{250} \times 1000} \times 100\% \times 0.95$$

式中：W——蔗糖的质量分数；

$\quad m$——样品质量；

$\quad V_1$——测定时消耗未经水解的样品稀释液的体积，mL；

$\quad V_2$——测定时消耗经过水解的样品稀释液的体积，mL；

$\quad F$——10mL 碱性酒石酸铜溶液相当于转化糖的质量，mg；

$\quad 250$——样液的总体积，mL；

$\quad 0.95$——转化糖换算为蔗糖的系数。

（2）高锰酸钾滴定法

$$W = \frac{(m_2 - m_1) \times 0.95}{m \times \dfrac{50}{V_1} \times \dfrac{V_2}{100} \times 1000} \times 100\%$$

式中：W——蔗糖的质量分数；

$\quad m_1$——未经水解的样液中还原糖量，mg；

$\quad m_2$——未经水解样液中还原糖量，mg；

V_1——样品处理液的总体积，mL；

V_2——测定还原糖取用样品处理液的体积，mL；

m——样品质量，g；

0.95——还原糖还原成蔗糖的系数。

4.4.1.4　食品中碳水化合物的测定实验

（1）实验试剂及设备

实验试剂：

拉丁方格（Latin square）设计实验；沸水，冷水；淀粉溶液；硫酸；水；乙醇。

设备：

电子天平；烘箱；烤箱；离心机；恒温水浴器；滴定管。

（2）实验步骤

样品的制备：取适量的样品，如小麦面粉、米饭、土豆等，将其打成粉末状备用。

样品的水解：将制备好的样品加入适量的酸性水解液中，放入恒温水浴器中进行水解。水解温度和时间需根据不同样品的特性进行调整，一般为95℃，1~3小时。

样品的离心：将水解后的样品离心，去除固体残留物，得到液态的水解液。

样品的滴定：将取出的样品加入适量的滴定液中，使用滴定管逐滴加入氢氧化钠溶液进行滴定。当滴定液的 pH 值达到8.3~8.4时，表示反应达到中和点。在滴定过程中，应注意控制滴定速度和滴定液的浓度，以保证滴定结果的准确性。

样品的沉淀：将滴定后的样品沉淀，加入乙醇中进行混合，并将其离心沉淀，去除上层液体。

样品的干燥：将样品放入烘箱中进行干燥，温度一般为105℃，干燥至样品重量稳定，一般需要3~6小时。

样品的称重：将干燥后的样品进行称重，并记录下来。

（3）实验结果的分析

根据实验测定的结果，可以计算出样品中的碳水化合物含量。根据测定的数据，可以评价食品的品质和安全性，为食品的质量检验和监管提供重要的参考数据。同时，实验结果也可以为食品制造商提供参考，帮助他们改进产品的配方和生产工艺，提高产品的竞争力和市场占有率。

（4）注意事项

实验过程中应注意实验仪器和容器的清洁和干燥，避免污染和交叉感染。

在进行滴定操作时，应缓慢滴加 NaOH 溶液，并时刻观察指示剂的变化，以免滴加过多而造成误差。

在样品加热的过程中，应控制加热的温度和时间，以避免样品的分解和烧焦。

在样品的提取过程中，应注意溶剂的选择和使用量，避免对样品的污染和过度提取，导致提取物中有其他杂质的干扰。

在实验数据的处理和计算中，应注意数据的精度和准确性，以避免误差和偏差的出现。

实验结束后，应清洗和消毒实验仪器和容器，妥善存放试剂，并注意废液的处理，以保证实验环境的安全和清洁。

4.4.2 碳水化合物检测的新技术

近年来，碳水化合物检测领域也出现了一些新技术，主要包括以下几种。

4.4.2.1 纳米传感器技术

纳米传感器是一种用于检测食品中碳水化合物的新型检测技术。该技术利用了纳米材料的特殊性质，通过纳米传感器与样品中的碳水化合物相互作用，来检测样品中的碳水化合物含量。与传统的检测方法相比，纳米传感器技术具有检测速度快、灵敏度高、操作简便等优点。

4.4.2.2 基于光学检测的技术

基于光学检测的技术是一种新兴的碳水化合物检测技术。该技术利用了光学传感器的特殊性质，通过光学传感器与样品中的碳水化合物相互作用，来检测样品中的碳水化合物含量。该技术具有检测速度快、灵敏度高、准确度高等优点。

4.4.2.3 微波传感器技术

微波传感器技术是一种利用微波技术检测食品中碳水化合物含量的新型技术。该技术通过微波信号与样品中的碳水化合物相互作用，来检测样品中的碳水化合物含量。该技术具有检测速度快、灵敏度高、准确度高等优点。

这些新技术的出现，不仅可以提高碳水化合物检测的精度和速度，还能够降低检测成本，同时还能够适应不同类型和形态的食品，为食品质量安全保驾护航。

4.5　蛋白质及氨基酸检测分析

4.5.1　蛋白质检测分析

食品中蛋白质的含量各不相同，一般来说，动物性食品的蛋白质含量高于植物性食品，测定食品中蛋白质的含量，对于评价食品的营养价值，合理开发利用食品资源、提高产品质量、优化食品配方、指导经济核算及生产过程控制均具有极其重要的意义。

蛋白质是复杂的含氮有机化合物，分子量很大，主要化学元素为 C、H、O、N，在某些蛋白质中还含有微量的 P、Cu、Fe、Zn 等元素，但含氮是蛋白质区别于其他有机化合物的主要标志不同的蛋白质其氨基酸构成比例及方式不同，故各种不同的蛋白质其含氮量也不同。测定蛋白质的方法可分为两大类：一类是利用蛋白质的共性，即含氮量、肽键和折射率等测定蛋白质含量；另一类是利用蛋白质中特定氨基酸残基、酸性和碱性基因以及芳香基团等测定蛋白质含量。但因食品种类繁多，食品中蛋白质含量各异，特别是其他成分，如碳水化合物、脂肪和维生素等干扰成分很多，因此蛋白质含量测定最常用的方法是凯氏定氮法，该法是测出样品中的总含氮量再乘以相应的蛋白质系数而求出蛋白质含量的，由于样品中常含有少量非蛋白质含氮化合物，故此法的结果称为粗蛋白质含量。此外还有双缩脲法、染料结合法，故此法的结果称为粗蛋白质含量测定，由于方法简便快速，故多用于生产单位质量控制分析。

4.5.1.1　凯氏定氮法

新鲜食品中的含氮化合物大多以蛋白质为主体，所以检验食品中的蛋白质时，往往只限于测定总氮量，然后乘以蛋白质换算系数，即可得到蛋白质含量。凯氏法可用于所有动、植物食品的蛋白质含量测定，但因样品中常含有核酸、生物碱、含氮类脂、卟啉以及含氮色素等非蛋白质的含氮化合物，故结果称为粗蛋白质含量。

（1）常量凯氏定氮法

样品与浓硫酸和催化剂一同加热消化，使蛋白质分解，其中碳和氢被氧化为二氧化碳和水逸出，而样品中的有机氮转化为氨与硫酸结合成硫酸铵。然后加碱蒸馏，使氮蒸出，用硼酸吸收后再以标准盐酸或硫酸溶液滴定。根据标准酸消耗量可计算出蛋白质的含量。

主要仪器：凯氏烧瓶（500mL）和定氮蒸馏装置。

试剂：浓硫酸、硫酸铜、硫酸钾、40%氢氧化钠溶液，4%硼酸吸收液（称取20g硼酸溶解于500mL热水中，摇匀备用），甲基红——溴甲酚绿混合指示剂5份0.2%溴甲酚绿95%乙醇溶液与一份0.2%甲基红乙醇溶液混合均匀；0.1000mol/L盐酸标准溶液。

实验步骤：

精确称取样品1~3克于750mL凯氏烧瓶中，加入10克无水硫酸钾，0.5克硫酸铜与25mL浓硫酸。在通风橱中，先以小火加热，待泡沫停止后升高温度，消化至透明无黑粒，透明以后，需继续加热一段时间（0.5~1小时）。冷却，装好蒸偏装置。

将冷凝管下端浸入接受瓶内的液面之下（瓶内预先放60mL饱和硼酸液及混合指示剂2滴）。在凯氏烧瓶内加入50~100mL蒸馏水，玻璃珠数粒，从安全漏斗中加入60~80mL 50%氢氧化钠液，至溶液呈蓝黑色为止。将定氮球连接好。用直接火加热蒸馏，蒸至凯氏烧瓶内残液减少到三分之一时，将冷凝管尖端提出液面，使蒸汽冲洗约1分钟，用水淋洗尖端后停止蒸馏用0.1N盐酸滴定。

$$X = \frac{(V_1 - V_2) \times c \times 0.0140}{m \times \dfrac{V_3}{1000}} \times F \times 100$$

式中：X——试样中蛋白质的含量，g/100g；

c——H_2SO_4，或HCl标准溶液的浓度，mol/L；

V_1——滴定样品吸收液时消耗H_2SO_4，或HCl标准溶液体积，mL；

V_2——滴定空白吸收液时消耗H_2SO_4，或HCl标准溶液体积，mL；

m——样品质量，g；

V_3——取消化液的体积，mL，一般为10mL；

F——氮换算为蛋白质的系数。

一般食物为 6.25；纯乳与纯乳制品为 6.38；面粉为 5.70；玉米、高粱为 6.24；花生为 5.46；大米为 5.95；大豆及其粗加工制品为 5.71；大豆蛋白制品为 6.25；肉与肉制品为 6.25；大麦、小米、燕麦为 5.83；芝麻、向日葵为 5.30；复合配方食品为 6.25。以重复性条件下获得的两次独立测定结果的算术平均值表示，蛋白质含量>1g/100g 时，结果保留三位有效数字；蛋白质含量<1g/100g 时，结果保留两位有效数字。在重复性条件下获得的两次独立测定结果的绝对差值不得超过算术平均值的 10%。

（2）微量凯氏定氮法

其原理同常量凯氏定氮法。

主要仪器：凯氏烧瓶（100mL）和微量凯氏定氮装置。

试剂：0.01000mol/L 盐酸标准溶液其他试剂同常量凯氏定氮法。

结果计算同常量凯氏定氮法。

（3）自动凯氏定氮法

其原理同常量凯氏定氮法。

主要仪器：自动凯氏定氮仪，该装置内具有自动加碱蒸馏装置、自动吸收和滴定装置以及自动数字显示装置；消化装置，由优质玻璃制成的凯氏消化瓶及红外线加热装置组合而成的消化炉。

试剂：除硫酸铜与硫酸钾制成片剂外，其他试剂与常量凯氏定氮法相同。

4.5.1.2　蛋白质的快速测定法

（1）双缩脲法

当脲被小心地加热至 150~160℃ 时，可由两个分子间脱去一个氨分子而生成二缩脲（也叫双缩脲），双缩脲与碱及少量硫酸铜溶液作用生成紫红色的配合物，此反应称为双缩脲反应。

由于蛋白质分子中含有肽键（—CO—NH—），与双缩脲结构相似，故也能呈现此反应而生成紫红色配合物，在一定条件下使其颜色深浅与蛋白质含量成正比，据此可用吸收光度来测定蛋白质含量，该配合物的最大吸收波长为 560nm。

本法灵敏度低，但操作快速，故在生物化学领域中测定蛋白质含量时常用此法。本法亦适用于豆类、油料、米谷等作物种子及肉类等样品测定。

主要仪器：分光光度计和离心机（400r/min）。

试剂：碱性硫酸铜溶液和四氯化碳。

碱性硫酸铜溶液：

①以甘油为稳定剂将 10mL 10mol/L 氢氧化钾和 3.0mL 甘油加到 937mL 蒸馏水中，剧烈搅拌，同时慢慢加入 50mL 4% 硫酸铜溶液。

②以酒石酸钾钠作稳定剂将 10mL 10mol/L 氢氧化钾和 20mL 25% 酒石酸钾钠溶液加到 930mL 蒸馏水中，剧烈搅拌，同时慢慢加入 40mL 硫酸铜溶液。配制试剂加入硫酸铜溶液时，必须剧烈搅拌，否则将生成氢氧化铜沉淀。

试验操作步骤：

准备样品：将需要测定蛋白质含量的样品（如豆类、油料、米谷等种子或肉类等样品）称取适量，研磨成细粉末备用。

制备碱性硫酸铜溶液：取 2g 硫酸铜，加入 20mL 稀氨水中，搅拌至溶解。再加入 10g 碱性碳酸钠，搅拌溶解后加入水，定容至 1L。将溶液保存在暗处，防止受光分解。

双缩脲反应：取一定量样品，加入碱性硫酸铜溶液中，加入等量四氯化碳，摇匀混合，放置静置 15~20 分钟。

分离：将混合溶液离心，取上清液，用分光光度计在 560 nm 处测定吸收值，并记录。

绘制标准曲线：取不同浓度的蛋白质标准溶液，按照上述方法测定吸光度值，绘制标准曲线。

计算蛋白质含量：按照样品的吸光度值在标准曲线上读取相应的蛋白质含量。

结果计算如下：

$$蛋白质（mg/100）= \frac{(c - c_0) \times 0.140}{m \times \frac{V_2}{V_1} \times \frac{V_4}{V_3} \times 1000 \times 1000} \times 100 \times F$$

式中：c——由标准曲线上查得的蛋白质质量，mg；

m——样品质量，g。

（2）紫外分光光度法

原理：蛋白质及其降解产物（脒、胲、肽和氨基酸）的芳香环残基。在紫外区内对一定波长的光具有选择吸收作用。在此波长（280mm）下，光吸收程度与蛋白质浓度（3~8mg/mL）先用凯氏定氮法测定蛋白质含量的标准所作的标准曲线，即可求出样品蛋白质含量。

本法操作简便迅速，常用于生物化学研究工作；但由于许多非蛋白质成分在紫外光区也有吸收作用，加之光散射作用的干扰，故在食品分析领域中的应用并不广泛，最早用于测定牛乳的蛋白质含量，也可用于测定小麦面粉、糕点、豆类、蛋黄及肉制品中的蛋白质含量。

主要仪器：紫外分光光度计和离心机（3000~5000r/min）。

试剂：0.1mol/L 柠檬酸水溶液、8mol/L 尿素的 2mol/L 氢氧化钠溶液、95%乙醇和无水乙醚。

操作步骤：

①准备标准样品和待测样品：将标准蛋白质样品按照一定的浓度进行稀释，制备一系列标准溶液；将待测样品加入适量溶剂中进行稀释。

②调节分光光度计：将分光光度计设置在 280nm 波长，调节零位，使得空白试液通过时显示为 0，然后用标准蛋白质溶液制备一系列浓度的标准曲线，以便后续测定待测样品中蛋白质的含量。

③测定：分别用标准蛋白质溶液和待测样品的溶液分别测定它们的吸光度，然后根据标准曲线计算待测样品中蛋白质的含量。

需要注意的是，此方法虽然快速简便，但存在一定的误差，尤其是在含有多种成分的复杂样品中测定蛋白质含量时需要进行样品处理，避免干扰。

结果计算如下：

$$蛋白质\% = \frac{c}{m} \times 100$$

式中：c——从标准曲线上查得的蛋白质含量，mg；

　　　m——测定样品溶液所相当于样品的质量，mg。

4.5.2　氨基酸检测分析

4.5.2.1　氨基酸总量的测定

氨基酸含量一直是某些发酵产品如调味品的质量指标，也是目前许多保健食品的质量指标之一。其含量可直接测定，不同于蛋白质的氮，故称氨酸肽氮。

（1）双指示剂甲醛滴定法

氨基酸具有酸性的—COOH 基和碱性的—NH 基。它们相互作用而使氮基酸成为中性的内盐。当加入甲醛溶液时，—NH 基与甲醛结合，从而使其碱性消失，这样就可以用强碱标准溶液来滴定—COOH 基，并用间接的方法测定氨基酸总量。

此法简单易行、快速方便，与亚硝酸氮气容量法分析结果相近。在发酵工业中常用此法测定发酵液中氨基氮含量的变化，以了解可被微生物利用的氮源的量及利用情况，并以此作为控制发酵生产的指标之一。脯氨酸与甲醛作用时产生不稳定的化合物，使结果偏低；酪氨酸含有酚羧基，滴定时也会消耗一些碱而致使结果偏高；溶液中若有铵存在也可与甲醛反应，往往使结果偏高。

试剂：40%中性甲醛溶液，以百里酚酞作指示剂，用氢氧化钠将 40%甲醛中和至淡蓝色；0.1%百里酚酞乙醇溶液；0.1%中性红 50%乙醇溶液；0.1mol/L 氢氧化钠标准溶液。

实验操作步骤：

称取 0.1~0.2g 的样品，加入 20mL 的蒸馏水，摇匀溶解。

取 10mL 的样品溶液，加入 5mL 的 40%中性甲醛溶液，加入 2 滴 0.1%百里酚酞乙醇溶液，用 0.1mol/L 氢氧化钠标准溶液滴定，直至溶液颜色变为淡红色为止，记录所耗标准溶液的体积为 V_1。

取另一份 10mL 的样品溶液，加入 2 滴 0.1%中性红 50%乙醇溶液，用 0.1mol/L 氢氧化钠标准溶液滴定，直至溶液颜色由黄转为橙红色，记录所耗标准溶液的体积为 V_2。

用蒸馏水代替样品溶液，按照以上步骤进行试剂空白实验，记录所耗标准溶液的体积为 V_0。

结果计算如下：

$$W = \frac{(V_1 - V_2)c \times 0.014}{m} \times 100\%$$

式中：W——氨基酸态的质量百分数；

c——氢氧化钠标准溶液的浓度，mol/L；

V_1——用中性红作指示剂滴定时消耗氢氧化钠标准溶液体积，mL；

V_2——用百里酚酞作指示剂滴定时消耗氢氧化钠标准溶液体积，mL；

m——测定用样品溶液相当于样品的质量，g；

0.014——氮的毫摩尔质量，g/mmol。

（2）电位滴定法

根据氨基酸的两性作用，加入甲醛以固定氨基的碱性，使羧基显示出酸性，将酸度计的玻璃电极及甘汞电极同时插入被测液中构成电池，用氢氧化钠标准溶液滴定，依据酸度计指示的 pH 判断和控制滴定终点。

仪器：酸度计、磁力搅拌器、微量滴定管（10mL）。

试剂：由 20% 中性甲醛溶液参考甲醛滴定法试剂；0.05mol/L 氢氧化钠标准溶液。

实验步骤：

样品的制备：将待测样品溶解在适量的水中，搅拌均匀。如果样品不溶于水，可以加入少量 NaOH 溶液或氢氧化钠溶液将其溶解。

样品的调节：将样品调节至 pH 7.0 左右。

酸度计的校准：将酸度计的玻璃电极和甘汞电极插入标准氢氧化钠溶液中进行校准。

实验操作：将样品放在磁力搅拌器上，用微量滴定管滴加标准氢氧化钠溶液，同时观察酸度计显示的 pH，直到 pH 稳定在 8.2 左右为止。

数据记录：记录滴定所用标准氢氧化钠溶液的体积 V，并根据反应的摩尔比例计算出样品中氨基酸的含量。

计算：根据氨基酸的分子量，将滴定得到的氢氧化钠溶液的体积转换为氨基酸的质量，再根据样品的重量计算出样品中氨基酸的含量。

结果计算如下：

$$W = \frac{(V_2 - V_1)c \times 0.014}{m} \times 100\%$$

式中：V_1——样品稀释液在加入甲醛后滴定至终点（pH 9.2）所消耗氢氧化钠标准溶液的体积，mL；

V_2——空白试验加入甲醛后滴定至终点所消耗氢氧化钠标准溶液的体积，mL；

c——氢氧化钠标准溶液的浓度，mol/L；

m——测定用样品溶液相当于样品的质量，g；

0.014——氮的毫摩尔质量，g/mmol。

4.5.2.2　氨基酸的分离定量

这里介绍氨基酸自动分析仪法，氨基酸的组成分析，现代广泛地采用离子交换法，并由自动化的仪器来完成。其原理是利用各种氨基酸的酸碱性、极性和分子量大小不同等性质，使用阳离子交换树脂在色谱柱上进行分离。当样液加入色谱柱顶端后，采用不同的 pH 和离子浓度的缓冲溶液即可将它们依次洗脱下来，即先是酸性氨基酸极性较大的氨基酸，其次是非极性的和芳香性氨基酸，最后是碱性氨基酸分子量小的比分子量大的先被洗脱下来，洗脱下来的氨基酸可用茚三酮显色，从而定量各种氨基酸。

定量测定的依据是氨基酸和茚三酮反应生成蓝紫色化合物的颜色深浅与各有关氨基酸的含量成正比。但脯氨酸和羟脯氨酸则生成黄棕色化合物，故需在另外波长处定量测定。

阳离子交换树脂是由聚苯乙烯与二乙烯苯经交联再磺化而成，其交联度为 8。

氨基酸分析仪有两种，一种是低速型，使用 300~400 目的离子交换树脂，另一种是高速型，使用直径 4~6μm 的树脂。不论哪一种，在分析组成蛋白质的各种氨基酸时，都用柠檬酸钠缓冲液完全分离；和定量 40~46 种游离氨基酸时，则使用柠檬酸钾缓冲液。但分析后者时，由于所用缓冲液种类多，柱温也要变为三个梯度，因此一般不能用低速型。

仪器：氨基酸自动分析仪。

操作步骤：

准备样品：将待测样品制备成含有适当浓度的氨基酸溶液。

标准曲线的制备：根据需要测定的氨基酸种类和范围，制备对应的标准氨基酸溶液，分别称取一定量的标准氨基酸溶液，制备出一系列浓度不同的标准曲线。

样品和标准曲线的处理：将标准曲线和待测样品加入自动分析仪的样品池中，设置仪器参数。

进样和分离：样品经过进样器进入色谱柱，在交换树脂的作用下，氨基酸被分离并进入检测器。

检测和定量：根据各种氨基酸的特征吸收峰进行检测，并用标准曲线进行定量计算。

结果计算：带有数据处理机的仪器，各种氨基酸的定量结果能自动打印出来，否则，可用尺子测量峰高或用峰高乘以半峰宽确定峰面积，进而计算出氨基酸的精确含量。另外，根据峰出现的时间可以确定氨基酸的种类。

4.5.2.3　氨基酸检测的新技术

近年来，氨基酸检测领域出现了多项新技术，以下介绍几种：

液相色谱—高分辨质谱联用技术：该技术结合了液相色谱和高分辨质谱的优势，可以同时检测多种氨基酸，包括稀有氨基酸和各种变构体。该技术具有快速、高灵敏度、高分辨率等特点，可以用于食品、医药等领域的氨基酸检测。

基于纳米材料的传感器技术：该技术利用纳米材料的特殊性质，如表面积大、电子结构和化学反应特性等，设计和制备出高灵敏度和选择性的传感器，可以用于检测微量氨基酸。该技术具有响应速度快、检测限低、实时监测等优点，有望应用于食品安全监测领域。

基于光学方法的氨基酸检测技术：该技术利用氨基酸的特殊吸收光谱特性，如差分吸收光谱、拉曼光谱等，设计和制备出高灵敏度和选择性的光学传感器。该技术具有无须前处理、快速、高通量、在线监测等优点，可以用于食品中氨基酸的实时监测。

电化学传感器技术：该技术利用氨基酸的电化学特性，如电容、电流和电压等，在电极表面制备出高灵敏度和选择性的传感器。该技术具有快速、实时、高灵敏度、选择性好等特点，可以应用于食品中氨基酸的检测。

新技术的出现不仅可以提高氨基酸检测的精度和速度，还能够降低检测成本，同时还能够适应不同类型和形态的食品，为食品质量安全监测提供了更多的手段和选择。

4.6　膳食纤维检测分析

膳食纤维具有突出的保健功能，有研究表明膳食纤维可以促进人体正常排泄，降低某些癌症、心血管和糖尿病的发病率，因而，膳食纤维逐渐成为营养学家、流行病学家及食品科学家等关注的热点。食品中纤维的测定提出最早、应用最广泛的是粗纤维测定法。此外，还有酸性洗涤纤维法、中性洗涤纤维法等分析方法。

4.6.1　粗纤维分析

试样中的糖、淀粉、果胶质和半纤维素经硫酸作用水解后，用碱处理，除去蛋白质及脂肪酸残渣即为粗纤维。不溶于酸碱的杂质，可灰化后除去。

试剂：25%［质量浓度为25g/（100mL），下同］硫酸；25%氢氧化钾溶液；石棉，加5%［质量浓度为5g/（100mL），下同］氢氧化钠溶液浸泡石棉，水浴上回流8h以上，用热水充分洗涤后，用［质量浓度为20g/（100mL）］盐酸在沸水浴上回流8h以上，用热水充分洗涤，干燥。在600~700℃中灼烧后，加水使成混悬物，储存于玻塞瓶中。

操作步骤：

称取0.5~1.0g干样品，加入250mL锥形瓶中，加入10mL 25%硫酸，加盖摇匀。

将加有硫酸的锥形瓶置于100℃水浴中，恒温回流1h。

关火，放置至室温。加入150mL蒸馏水，摇匀后过滤，用水冲洗3次滤器，直至pH稳定在4~5。

取残渣，加入150mL 25%氢氧化钾溶液，搅拌后过滤，用蒸馏水冲洗滤器，至洗涤液pH为7左右。

将滤器上的残渣和滤纸一起装入烧杯中，加入10mL 5%氢氧化钠溶液和20mL水，搅拌后加盖，用沸水浴中回流30min。

冷却后过滤，用水冲洗滤器，至洗涤液pH为7左右。

将滤器和滤纸一起转移到铝盘中，干燥至恒重。

将铝盘转移到550℃灰化器中，灼烧至恒重，冷却后称量，称量后加入5mL 20%盐酸，用玻璃杆混匀，滤去杂质并用水洗净。

滤液加入烧杯中，移至沸水浴中，加入2mL 10%氢氧化钠溶液，加盖回流5min。

取出，用滤纸过滤，洗净，干燥，称量粗纤维质量。

结果计算如下。

$$\omega = \frac{m_1}{m} \times 100$$

式中：ω——试样中粗纤维的质量分数，g/100g）；

m_1——烘箱中烘干后残余物的质量（或经高温炉损失的质量），g；

m——试样的质量，g。

计算结果表示到小数点后一位。在重复性条件下两次独立分析结果的绝对值不得超过算术平均值的 10%。

4.6.2 酸性洗涤纤维（ADF）分析

鉴于粗纤维测定法重现性差的主要原因是碱处理时纤维素、半纤维素和木质素发生了降解而流失。酸性洗涤纤维法取消了碱处理步骤，用酸性洗涤剂浸煮代替酸碱处理。

样品经磨碎烘干，用十六烷基三甲基溴化铵的硫酸溶液回流煮沸，除去细胞内容物，经过滤、洗涤、烘干，残渣即为酸性洗涤纤维。

试剂：酸性洗涤剂溶液，称取 20g 十六烷基三甲基溴化铵，加热溶于 0.5mol/L 硫酸溶液中并稀释至 2000mL；硫酸溶液，0.5mol/L，取 56mL 硫酸，慢慢加入水中，稀释到 2000mL；消泡剂，丙酮。

实验步骤：

准备样品：将待测样品称重并记录下重量，取适量样品置于干燥皿中。

硫酸处理：向样品中加入足量 25% 硫酸（约为样品重量的 10 倍），用玻璃棒均匀搅拌混合，置于水浴中加热，保持沸腾状态 1.5~2 小时。

过滤和洗涤：将处理后的样品倒入漏斗中，用滤纸滤过，收集滤液和残渣，再用热水洗涤，以去除硫酸和糖类等杂质。

氢氧化钾处理：将残渣转移到干燥皿中，加入足量 25% 氢氧化钾溶液，用玻璃棒均匀搅拌混合，加盖，置于水浴中加热，保持沸腾状态 1.5~2 小时。

过滤和洗涤：将处理后的样品倒入漏斗中，用滤纸滤过，收集滤液和残渣，再用热水洗涤，以去除氢氧化钾等杂质。

硝酸处理：将残渣转移到干燥皿中，加入足量浓硝酸（1:1），在微量滴定管内滴加氢氧化钠溶液，使溶液中的酸度接近中性。

灼烧和称量：将处理后的样品转移到预先称好的烧杯中，将烧杯放入灰化炉中，在 600700℃ 的高温下灼烧 23 小时，直到残留物呈灰白色。取出烧杯，放置冷却后，再将样品重量称量并记录下来。

计算粗纤维含量：根据称量得到的残留物重量，可以计算出样品中的粗纤维含量，公式为：

粗纤维含量（%）=（残留物重量−烧杯重量）/样品重量×100%

· 113 ·

结果计算：

$$\omega = \frac{m_1}{m} \times 100$$

式中：ω——酸性洗涤纤维（ADF）的含量，g/100g；

m_1——残留物质量，g；

m——样品质量，g。

4.6.3 中性洗涤纤维（NDF）分析

样品经热的中性洗涤剂浸煮后，残渣用热蒸馏水充分洗涤，除去样品中游离淀粉、蛋白质、矿物质，然后加入 CT 淀粉酶溶液以分解结合态淀粉，再用蒸馏水、丙酮洗涤，以除去残存的脂肪、色素等，残渣经烘干，即为中性洗涤纤维（不溶性膳食纤维）。

本法适用于谷物及其制品、饲料、果蔬等样品，对于蛋白质、淀粉含量高的样品，易形成大量泡沫，黏度大，过滤困难，使此法应用受到限制。本法设备简单、操作容易、准确度高、重现性好。所测结果包括食品中全部的纤维素、半纤维素、木质素，是最接近于食品中膳食纤维的真实含量，但不包括水溶性非消化性多糖，这是此法的最大缺点。

仪器：提取装置，由带冷凝器的 300mL 锥形瓶和可将 100mL 水在 5～10min 内由 25℃升温到沸腾的可调电热板组成；玻璃过滤坩埚（滤板平均孔径 40～90μm）；抽滤装置由抽滤瓶、抽滤架、真空泵组成。

试剂：

①中性洗涤剂溶液。

a. 将 18.61g EDTA 和 6.81g 四硼酸钠（$Na_2B_4O_7 \cdot 10H_2O$）用 250mL 水加热溶解。

b. 将 30g 十二烷基硫酸钠和 10mL 2-乙氧基乙醇溶于 200mL 热水中，合并于 a 液中。

c. 把 4.56g 磷酸氢二钠溶于 150mL 热水，并入 a 液中。

d. 用磷酸调节混合液 pH 至 6.9～7.1，最后加水至 1000mL，此液使用期间如有沉淀生成，需在使用前加热到 60℃，使沉淀溶解。

②十氢化萘（萘烷）。

③α-淀粉酶溶液：取 0.1mol/L Na_2HPO_4 和 0.1mol/L NaH_2PO_4 溶液各 500mL，混匀，配成磷酸盐缓冲液。称取 12.5mg α-淀粉酶，用上述缓冲溶液溶解并稀释到 250mL。

④丙酮。

⑤无水亚硫酸钠。

试验操作步骤：

样品制备：将待测样品磨成均匀的粉末，过筛筛孔为 1mm。

提取纤维素：取一定量的样品（一般为 0.5~1g），放入提取装置锥形瓶中，加入 150mL 中性洗涤剂溶液，用搅拌器搅拌均匀，然后加热至沸腾，煮沸 10 分钟。然后取出锥形瓶，用冷水冷却，过滤收集残渣。

分解淀粉：将步骤 2 中的残渣转移到锥形瓶中，加入 10mLα-淀粉酶溶液，加入石棉，用磁力搅拌器搅拌均匀，然后放置在水浴中 37℃孵育 2 小时。

洗涤残渣：将步骤 3 中的残渣转移到玻璃过滤坩埚中，用蒸馏水反复洗涤至洗涤液中不再有淀粉酶，然后用无水丙酮洗涤，重复洗涤 3 次。

烘干：将步骤 4 中的残渣转移到预称量的烘干皿中，放入 105℃恒温箱中烘干 3 小时，直至重量恒定。

结果计算：

$$中性洗涤纤维（NDF）= \frac{m_1 - m_0}{m} \times 100\%$$

式中：m_0——玻璃过滤器质量，g；

　　　m_1——玻璃过滤器和残渣质量，g；

　　　m——样品质量，g。

4.6.4　膳食纤维检测的新技术

传统的膳食纤维检测方法是采用酶解法和粗纤维法，但随着科技的不断发展，新的检测技术也不断涌现，包括高效液相色谱法、气相色谱法、荧光光谱法、近红外光谱法等。

其中，高效液相色谱法是目前应用最广泛的一种方法，它通过将样品溶解后注入高效液相色谱仪中，使用特定的色谱柱和流动相，将样品中的膳食纤维成分进行分离和检测，具有检测速度快、准确度高、灵敏度高等优点。

　　气相色谱法是将样品中的膳食纤维成分进行甲醇化后，利用气相色谱仪对其进行检测。这种方法具有分离效果好、灵敏度高、检测速度快等优点。

　　荧光光谱法是利用样品中的荧光团进行检测，具有检测速度快、非破坏性、准确度高等特点。

　　近红外光谱法则是通过将样品置于近红外光谱仪中，利用光谱图像进行膳食纤维的检测，具有快速、无须前处理、成本低等优点。

　　总之，这些新技术的出现不仅提高了膳食纤维检测的准确性和速度，还降低了检测成本，使得膳食纤维检测更加普及和便捷。

第5章 食品添加剂安全检测技术

在食品加工的各个领域如粮油加工、果蔬保鲜、调味品加工等方面，以及日常生活的一日三餐都离不开食品添加剂，通常它在食品中含量不足2%，却在改善食品色、香、味以及调整营养结构、改善食品加工条件、延长保存期等方面具有极其重要的作用。食品添加剂改善了人们的生活水平，但同时，也出现了由于食品添加剂滥用、非法添加等导致的食品安全问题。

5.1 食品添加剂概述

5.1.1 食品添加剂定义

《中华人民共和国食品卫生法》对食品添加剂的定义是："为了改善食品品质和色、香、味以及为满足防腐和加工工艺的需要而加入食品中的化学合成物或者天然物质。"该法还规定了食品强化剂的定义是："为增强营养成分而加入食品中的天然或人工合成的属于天然营养范围的食品添加剂。"

世界各国对此的定义不尽相同。欧共体和联合国规定，食品添加剂不包括为改进营养价值而加入的物质，美国规定食品添加剂不但包括营养物质，还包括各种间接使用的添加剂，如包装材料中少量迁移物。

食品添加剂的特点是无营养性，其功能是保持食品营养，防止腐败变质，增强食品感官性状，满足加工工艺要求，提高食品质量。

5.1.2 食品添加剂分类

目前，世界上直接使用的食品添加剂有4000多种，批准使用的3000多种，常用的有600~1000种。我国包括香料在内的有1200多种。对各种添加剂中允许使用的品种和用量都做了详细的规定。

按来源分为天然、合成两大类。天然食品添加剂：利用动植物或微生物的代谢提取所得的天然添加剂。一般对人体无害，长期为人们广泛使用，如红曲色素。化学合成的食品添加剂：以煤焦油等化工产品为原料通过化学手段，包括氧化还原、综合、聚合成盐等合成反应所得到的化合物。有的具有一定的毒性，若无限制地使用，对食用者的健康将造成危害。即使被认为是安全的化学合成添加剂，也不属食品的正常成分，它们在生产过程中可能混人有害杂质，这都将影响食品的品质。

按用途分为酸度调节剂、抗结剂、消泡剂、抗氧化剂、漂白剂、膨松剂、胶基糖果中基础剂物质、着色剂、护色剂、乳化剂、酶制剂、增味剂、面粉处理剂、被膜剂、水分保持剂、营养强化剂、防腐剂、稳定剂和凝固剂、甜味剂、增稠剂、食品用香料、食品工业用加工助剂等。

5.1.3　食品添加剂作用

食品添加剂作为食品的重要组成部分。虽然它只在食品中添加 0.01%～0.1%，却对改善食品的性状、提高食品的档次等发挥着极其重要的作用。其主要作用有利于食品的保藏，防止腐败变质。例如，防腐剂的使用，可防止由微生物引起的食品腐败变质；保持和提高食品的营养价值，改善食品的感官性状。例如，适当使用着色剂、发色剂、漂白剂、甜味剂、营养强化剂、食用香料等，则可明显提高食品的营养价值和感官质量，有利于食品的加工操作、适应机械化、连续化大生产。

5.1.4　食品添加剂的使用

食品添加剂作为人为引入食品中的外来成分，除了它对某些食品具有特效功能以外，绝大多数对食用者具有一定的毒性，食品添加剂也可能危害健康。例如，过期的食品添加剂，和过期食品一样的有害或更甚；不纯的食品添加剂，如汞、铝等未清除；长期过量食用食品添加剂；使用已禁止使用的食品添加剂。因此，只要人们认真了解食品添加剂的性能和作用，认真检查食品中添加剂的成分、使用量及有效期，就能避免其对人们身体造成的损害，并充分利用食品添加剂的作用，为人们增添更多、更美味新鲜的食品，丰富人们的餐桌。

为保证食品的质量，避免因添加剂使用不当造成不合格食品流入消费领域，在食品的生产、检验、管理中对食品添加剂的测定是十分必要的。特别应该提及的是对那些具有一定毒性的食品添加剂，应尽可能不用或少用。必须使用时，应严格控制使用范围和使用量。

国家标准对食品添加剂的生产和使用都有严格的规定，使用食品添加剂应遵循以下原则。

①经过规定的食品毒理学安全评价程序的评价，证明在使用限量内长期使用对人体安全无害，尽可能不用或少用。必须使用时，应当严格控制使用范围和使用量，不得随意扩大。添加于食品中能被分析鉴定出来。

②不影响食品感官性质和原味，对食品营养成分不应有破坏作用。进入体的添加剂能正常代谢排出。在允许的使用范围内，长期摄入后对食用者不引起慢性毒害作用。

③不得由于使用添加剂而降低良好的加工措施和卫生要求。食品添加剂应有严格的质量标准，并按《食品添加剂卫生管理办法》进行卫生管理。其有害杂质不得超过允许限量。不得使用食品添加剂掩盖食品的缺陷（如霉变、腐败）或作伪造手段。不得由于使用食品添加剂而降低良好的加工措施和卫生要求。

④未经卫生部允许，婴儿及儿童食品不得加入食品添加剂。

5.1.5　食品添加剂的检测

使用食品添加剂对防止食品腐败变质、改善食品质量、满足人们对食品品种日益增多的需要等方面均起到积极的作用。我国严格规定相关食品添加剂所使用的品种、使用的范围、使用的含量必须与 GB 2760 中规定的一致。否则，食品中所含食品添加剂的含量过多，极易威胁消费者的身体健康，甚至导致消费者发生食物中毒。因此，必须测定食品添加剂的含量以控制其用量，监督、保证和促进正确合理地使用食品添加剂，确保人民的身体健康。

食品添加剂的检测是先分离再测定。分离主要使用蒸馏法、溶剂萃取法、色层分离等。测定主要使用比色法、紫外分光亮度法、薄层色谱法、气相色谱法、高效液相色谱法等。

5.2 食品防腐剂检测

5.2.1 苯甲酸与山梨酸检测

按照食品安全国家标准 GB 5009.28—2016 规定，食品中苯甲酸、山梨酸有两种测定方法，一为液相色谱法，二为气相色谱法，这里主要介绍后者。

原理：试样经盐酸酸化后，用乙醚提取苯甲酸、山梨酸，用气相色谱—氢火焰离子化检测器分离测定，外标法定量。

试剂：

①乙醚、乙醇、正己烷、乙酸乙酯。

②盐酸溶液（1+1）：取 50mL 盐酸，边搅拌边慢慢加入 50mL 水中，混匀。

③氯化钠溶液（40g/L）称取 40g 氯化钠，用适量水溶解，加盐酸溶液 2mL，加水定容到 1L。

④正己烷—乙酸乙酯混合溶液（1+1）：取 100mL 正己烷和 100mL 乙酸乙酯，混匀。

⑤无水硫酸钠：500℃烘 8h，于干燥器中冷却至室温后备用。

⑥苯甲酸、山梨酸标准储备液（1000mg/L）：分别准确称取苯甲酸钠和山梨酸钾标准品（纯度≥99.0%）各 0.1g（精确到 0.0001g），用甲醇溶解并分别定容至 100mL。转移至密闭容器中，于-18℃贮存，保存期为 6 个月。

⑦苯甲酸、山梨酸标准中间液（200mg/L）：分别准确吸取苯甲酸、山梨酸标准储备液各 10.0mL 于 50mL 容量瓶中，用乙酸乙酯定容。转移至密闭容器中，于-18℃贮存，保存期为 3 个月。

⑧苯甲酸、山梨酸混合标准系列工作溶液：分别准确吸取苯甲酸、山梨酸混合标准中间溶液 0、0.05、0.25、0.50、1.00、2.50、5.00、10.0mL，用正己烷—乙酸乙酯混合溶剂（1+1）定容至 10mL，配制成质量浓度分别为 1、1.00、5.00、10.0、20.0、50.0、100、200mg/L 的混合标准系列工作溶液。临用现配。

仪器：气相色谱仪，带有氢火焰离子化检测器；分析天平，感量为 0.001g 和 0.0001g；涡旋振荡器、匀浆机、氮吹仪；离心机，转速>8000r/min。

操作步骤：

①准备样品：取适量样品，称重后加入盐酸溶液（1+1），加盖在水浴中加热水浴 10 分钟，冷却至室温，用乙醚提取 2 次，合并乙醚提取液，加入无水硫酸钠干燥，过滤，收集滤液，用氮气吹干至干燥。

②准备标准曲线：分别取苯甲酸、山梨酸标准储备液各 1mL，放入 50mL 容量瓶中，用乙酸乙酯定容，制备 1mg/mL 的混合标准液。再将混合标准液稀释成不同浓度的工作溶液。

③进样：将样品溶液注入气相色谱仪进样口，设置仪器参数，进行分析。

④计算含量：根据标准曲线和进样量计算样品中苯甲酸、山梨酸的含量，一般以 mg/kg 或 ppm 表示。

结果计算如下：

$$X = \frac{\rho \times V \times 25}{m \times 5 \times 1000}$$

式中：X——试样中待测组分含量，g/kg；

　　　ρ——由标准曲线得出的样液中待测物质的质量浓度，mg/L；

　　　V——加入正己烷—乙酸乙酯（1+1）混合溶剂的体积，mL；

　　　25——试样乙醚提取液的总体积，mL；

　　　m——试样的质量，g；

　　　5——测定时吸取乙醚提取液的体积，mL；

1000——由 mg/kg 转换为 g/kg 的换算因子。

结果保留三位有效数字。精密度要求在重复条件下获得的两次独立测定结果的绝对差值不得超过算术平均值的 10%。

5.2.2　对羟基苯甲酸酯类检测

原理：试样酸化后，对羟基苯甲酸酯类用乙醚提取，浓缩近干用乙醇复溶，并用氢火焰离子化检测器气相色谱法进行分离测定，保留时间定性，外标法定量。

试剂：

①无水乙醚（$C_2H_5OC_2H_5$）：重蒸；无水乙醇（C_2H_5OH）：优级纯；无水硫酸钠。

②饱和氯化钠溶液：称取 40g 氯化钠加 100mL 水充分搅拌溶解。

③碳酸氢钠溶液（10g/L）：称取 1g 碳酸氢钠，溶于水并稀释至 100mL。

④盐酸溶液（1∶1）：取 50mL 盐酸，用水稀释至 100mL。

⑤对羟基苯甲酸酯类标准储备液（1.00mg/mL）：准确称取对羟基苯甲酸甲酯（纯度≥99.8%）、对羟基苯甲酸乙酯（纯度≥99.7%）、对羟基苯甲酸丁酯（纯度≥99.7%）、对羟基苯甲酸丙酯（纯度≥99.3%）标准物质各 0.0500g 分别放置于 50.0mL 容量瓶中，用无水乙醇溶解并定容至刻度，置 4℃左右冰箱保存，可保存 1 个月。

⑥对羟基苯甲酸酯类标准中间液（100μg/mL）：分别准确吸取上述对羟基苯甲酸酯类标准储备液 1.0mL 于 10.0mL 容量瓶中，用无水乙醇稀释至刻度，摇匀。临用时配制。

⑦对羟基苯甲酸酯类标准工作液 1~5：分别吸取上述对羟基苯甲酸酯类标准中间液 0.40、1.0、2.0、5.0、10.0mL 于 10.0mL 容量瓶中，用无水乙醇稀释并定容。此即为 4.0、10.0、20.0、50.0、100μg/mL 的标准工作液 1~5，临用时配制。

⑧对羟基苯甲酸酯类标准工作液 6 和标准工作液 7（200μg/mL 和 300μg/mL）：分别吸取对羟基苯甲酸酯类标准储备液 2.0mL 和 3.0mL 于 10.0mL 容量瓶中，用无水乙醇稀释至刻度，摇匀。临用时配制。

仪器：气相色谱仪，具有氢火焰离子化检测器（FID）；天平，感量 0.1mg 和 1mg；旋转蒸发仪、涡旋混匀器。

操作步骤：

准备样品：将待测物样品称取适量，加入已知浓度的内标液，混匀。内标液的浓度应与待测物相似，可用于后续的定量分析。将混合物加入加有酸性催化剂的试管中，加热反应，使试样酸化。酸性催化剂可以选择硫酸或盐酸等。

提取样品：将反应后的混合物转移到分液漏斗中，加入适量的乙醚，摇匀，待两层液分离后取有机相，用干净的玻璃管吸出。

浓缩样品：将有机相转移至干燥的圆底烧瓶中，用氮气或气流将乙醚挥发干净，浓缩至近干。此步骤可采用旋转蒸发仪，控制温度和压力，使溶剂挥发干净。

复溶样品：将浓缩后的样品用一定体积的乙醇溶解，并用超声波或摇床等设备进行混匀，直至样品完全溶解。复溶后的样品应该是透明的，无悬浮物。

气相色谱分析：将复溶后的样品加入气相色谱仪中，利用气相色谱法进行分离和检测。选择合适的柱和检测器，设定适当的程序，保留时间定性，外标法定量。

计算结果分析：

试样中对羟基苯甲酸含量按下式计算：

$$X = \frac{\rho \times V \times f}{m}$$

式中：X——试样中对羟基苯甲酸的含量，g/kg；

　　　ρ——由标准曲线计算出进样液中对羟基苯甲酸酯类的浓度，μg/mL；

　　　V——定容体积，mL；

　　　f——对羟基苯甲酸酯类转换为对羟基苯甲酸的换算系数；

　　　m——试样质量，g。

对羟基苯甲酸甲酯转换为对羟基苯甲酸的换算系数为 0.9078；对羟基苯甲酸乙酯转换为对羟基苯甲酸的换算系数为 0.8312；对羟基苯甲酸丙酯转换为对羟基苯甲酸的换算系数为 0.7665；对羟基苯甲酸丁酯转换为对羟基苯甲酸的换算系数为 0.7111。结果保留三位有效数字，在重复性条件下获得的两次独立测定结果的绝对差值不超过算术平均值的 10%。

5.2.3　丙酸钠与丙酸钙检测

5.2.3.1　液相色谱法

原理：试样中的丙酸盐通过酸化转化为丙酸，经超声波水浴提取或水蒸气蒸馏，收集后调 pH，经高效液相色谱测定，外标法定量其中丙酸的含量。样品中的丙酸钠和丙酸钙以丙酸计，需要时可根据相应参数分别计算丙酸钠和丙酸钙的含量。

试剂和溶液：

①硅油。

②磷酸溶液（1mol/L）：在 50mL 水中加入 53.5mL 磷酸，混匀后，加水定容至 1000mL。

③磷酸氢二铵溶液（1.5g/L）：称取磷酸氢二铵1.5g，加水溶解定容至1000mL。

④丙酸标准储备液（10mg/mL）：精确称取250.0mg丙酸标准品（纯度≥97.0%）于25mL容量瓶中，加水至刻度，4℃冰箱中保存，有效期为6个月。

仪器和设备：

①高效液相色谱（HPLC）仪：配有紫外检测器或二极管阵列检测器。

②天平：感量0.0001g和0.01g。

③超声波水浴；离心机：转速不低于4000r/min；组织捣碎机、50mL具塞塑料离心管、500mL水蒸气蒸馏装置、鼓风干燥箱、pH计。

操作步骤：

样品制备：取待测样品约0.5g，加入10mL蒸馏水中，超声波水浴处理10分钟或进行水蒸气蒸馏，收集提取液，滤过。

调整pH：将提取液加入50mL容量瓶中，加入适量的氢氧化钠或盐酸，调整pH到5.5~6.5。

色谱柱准备：将色谱柱连接到高效液相色谱仪上，用乙腈—0.01mol/L磷酸二氢钾缓冲液（体积比为70:30）作为流动相，进行洗脱。

样品测定：将待测样品加入色谱柱中，流动相在色谱柱中传递，利用紫外检测器检测丙酸的吸光度。根据外标法，以丙酸为外标，通过比较待测样品和外标样品的峰面积，计算出待测样品中丙酸的含量。

数据分析：根据实验结果，计算出样品中丙酸的含量，并按照需要转换为丙酸钠或丙酸钙的含量。

结果计算。

$$X = \frac{\rho \times V \times 1000}{m \times 1000} \times f$$

式中：X——样品中丙酸钠（钙）含量（以丙酸计），g/kg；

　　ρ——由标准曲线得出的样液中丙酸的浓度，mg/mL；

　　V——样液最后定容体积，mL；

　　m——样品质量，g；

　　f——稀释倍数。

试样中测得的丙酸含量乘以换算系数1.2967，即得丙酸钠的含量；试样中测得的丙酸含量乘以换算系数 1.2569，即得丙酸钙含量。

计算结果保留三位有效数字。在重复性条件下获得的两次独立测定结果的绝对差值不得超过算术平均值的 10%。

5.2.3.2 气相色谱法

原理：试样中的丙酸盐通过酸化转化为丙酸，经水蒸气蒸馏收集后直接进气相色谱，用氢火焰离子化检测器检测，以保留时间定性，外标法定量其中丙酸的含量。样品中的丙酸钠和丙酸钙以丙酸计，需要时，可根据相应参数分别计算丙酸钠和丙酸钙的含量。

试剂和溶液：

①硅油。

②磷酸溶液（10+90）：取 10mL 磷酸加水至 100mL。

③甲酸溶液（2+98）：取 1mL 甲酸加水至 50mL。

④丙酸标准储备液（10mg/mL）：精确称取 250.0mg 丙酸标准品（纯度≥97.0%）于 25mL 容量瓶中，加水至刻度，4℃ 冰箱中保存，有效期为 6 个月。

⑤丙酸标准使用液：将储备液用水稀释成 10~25μg/mL 的标准系列，临用现配。

仪器和设备：

①气相色谱仪：带氢火焰离子化检测器。

②天平：感量为 0.0001g 和 0.01g。

③水蒸气蒸馏装置、鼓风干燥箱。

操作步骤：

准备样品：称取适量试样，加入适量蒸馏水，用 HCl 调整 pH 至 5~6，加入 5% 丁醇乙酸乙酯溶液混匀。

水蒸气蒸馏：将样品加热至沸腾，使丙酸挥发，用水蒸气蒸馏收集丙酸。收集的丙酸溶液保存在离心管中。

气相色谱分析：取适量收集的丙酸溶液，进行气相色谱分析。进样口温度设定为 250℃，柱温设定为 100℃，检测器温度设定为 300℃。流动相为氢气。

外标法定量：用已知浓度的丙酸标准溶液进行外标定量。

结果计算如下。

$$X = \frac{\rho}{m} \times \frac{V}{1000}$$

式中：X——样品中丙酸钠（钙）含量（以丙酸计），g/kg；

ρ——由标准曲线得出的样液中丙酸的浓度，μg/mL；

V——样液最终定容体积，mL；

m——样品质量，g；

1000——μg/g 换算至 g/kg 的系数。

样品中测得的丙酸含量乘以换算系数 1.2967，即得丙酸钠的含量；样品中测得的丙酸含量乘以换算系数 1.2569，即得丙酸钙含量。

以重复性条件下获得的两次独立测定结果的算术平均值表示，结果保留三位有效数字。在重复性条件下获得的两次独立测定结果的绝对差值不得超过算术平均值的 10%。

5.2.3.3 丙酸钠与丙酸钙检测的新技术

丙酸钠和丙酸钙是常见的食品添加剂，用于调节食品的酸度、稳定性和保质期。下面介绍两种检测丙酸钠和丙酸钙的新技术。

（1）液相色谱—串联质谱法

液相色谱—串联质谱法（LC-MS/MS）是一种高效、灵敏度高的分析方法，能够同时检测多种目标物质。对于丙酸钠和丙酸钙的检测，可采用 LC-MS/MS 方法，先进行样品制备和萃取，再通过色谱柱分离，最后通过串联质谱检测和定量。

（2）基于离子选择性电极的电化学分析法

离子选择性电极（ISE）是一种快速、简单的检测方法，适用于水样和食品样品中丙酸钠和丙酸钙的测定。该方法利用 ISE 特异性选择目标离子，将其与反应物反应生成电信号，再通过电化学分析仪器进行测定。

这些新技术的出现极大地提高了丙酸钠和丙酸钙的检测效率和准确度，为保障食品安全提供了有力支持。

5.3　食品抗氧化剂检测

5.3.1　特丁基对苯二酚检测

5.3.1.1　气相色谱法

食用植物油中的特丁基对苯二酚（TBHQ）经 80% 乙醇提取，浓缩后，用氢火焰离子化检测器检测，根据保留时间定性，外标法定量。

仪器：气相色谱仪（配氢火焰离子化检测器）。

试剂：

①无水乙醇、95%乙醇、二硫化碳。

②80%乙醇甲醇：量取 80mL 95%乙醇和 15mL 蒸馏水，混匀。

③TBHQ 标准储备液（1mg/mL）：称取 TBHQ100mg 于小烧杯中，用 1mL 无水乙醇溶解，加入 5mL 二硫化碳，移入 100mL 容量瓶中，再用 1mL 无水乙醇洗涤烧杯后，用二硫化碳冲洗烧杯，定容至 100mL。

④TBHQ 标准工作溶液：吸取标准储备液 0.0、2.5、5.0、7.5、10.0、12.5（mL）于 50mL 容量瓶中，用二硫化碳定容，配成浓度分别为 0、50.0、100.0、150.0、200.0、250.0（μg/mL）TBHQ 标准工作溶液。

实验步骤：

将待测食用植物油样品加入锥形瓶中，加入足量的 80% 乙醇，放在水浴中加热，使其均匀混合，浸泡 1 小时。

将浸泡后的样品过滤，收集滤液，浓缩至干燥，用少量的无水乙醇溶解。

用气相色谱仪进行测试，先用纯氢载气进行洗柱，将柱温保持在 180℃，进样口温度为 250℃，检测器温度为 280℃，以 2μL/min 的流速进行进样，测定 TBHQ 的保留时间。

用外标法测定样品中的 TBHQ 含量，将不同浓度的 TBHQ 标准工作溶液以相同的进样方式进入气相色谱仪，测定相应的峰面积。绘制 TBHQ 标准曲线，并用标准曲线对样品中的 TBHQ 进行定量分析。

结果计算如下。

$$\omega = \frac{c \times V}{m \times 1000}$$

式中：ω——试样中的 TBHQ 含量，g/kg；

c——由标准曲线上查出的试样测定液中 TBHQ 的浓度，μg/mL；

V——试样提取液的体积，mL；

m——试样的质量，g。

5.3.1.2　液相色谱法

食用植物油中的 TBHQ 经 95% 乙醇提取、浓缩、定容后，用液相色谱仪测定，与标准系列比较定量。

仪器：高效液相色谱仪（配有二极管阵列或紫外检测器）。

试剂：

①甲醇、乙腈（色谱纯）。

②95% 乙醇、36% 乙酸（分析纯）。

③异丙醇（重蒸馏）、异丙醇—乙腈（1∶1）。

④TBHQ 标准储备液（1mg/mL）：准确称取 TBHQ 50mg 于小烧杯中，用异丙醇—乙腈（1∶1）溶解后，转移至 50mL 棕色容量瓶中，小烧杯用少量异丙醇—乙腈（1∶1）冲洗 2~3 次，同时转入容量瓶中，用异丙醇—乙腈（1∶1）定容至刻度。

⑤TBHQ 标准中间液：准确吸取 TBHQ 标准储备液 10.00mL，于 100mL 棕色容量瓶中，用异丙醇—乙腈（1∶1）定容，此溶液浓度为 100μg/mL，置于 4℃冰箱中保存。

⑥TBHQ 标准使用液：吸取标准储备液 0.0、0.5、1.0、2.0、5.0、10.0（mL）标准中间液于 10mL 容量瓶中，用异丙醇—乙腈（1∶1）定容，配成浓度分别为 0.0、5.0、10.0、20.0、50.0、100.0（μg/mL）TBHQ 标准工作溶液。

实验步骤：

准备样品：取适量食用植物油，加入适量 95% 乙醇，振荡混匀，待 TBHQ 充分溶解。

提取：将上述混合液通过滤纸过滤，收集过滤液，浓缩至干燥，加入适量甲醇，再振荡混匀，使样品充分溶解。

定容：将上述溶解液加入一定体积的甲醇中，摇匀，得到浓度适当的样品溶液。

色谱条件设置：使用高效液相色谱仪，选择适当的柱和移动相进行分析。

例如，可以选择反相色谱柱，移动相为乙腈—水混合溶液，梯度洗脱。

线绘制：准备一系列不同浓度的 TBHQ 标准溶液，经过相同的操作后，用液相色谱仪进行检测，绘制出 TBHQ 浓度与峰面积的标准曲线。

样品检测：将样品溶液注入液相色谱仪，进行检测。用标准曲线计算样品中 TBHQ 的浓度。

结果计算如下。

$$\omega = \frac{c \times V}{m \times 1000}$$

式中：ω——试样中的 TBHQ 含量，g/kg；

c——由标准曲线上查出的试样测定液中 TBHQ 的浓度，μg/mL；

V——试样提取液的体积，mL；

m——试样的质量，g。

5.3.1.3　气相色谱—质谱法

样品经乙腈提取后，利用气相色谱—质谱进行分析，外标法定量。

仪器：气相色谱—质谱联用仪（配电喷雾离子源）。

试剂：

①正己烷（色谱纯）。

②乙腈、甲醇、乙醇（分析纯）。

③TBHQ 标准储备液（100μg/mL）：称取 TBHQ 10mg 于小烧杯中，用乙腈溶解并定容到 100mL，4℃冷藏。

结果计算如下。

$$\omega = \frac{c \times V}{m \times 1000}$$

式中：ω——试样中的 TBHQ 含量，g/kg；

c——由标准曲线上查出的试样测定液相当于 TBHQ 的浓度，μg/mL；

V——试样提取液的体积，mL；

m——试样的质量，g。

5.3.2　丁基羟基茴香醚与二丁基羟基甲苯检测

5.3.2.1　气相色谱法

试样中的丁基羟基茴香醚（BHA）和二丁基羟基甲苯（BHT）用有机溶

剂提取，凝胶渗透色谱净化，用气相色谱氢火焰离子化检测器检测，采用保留时间定性，外标法定量。

仪器：气相色谱仪包括配氢火焰离子化检测器和凝胶渗透色谱净化系统。

试剂：

①环己烷、乙酸乙酯、丙酮、乙腈（色谱纯）。

②石油醚：沸程 30~60℃（重蒸）。

③BHA 和 BHT 混合标准储备液（1mg/mL）：准确称取 BHA、BHT 标准品各 100mg 用乙酸乙酯环己烷（1:1）溶解，并定容至 100mL，4℃冰箱中保存。

④BHA 和 BHT 标准工作液：分别吸取标准储备液 0.1、0.5、1.0、2.0、3.0、4.0、5.0（mL）于 10mL 容量瓶中，用乙酸乙酯环己烷（1:1）定容，配成浓度分别为 0.01、0.05、0.10、0.20、0.30、0.40、0.50mg/mL 标准序列。

操作步骤：

准备样品：取适量试样，加入适量有机溶剂（如乙醚、乙酸乙酯等），振荡混匀，待 BHA 和 BHT 充分溶解。

提取：将上述混合液通过滤纸过滤，收集过滤液，蒸发溶剂至干燥，得到纯化的 BHA 和 BHT。

净化：使用凝胶渗透色谱净化系统对纯化后的 BHA 和 BHT 进行进一步净化，得到高纯度的样品。

标准溶液制备：准备一系列不同浓度的 BHA 和 BHT 标准溶液，用同样的方法纯化。

色谱条件设置：使用气相色谱仪，选择适当的柱和移动相进行分析。例如，可以选择毛细管柱，移动相为氢气，保持恒定流速，保留时间在 5~20 分钟。

标准曲线绘制：用 BHA 和 BHT 标准溶液进行检测，记录各自的保留时间，并绘制出浓度与峰面积的标准曲线。

样品检测：将样品注入气相色谱仪，进行检测。用标准曲线计算样品中 BHA 和 BHT 的含量。

数据处理：将测得的数据进行统计分析，计算样品中 BHA 和 BHT 的含量。

质量控制：对实验过程进行质量控制，例如，进行空白试验和加标回收试验，以保证实验的准确性和可靠性。

结果计算如下。

$$\omega = \frac{c \times V}{m}$$

式中：ω——样品中 BHA 或 BHT 的含量，mg/kg 或 mg/L；

c——从标准曲线中查得的样品溶液中抗氧化剂的浓度，μg/mL；

V——样品定容体积，mL；

m——样品质量，g 或 mL。

5.3.2.2　高效液相色谱法

样品中的 BHA 和 BHT 经甲醇提取，利用反相 C_{18} 柱进行分离，紫外检测器检测，外标法定量。

仪器：高效液相色谱仪（配紫外检测器或二极管阵列检测器）。

试剂：

①甲醇、乙酸（色谱纯）。

②混合标准储备液配置（1mg/mL）：准确称取 BHA 和 BHT 标准品各 100mg 用甲醇溶解并定容至 100mL，4℃冰箱中保存。

③标准工作液：准确吸取混合标准储备液 0.1、0.5、1.0、1.5、2.0、2.5mL 于 10mL 容量瓶中，用甲醇定容，配成浓度分别为 10.0、50.0、100.0、150.0、200.0、250.0μg/mL 标准工作溶液。

操作步骤：

准备样品：取适量试样，加入适量甲醇，振荡混匀，待 BHA 和 BHT 充分溶解。

提取：将上述混合液通过滤纸过滤，收集过滤液，蒸发溶剂至干燥，得到纯化的 BHA 和 BHT。

标准溶液制备：准备一系列不同浓度的 BHA 和 BHT 标准溶液，用同样的方法纯化。

色谱条件设置：使用高效液相色谱仪，选择适当的反相 C_{18} 柱和移动相进行分析。例如，可以选择甲醇—水混合溶液，梯度洗脱。

标准曲线绘制：用 BHA 和 BHT 标准溶液进行检测，记录各自的峰面积，并绘制出浓度与峰面积的标准曲线。

样品检测：将样品注入高效液相色谱仪，进行检测。用标准曲线计算样品中 BHA 和 BHT 的含量。

数据处理：将测得的数据进行统计分析，计算样品中 BHA 和 BHT 的含量。

质量控制：对实验过程进行质量控制，例如，进行空白试验和加标回收试验，以保证实验的准确性和可靠性。

紫外检测器的检测：在分析过程中，可以使用紫外检测器检测分离出的化合物，以获得更加精确的测量结果。

二极管阵列检测器的检测：另外，也可以使用二极管阵列检测器进行检测，以提高分析的灵敏度和准确性。

实验步骤：

结果计算如下。

$$\omega = \frac{c \times V}{m}$$

式中：ω——样品中 BHA 或 BHT 的含量，mg/kg；

$\quad$ c——从标准曲线中查得提取液中抗氧化剂的浓度，μg/mL；

$\quad$ V——样品提取液定容体积，mL；

$\quad$ m——样品质量，g。

5.3.3 食品抗氧化剂检测的新技术

食品中抗氧化剂的检测可以使用多种新技术，包括以下几种。

高效液相色谱—质谱联用（HPLC-MS）：该技术结合了高效液相色谱和质谱技术，可以实现对食品中多种抗氧化剂的同时检测和鉴定，具有高灵敏度和高选择性。

气相色谱—质谱联用（GC-MS）：该技术适用于分析具有挥发性的抗氧化剂，如香草酚、丙烯酸等，具有高灵敏度和高分辨率。

液相色谱—荧光检测（HPLC-FLD）：该技术适用于对一些天然的抗氧化剂，如类黄酮和多酚类化合物等的检测，具有高选择性和高灵敏度。

化学计量学方法：该方法基于化学计量学原理，结合多种化学分析技术，可以对食品中多种抗氧化剂进行快速检测和鉴定，具有高效、准确的特点。

电化学法：该方法利用电化学原理，通过测量食品中抗氧化剂的电化学特性，进行定量检测。该方法具有快速、灵敏、准确的特点，但需要特殊的电化学仪器。

总之，以上这些新技术在食品抗氧化剂检测中具有广泛的应用前景，可以提高检测的准确性、速度和效率。

5.4　食品合成甜味剂检测

5.4.1　阿斯巴甜和阿力甜检测

根据阿斯巴甜和阿力甜易溶于水、甲醇和乙醇等极性溶剂的特点，蔬菜及其制品、水果及其制品、食用菌和藻类、谷物及其制品、焙烤食品、膨化食品和果冻试样用甲醇水溶液在超声波振荡下提取；浓缩果汁、碳酸饮料、固体饮料类、餐桌调味料和除胶基糖果以外的其他糖果试样用水提取；乳制品、含乳饮料类和冷冻饮品试样用乙醇沉淀蛋白后用乙醇水溶液提取；胶基糖果用正己烷溶解胶基并用水提取；脂肪类乳化制品、可可制品、巧克力及巧克力制品、坚果与籽类、水产及其制品、蛋制品用水提取，然后用正己烷除去脂类成分。各提取液在液相色谱 C_{18} 反相柱上进行分离，用高效液相法（GB 5009.263—2016）测定，以色谱峰的保留时间定性，外标法定量。

仪器及设备：液相色谱仪，配有二极管阵列检测器或紫外检测器；超声波振荡器；离心机（4000r/min）。

试剂：

①甲醇（CH_3OH）：色谱纯。

②乙醇（CH_3CH_2OH）：优级纯。

③阿斯巴甜、阿力甜标准品：纯度≥99%。

④阿斯巴甜、阿力甜标准储备液（0.5mg/mL）：各称取 0.025g（精确至0.0001g）阿斯巴甜和阿力甜标准品，用水溶解并转移至 50mL 容量瓶中，定容至刻度，置于 4℃ 左右冰箱保存，有效期为 90d。

⑤阿斯巴甜、阿力甜混合标准工作液系列的制备：将阿斯巴甜和阿力甜标准储备液用水逐级稀释成浓度均分别为 100、50、25、10.0、5.0μg/mL 的标准使用溶液系列。置于 4℃ 左右的冰箱保存，有效期为 30d。

操作步骤：

准备样品：按照上述要求选择不同的提取溶剂，将试样加入其中，使用超声波振荡器将其进行充分提取。

分离：将上述提取液通过滤纸过滤，收集过滤液，将其注入液相色谱仪进行分离。使用 C_{18} 反相柱，移动相可以是甲醇—水混合溶液或者其他适当的混合溶液。设置分离温度和流速。

标准曲线绘制：准备一系列不同浓度的阿斯巴甜和阿力甜标准溶液，用同样的方法进行分离和检测，记录各自的峰面积，并绘制出浓度与峰面积的标准曲线。

样品检测：将样品溶液注入液相色谱仪，进行检测。用标准曲线计算样品中阿斯巴甜和阿力甜的含量。

数据处理：将测得的数据进行统计分析，计算样品中阿斯巴甜和阿力甜的含量。

质量控制：对实验过程进行质量控制，例如，进行空白试验和加标回收试验，以保证实验的准确性和可靠性。

二极管阵列检测器的检测：在分析过程中，可以使用二极管阵列检测器或紫外检测器检测分离出的化合物，以获得更加精确的测量结果。

离心机的使用：对于部分样品，如乳制品、含乳饮料类和冷冻饮品试样，需要使用离心机对样品进行蛋白沉淀或者去除脂肪类成分。

结果计算如下。

$$X = \frac{\rho \times V}{m \times 1000}$$

式中：X——试样中阿斯巴甜或阿力甜的含量，g/kg；

ρ——由标准曲线计算出进样液中阿斯巴甜或阿力甜的浓度，μg/mL；

V——试样的最后定容体积，mL；

m——试样的质量，g；

1000——由 μg/g 换算成 g/kg 的换算因子。

结果保留三位有效数字。精密度要求在重复性条件下获得的两次独立测定结果的绝对差值不超过算术平均值的 10%。

5.4.2　环己基氨基磺酸钠（甜蜜素）检测

5.4.2.1　气相色谱法

气相色谱法适用于饮料类、蜜饯凉果、果丹类、话化类、带壳及脱壳熟制坚果与籽类、水果罐头、果酱、糕点、面包、饼干、冷冻饮品、果冻、复合调味料、腌渍蔬菜、腐乳等食品中环己基氨基磺酸钠的测定。气相色谱法不适用于白酒中该化合物的测定。

食品中环己基氨基磺酸钠用水提取，在硫酸介质中与亚硝酸反应，生成环己醇亚硝酸酯，利用气相色谱氢火焰离子化检测器进行分离及分析，保留时间定性，外标法定量。

仪器及设备：气相色谱仪（配氢火焰离子化检测器）；涡旋混合器，离心机（转速≥4000r/min），超声波振荡器，样品粉碎机，10μL 微量注射器，恒温水浴锅，天平（感量1mg、0.1mg）。

试剂：

①正庚烷、氯化钠、石油醚：沸程为 30~60℃。

②氢氧化钠溶液：40g/L。

③硫酸溶液：200g/L。

④亚铁氰化钾溶液：150g/L。称取折合 15g 亚铁氰化钾，溶于水并稀释至 100mL，混匀。

⑤硫酸锌溶液：300g/L。称取折合 30g 硫酸锌，溶于水并稀释至 100mL，混匀。

⑥亚硝酸钠溶液：50g/L。称取 25g 亚硝酸钠，溶于水并稀释至 500mL，混匀。

⑦环己基氨基磺酸钠标准储备液（5.00mg/mL）：精确称取 0.5612g 环己基氨基磺酸钠标准品（纯度≥99%），加水溶解并定容至 100mL，此溶液 1.00mL 相当于环己基氨基磺酸 5.00mg。置于 1~4℃冰箱中保存，可保存 12 个月。

⑧环己基氨基磺酸钠标准使用液（1.00mg/mL）：准确移取 20.0mL 环己基氨基磺酸钠标准储备液用水稀释并定容至 100mL。置于 1~4℃冰箱中可保存 6 个月。

操作步骤：

准备样品：取适量食品样品，如饮料类、果丹类、糕点、果冻等，使用样品粉碎机将其研磨成粉末。将样品加入容器中，加入适量水，涡旋混合器混匀，使用超声波振荡器进行充分提取。

离心：将上述提取液进行离心分离，收集上清液，备用。

反应：将上述上清液加入硫酸介质中，加入亚硝酸，混匀反应，生成环己醇亚硝酸酯。

色谱条件设置：使用气相色谱仪，选择适当的柱和移动相进行分析。例如，可以选择毛细管柱，移动相为氢气，保持恒定流速，保留时间在 5 ~ 20 分钟。

标准曲线绘制：用环己基氨基磺酸钠标准溶液进行检测，记录各自的保留时间，并绘制出浓度与峰面积的标准曲线。

样品检测：将样品注入气相色谱仪，进行检测。用标准曲线计算样品中环己基氨基磺酸钠的含量。

数据处理：将测得的数据进行统计分析，计算样品中环己基氨基磺酸钠的含量。

质量控制：对实验过程进行质量控制，例如，进行空白试验和加标回收试验，以保证实验的准确性和可靠性。

恒温水浴锅的使用：在分析过程中，需要控制样品的温度。可以使用恒温水浴锅控制样品温度。

微量注射器和天平的使用：在分析过程中，需要使用微量注射器和天平，以保证实验精度。

结果计算如下。

$$X = \frac{\rho \times V}{m}$$

式中：X——试样中环己基氨基磺酸的含量，g/kg；

ρ——由标准曲线计算出试样溶液中环己基氨基磺酸的浓度，μg/mL；

V——试样的定容体积，mL；

m——试样的质量，g。

计算结果以重复性条件下获得的两次独立测定结果的算术平均值表示，结果保留三位有效数字。精密度要求在重复性条件下获得的两次独立测定结果的绝对差值不得超过算术平均值的 10%。

5.4.2.2 高效液相色谱法

高效液相色谱法适用于饮料类、蜜饯凉果、果丹类、话化类、带壳及脱壳熟制坚果与籽类、配制酒、水果罐头、果酱、糕点、面包、饼干、冷冻饮品、果冻、复合调味料、腌渍蔬菜、腐乳等食品中环己基氨基磺酸钠的测定。

食品中环己基氨基磺酸钠用水提取后，在强酸性溶液中与次氯酸钠反应，生成 N, N—二氯环己胺，用正庚烷萃取后，利用高效液相色谱法检测，保留时间定性，外标法定量。

仪器和设备：

①液相色谱仪：配有紫外检测器或二极管阵列检测器。

②超声波振荡器、样品粉碎机、恒温水浴锅、天平（感量 1mg、0.1mg）。

③离心机：转速≥4000r/min。

试剂：

①正庚烷和乙腈：均是色谱纯。

②石油醚：沸程为 30~60℃。

③硫酸溶液（1+1）：50mL 硫酸小心缓缓加入 50mL 水中，混匀。

④次氯酸钠溶液：用次氯酸钠稀释，保存于棕色瓶中，保持有效氯含量 50g/L 以上，混匀，市售产品需及时标定，临用时配制。

⑤碳酸氢钠溶液（50g/L）：称取 5g 碳酸氢钠，用水溶解并稀释至 100mL，混匀。

⑥硫酸锌溶液（300g/L）：称取折合 30g 硫酸锌，溶于水并稀释至 100mL，混匀。

⑦亚铁氰化钾溶液（150g/L）：称取折合 15g 亚铁氰化钾，溶于水并稀释至 100mL，混匀。

⑧环己基氨基磺酸钠标准储备液（5.00mg/mL）：精确称取 0.5612g 环己基氨基磺酸钠标准品（纯度≥99%），加水溶解并定容至 100mL，此溶液 1.00mL 相当于环己基氨基磺酸 5.00mg。置于 1~4℃ 冰箱中保存，可保存 12 个月。

⑨环己基氨基磺酸钠标准中间液（1.00mg/mL）：准确移取 20.0mL 环己基氨基磺酸钠标准储备液用水稀释并定容至 100mL。置于 1~4℃ 冰箱中可保存 6 个月。

⑩环己基氨基磺酸钠标准曲线系列工作液：分别吸取标准中间液 0.50、1.0、2.5、5.0、10.0mL 至 50mL 容量瓶中，用水定容。该标准系列浓度分别为 10.0、20.0、50.0、100、200μg/mL。临用现配。

试验操作步骤：

①样品制备：取适量样品（一般为 5~10g），加入 50mL 蒸馏水，振荡混合 10min，静置沉淀 30min，过滤收集滤液备用。

②标准品制备：取环己基氨基磺酸钠标准品，按不同的浓度分别用水稀释，制备系列标准品。

③试样前处理：取 10mL 样品滤液，加入 2mL 6mol/L 盐酸，加 1.5g 次氯酸钠，30℃下反应 1h，转移至分离漏斗中，加入 10mL 正庚烷，振荡 5min，待分离后收集上层正庚烷层备用。

④色谱条件：

色谱柱：C_{18} 色谱柱，250mm×4.6mm，5μm。

流动相：甲醇—水（30∶70）。

流速：1mL/min。

柱温：25℃。

检测波长：280nm。

⑤色谱分析：取上述步骤 3 中的正庚烷层，用甲醇稀释，经过滤器过滤后注入色谱仪，根据保留时间定性，用外标法定量。

结果计算如下。

$$X = \frac{\rho \times V}{m \times 1000}$$

式中：X——试样中环己基氨基磺酸的含量，g/kg；

ρ——由标准曲线计算出试样定容溶液中环己基氨基磺酸的浓度，μg/mL；

V——试样的最后定容体积，mL；

m——试样的质量，g；

1000——由 μg/g 换算成 g/kg 的换算因子。

计算结果以重复性条件下获得的两次独立测定结果的算术平均值表示，结果保留三位有效数字。精密度要求在重复性条件下获得的两次独立测定结果的绝对差值不得超过算术平均值的 10%。

5.4.2.3　液相色谱法—质谱/质谱法

液相色谱法—质谱/质谱法适用于白酒、葡萄酒、黄酒、料酒中环己基氨基磺酸钠的测定。酒样经水浴加热除去乙醇后以水定容，用液相色谱法—质谱/质谱仪测定其中的环己基氨基磺酸钠，外标法定量。

仪器和设备：

①液相色谱—质谱/质谱仪：配有电喷雾（ESI）离子源。

②分析天平：感量 0.1mg、0.1g。

③恒温水浴锅。

试剂：

①甲醇：色谱纯。

②乙酸铵溶液（10mmol/L）：称取 0.78g 乙酸铵，用水溶解并稀释至1000mL，摇匀后经 0.2μm 水相滤膜过滤备用。

③环己基氨基磺酸钠标准储备液（5.00mg/mL）：精确称取 0.5612g 环己基氨基磺酸钠标准品（纯度≥99%），加水溶解并定容至 100mL，此溶液1.00mL 相当于环己基氨基磺酸 5.00mg。置于 1~4℃冰箱中可保存 12 个月。

④环己基氨基磺酸钠标准中间液（1.00mg/mL）：准确移取 20.0mL 环己基氨基磺酸钠标准储备液用水稀释并定容至 100mL。置于 1~4℃冰箱中可保存 6 个月。

⑤环己基氨基磺酸钠标准工作液（10μL/mL）用水将 1.00mL 标准中间液定容至 100mL。放置于 1~4℃代冰箱中可保存 1 周。

⑥环己基氨基磺酸钠标准曲线系列工作液：分别吸取适量体积的标准工作液，用水稀释，配制成浓度分别为 0.01、0.05、0.1、0.5、1.0、2.0μL/mL 的系列标准工作溶液，使用前配制。

试验操作步骤：

①准备酒样：取适量酒样加入水中至一定体积，放入恒温水浴锅中加热除去乙醇，然后用水定容至一定体积，混匀备用。

②准备标准品溶液：取适量环己基氨基磺酸钠标准品，用水稀释至一定浓度的标准品溶液。

③质谱条件设置：根据实验需要，设置液相色谱—质谱/质谱仪的质谱条件，包括离子源温度、离子源电压、碎片电压等。

④液相色谱条件设置：设置液相色谱柱和移动相的类型、流速、梯度等。

⑤样品预处理：取一定量的酒样加入内标溶液，混匀后用固相萃取柱进行净化和富集，得到样品提取液。

⑥进行质谱分析：将样品提取液注入液相色谱—质谱/质谱仪中，进行质谱分析。

⑦数据处理：根据质谱图进行峰面积或峰高积分，再根据标准曲线计算样品中环己基氨基磺酸钠的含量。

⑧结果判定：判断样品中环己基氨基磺酸钠的含量是否符合标准要求。

结果计算如下。

$$X = \frac{\rho \times V}{m}$$

式中：X——试样中环己基氨基磺酸的含量，g/kg；

ρ——由标准曲线计算出试样溶液中环己基氨基磺酸的浓度，μg/mL；

V——试样的定容体积，mL；

m——试样的质量，g。

计算结果以重复性条件下获得的两次独立测定结果的算术平均值表示，结果保留三位有效数字。精密度要求在重复性条件下获得的两次独立测定结果的绝对差值不得超过算术平均值的 10%。

5.4.3　乙酰磺胺酸钾检测

此方法（GB/T 5009.140—2003）适用于汽水、可乐型饮料、果汁、果茶等食品中乙酰磺胺酸钾的测定，也适用于糖精钠的测定。检出限：乙酰磺胺酸钾、糖精钠各为 4μg/mL（g）。线性范围：乙酰磺胺酸钾、糖精钠各为 4~20μg/mL。

原理：样品中乙酰磺胺酸钾、糖精钠经高效液相反相 C_{18} 柱分离后，以保留时间定性，峰高或峰面积定量。

仪器及设备：

①高效液相色谱仪。

②超声清洗仪（溶剂脱气用）；离心机；抽滤瓶；G3 耐酸漏斗；微孔滤膜（0.45μm）。

③层析柱，可用 10mL 注射器筒代替，内装 3cm 高的中性氧化铝。

试剂：

①甲醇；乙腈；10%硫酸溶液；中性氧化铝：层析用，100~200 目。

②0.02mol/L 硫酸铵溶液称取硫酸铵 2.642g，加水溶解至 1000mL。

③乙酰磺胺酸钾、糖精钠标准储备液（1mg/mL）精密称取乙酰磺胺酸钾、糖精钠各 0.1000g，用流动相溶解后移入 100mL 容量瓶中，并用流动相稀释至刻度。

④乙酰磺胺酸钾、糖精钠标准使用液吸取乙酰磺胺酸钾、糖精钠标准储备液 2mL 于 50mL 容量瓶，加流动相至刻度，然后分别吸取此液 1、2、3、4、5mL 于 10mL 容量瓶中，各加流动相至刻度，即得各含乙酰磺胺酸钾、糖精钠 4、8、12、16、20μg/mL 的混合标准液系列。

⑤流动相 0.02mol/L 硫酸铵（740~800mL）+甲醇（170~150mL）+乙腈（90~50mL）+10%H_2SO_4（1mL）。

试验操作步骤：

样品制备：取适量样品，用 0.1mol/L 盐酸稀释至适宜浓度。如果样品中含有沉淀物，需要过滤或离心去除。

标准品制备：取适量乙酰磺胺酸钾和糖精钠标准品，分别用 0.1mol/L 盐酸稀释至适宜浓度。

色谱柱条件：使用高效液相色谱仪，装置反相 C_{18} 柱（4.6mm×250mm，5μm），柱温为 25℃，流动相为甲醇—水溶液（体积比为 8：92），流速为 1mL/min。

检测条件：使用紫外检测器，检测波长为 220nm。

样品进样：用微量注射器将样品注入液相色谱仪中，每次进样量为 20μL。

外标法定量：根据标准曲线，计算出样品中乙酰磺胺酸钾和糖精钠的含量。

检查结果：比较检测结果与国家标准的规定限值，判断样品是否合格。

结果计算如下。

$$X = \frac{\rho \times V}{m}$$

式中：X——样品中乙酰磺胺酸钾、糖精钠的含量，mg/kg 或 mg/L；

　　　ρ——由标准曲线上查得进样液中乙酰磺胺酸钾、糖精钠的含量，

μg/mL；

V——样品稀释液总体积，mL；

m——样品质量或体积，g 或 mL。

计算结果保留两位有效数字。精密度要求在重复性条件下获得的两次独立测定结果的绝对差值不得超过算术平均值的 10%。

5.4.4　食品合成甜味剂检测的新技术

食品合成甜味剂是指合成的具有甜味的化学物质，常用于食品加工中作为替代糖分的甜味剂使用。目前，常用于食品中的合成甜味剂包括糖精钠、阿斯巴甜、三氯蔗糖、酸糖酯等。

检测食品中的合成甜味剂的新技术包括：

液相色谱法（HPLC）：利用液相色谱仪将样品中的合成甜味剂分离，通过检测它们在不同波长下的吸收峰来鉴定和定量。

气相色谱质谱联用法（GC-MS）：将样品中的合成甜味剂通过气相色谱分离，并通过质谱联用技术对其进行检测和鉴定。

基于表面增强拉曼散射（SERS）技术的检测方法：该技术利用表面增强效应增强样品的拉曼散射信号，提高检测灵敏度和准确性。

基于化学传感器的检测方法：该技术利用化学传感器对合成甜味剂的特异性反应，通过检测信号的变化来进行定量分析。

这些新技术的出现不仅提高了合成甜味剂的检测精度和速度，还能降低检测成本，并且适用于不同类型和形态的食品。

5.5　其他食品添加剂检测

5.5.1　食品漂白剂检测

食品漂白剂是指能够破坏或者抑制食品色泽形成因素，使其色泽褪去或者避免食品褐变的一类添加剂，其具有漂白、增白、防褐变的作用。食品中的漂白剂本身无营养价值，且对人体健康有一定的影响，在使用过程中要严格控制使用量。在低剂量下使用食品漂白剂是安全的，但使用过量会对人们的身体造成不同程度的伤害。

食品漂白剂根据其作用机理可分为氧化型漂白剂和还原型漂白剂两类。氧化型漂白剂是通过本身强烈的氧化作用使着色物质被氧化破坏，从而达到漂白目的，如过氧化氢、过硫酸铵、过氧化苯甲酰、二氧化氯等。还原型漂白剂是通过还原作用发挥漂白作用，如亚硫酸钠、亚硫酸氢钠、低亚硫酸钠、无水亚硫酸钾、焦亚硫酸钾。氧化型漂白剂的作用较强，会破坏食品中的营养成分，残留也较多。还原型漂白剂的作用比较缓和，但是被它漂白的色素一旦再被氧化，可能重新显色，如亚硫酸及其盐类。

还原型漂白剂的检测方法有盐酸副玫瑰苯胺比色法、滴定法、碘量法、极谱法和高效液相色谱法等；氧化型漂白剂的检测方法有滴定法、比色定量法、高效液相色谱法和极谱法等。

5.5.1.1　滴定法测二氧化硫

在密闭容器中对样品进行酸化并加热蒸馏，蒸出物用乙酸铅溶液吸收。吸收后的溶液用浓盐酸酸化，再用碘标准溶液滴定，根据所消耗的碘标准溶液量计算试样中二氧化硫的含量。

适用于果脯、干菜、米粉类、粉条、砂糖、食用菌和葡萄酒等食品中总二氧化硫的测定。

仪器：全玻璃蒸馏器；碘量瓶；酸式滴定管；剪切式粉碎机。

试剂：

①色谱柱：弱极性石英毛细管柱（内涂 5% 苯基甲基聚硅氧烷，30m×0.53mm×1.0μm）或等效柱。

②柱温升温程序：初温 55℃ 保持 3min，10℃/min 升温至 90T；保持 0.5min，20℃/min 升温至 200℃ 保持 3min。

③进样口：温度230℃；进样量1μL，不分流/分流进样，分流比 1∶5（分流比及方式可根据色谱仪器条件调整）。

④检测器：氢火焰离子化检测器（FID），温度260℃。

⑤载气：高纯氮气，流量 12.0mL/min，尾吹 20mL/min。

⑥氢气：30mL/min；空气 330mL/min（载气、氢气、空气流量大小可根据仪器条件进行调整）。

操作步骤：

样品制备：取适量样品，加入少量水，将样品放入剪切式粉碎机中，研磨成细粉末，备用。

酸化蒸馏：将样品加入密闭容器中，加入酸化剂（硫酸），加热蒸馏，将蒸馏出的二氧化硫气体吸收到乙酸铅溶液中。

盐酸酸化：将乙酸铅溶液转移至酸式滴定管中，加入浓盐酸酸化。

碘滴定：用已知浓度的碘标准溶液滴定，直至产生深蓝色终点。记录所消耗的碘标准溶液体积。

计算结果：根据所消耗的碘标准溶液体积，计算出试样中二氧化硫的含量。根据所使用的标准溶液的浓度和反应方程式进行计算。

色谱分析：对于需要进一步定性或定量的样品，可以采用气相色谱法进行分析。根据操作步骤中所述的柱、检测器和进样口等条件，进行样品处理和分析。

结果计算如下。

样品中二氧化硫的含量计算：

$$X = \frac{V_1 - V_2 \times 0.01 \times 0.032 \times 1000}{m}$$

式中：X——样品中二氧化硫的总含量，g/kg；

V_1——滴定样品所用碘标准溶液的体积，mL；

V_2——滴定试剂空白所用碘标准溶液的体积，mL；

m——样品的质量，g；

0.01——标准溶液的浓度，mol/L；

0.032——与 1L 碘标准溶液相当的二氧化硫的质量，g/mmol。

5.5.1.2 盐酸副玫瑰苯胺法测亚硫酸盐

亚硫酸盐或二氧化硫，与四氯汞钠反应生成稳定的络合物，再与甲醛及盐酸恩波副品红反应生成紫红色物质，其色泽深浅与亚硫酸的含量成正比，可比色测定。

仪器：分光亮度计。

试剂：

①四氯汞钠吸收液：称取 27.2g 氯化汞及 11.9g 氯化钠，溶于水并定容至 1000mL，放置过夜，过滤后备用。

②12g/L 氨基磺酸胺溶液。

③2g/L 甲醛溶液。

④淀粉指示剂：称取 1g 可溶性淀粉，用少许水调成糊状，缓缓倾入 100mL 沸水中，随加随搅拌，煮沸，放冷，备用（临用时配制）。

⑤亚铁氰化钾溶液。

⑥乙酸锌溶液：称取 22g 乙酸锌溶于少量水中，加入 3mL 冰醋酸，用水定容至 100mL。

⑦盐酸恩波副品红溶液：称取 0.1g 盐酸恩波副品红于研钵中，加少量水研磨，使溶解，并定容至 100mL，取出 20mL 置于 100mL 容量瓶中，加 6mol/L 盐酸，充分摇匀后，使溶液由红变黄，如不变黄再滴加少量盐酸至出现黄色，用水定容至 100mL 混匀备用（若无盐酸恩波副品红，可用碱性品红代替）。

⑧0.1mol/L 碘溶液。

⑨0.1000mol/L 硫代硫酸钠标准溶液。

⑩二氧化硫标准溶液：称取 0.5g 亚硫酸氢钠，溶于 200mL 四氯汞钠吸收液中，放置过夜，上清液用定量滤纸过滤备用。

⑪二氧化硫标准使用液：取二氧化硫标准液，用四氯汞钠吸收液稀释成 2mg/mL 二氧化硫溶液，临用时配制。

⑫0.5mol/L 氢氧化钠溶液。

⑬0.25mol/L 硫酸溶液。

操作步骤：

标准曲线的绘制：用二氧化硫标准溶液按一定浓度系列稀释，分别加入四氯汞钠吸收液中，进行反应，得到不同浓度的络合物。用比色法测其吸光度，绘制标准曲线。

样品制备：取适量样品，加入适量的水，在室温下充分搅拌，静置 20 分钟，离心分离上清液，过滤后即可使用。

进行反应：取一定体积的四氯汞钠吸收液，加入甲醛和盐酸恩波副品红溶液，形成反应液。然后，加入适量的样品和氨基磺酸胺溶液，摇匀，静置 5 分钟。最后，加入淀粉指示剂，用亚铁氰化钾溶液滴定至出现蓝色终点。

计算结果分析。

样品中二氧化硫的含量计算：

$$X = \frac{A}{m \times \frac{V}{100} \times 1000}$$

式中：X——样品中二氧化硫的总含量，g/kg；

  V——测定用样液的体积，mL；

  A——测定用样液中二氧化硫的质量，μg；

  m——样品的质量，g。

5.5.1.3 钛盐比色法测过氧化氢

过氧化氢在酸性溶液中，与钛离子生成稳定的橙色过氧化物——钛络合物，在 430nm 波长下，吸亮度与样品中过氧化氢的含量成正比，可用比色法测定样品中过氧化氢的含量。

仪器：天平，感量为 0.01g；高速捣碎机；分光光度计。

试剂：

①0.100mol/L 高锰酸钾标准溶液。

②2g/mL 过氧化氢标准使用液。

③1mol/L 盐酸：量取 90mL 盐酸，加入 1000mL 水中。

④硫酸（1+4）：量取 10mL 硫酸，加入 40mL 水中。

⑤钛溶液：称取 1.00g 二氧化钛、4.00g 硫酸铵于 250mL 锥形瓶中，加入 100mL 浓硫酸，上面放置一个小漏斗，置于可控温电热套中 150℃保温 15~16h，冷却后以 400mL 水稀释，最后用滤纸过滤，清液备用。

样品中过氧化氢的含量计算：

$$X = \frac{c \times V_1 \times B}{m \times V_2}$$

式中：X——样品中过氧化氢的含量，mg/kg；

  c——试样测定液中过氧化氢的质量，μg；

  V_1——试样处理液的体积，mL；

  V_2——测定用样液的体积，mL；

  B——样品稀释倍数；

  m——样品的质量，g。

5.5.2 食品着色剂检测

食品着色剂又称为食用色素，是以食品着色为目的的一类食品添加剂。食品的颜色是食品感官质量的重要指标之一，食品具有鲜艳的色泽不仅可以提高食品的感官质量，给人以美的享受，还可以增进食欲。在一定的使用量的范围内使用着色剂对人体没有伤害。但是若食品着色剂添加超标，长期或者一次性大量食用可能给人体内脏带来损害甚至致癌。

食品着色剂按其来源和性质可分为食品合成着色剂和食品天然着色剂；按着色剂的溶解性可分为脂溶性着色剂和水溶性着色剂。与天然着色剂相比，合成着色剂颜色更加鲜艳，不易褪色，且价格较低。人工合成着色剂是从煤焦油中制取，或以苯、甲苯、萘等芳香烃化合物为原料合成制得，因此，又被称为煤焦油色素或苯胺色素，这类色素多属偶氮化合物，在体内进行转化可形成芳香胺，芳香胺在体内经 N—羟化和酯化可转变为易与生物大分子亲核中心结合的致癌物，因而具有致癌性。另外，人工合成色素在合成过程中可能会因原料不纯而受到有害物质（如铅、砷等）的污染。

5.5.2.1　高效液相色谱法测合成着色剂

这个方法适用于饮料、配制酒、硬糖、蜜饯、淀粉软糖、巧克力豆及着色糖衣制品中合成着色剂（不含铝色锭）的测定。

原理：食品中人工合成着色剂用聚酰胺吸附法或液—液分配法提取，制成水溶液，注入高效液相色谱仪，经反相色谱分离，根据保留时间定性和与峰面积比较进行定量。

仪器和设备：

①高效液相色谱仪，带二极管阵列或紫外检测器。

②天平：感量为 0.001g 和 0.0001g。

③恒温水浴锅。

④G3 垂融漏斗。

试剂和材料：

（1）试剂：

①甲醇：色谱纯。

②正己烷。

③盐酸。

④冰醋酸。

⑤甲酸。

⑥乙酸铵。

⑦柠檬酸。

⑧硫酸钠。

⑨正丁醇。

⑩三正辛胺。

⑪无水乙醇。

⑫氨水：含量 20%～25%。

⑬聚酰胺粉：过 200μm（目）筛。

（2）试剂配制：

①乙酸铵溶液（0.02mol/L）：称取 1.54g 乙酸铵，加水至 1000mL，溶解，经 0.45μm 微孔滤膜过滤。

②氨水溶液：量取氨水 2mL，加水至 100mL，混匀。

③甲醇—甲酸溶液（6+4，体积比）：量取甲醇 60mL，甲酸 40mL，混匀。

④柠檬酸溶液：称取 20g 柠檬酸，加水至 100mL，溶解混匀。

⑤无水乙醇—氨水—水溶液（7+2+1，体积比）：量取无水乙醇 70mL、氨水溶液 20mL、水 10mL，混匀。

⑥三正辛胺—正丁醇溶液（5%）：量取三正辛胺 5mL，加正丁醇至 100mL，混匀。

⑦饱和硫酸钠溶液。

⑧pH 6 的水：水加柠檬酸溶液调 pH 到 6。

⑨pH 4 的水：水加柠檬酸溶液调 pH 到 4。

（3）标准品

①柠檬黄。

②新红。

③苋菜红。

④胭脂红。

⑤日落黄。

⑥亮蓝。

⑦赤藓红。

（4）标准溶液配制：

①合成着色剂标准储备液（1mg/mL）：准确称取按其纯度折算为 100% 质量的柠檬黄、日落黄、苋菜红、胭脂红、新红、赤藓红、亮蓝各 0.1g（精

确至 0.0001g），置于 100mL 容量瓶中，加 pH 6 的水到刻度。配成水溶液（1.00mg/mL）。

②合成着色剂标准使用液（50μg/mL）：临用时将标准储备液加水稀释 20 倍，经 0.45μm 微孔滤膜过滤。配成每毫升相当 50.0μg 的合成着色剂。

操作步骤：

样品制备：取适量样品，粉碎后过筛，称取 1g，加入 50mL 甲醇中，超声处理 15 分钟，离心 10 分钟，取上清液备用。

色谱条件设置：采用 C_{18} 反相色谱柱，流动相为甲酸水和乙腈的混合物，梯度洗脱。色谱条件：柱温 30℃，流速 1.0mL/min，检测波长为 254nm。

建立标准曲线：分别称取不同浓度的标准品，制成标准溶液，注入色谱仪，记录峰面积，建立峰面积与浓度的标准曲线。

样品检测：将样品注入色谱仪，记录峰面积，并根据标准曲线计算样品中合成着色剂的含量。

试样中着色剂含量计算：

$$X = \frac{c \times V}{m \times 1000}$$

式中：X——试样中着色剂的含量，g/kg；

$\quad\quad c$——进样液中着色剂的浓度，μg/mL；

$\quad\quad V$——试样稀释总体积，mL；

$\quad\quad m$——试样的质量，g；

$\quad$1000——换算系数。

5.5.2.2 纸色谱法测食品中诱惑红

诱惑红在酸性条件下被聚酰胺粉吸附，而在碱性条件下解吸附，再用纸色谱法进行分离后，与标准比较定性、定量。主要适用于汽水、硬糖、糕点、冰淇淋中诱惑红的测定。

仪器和设备：

①可见分光光度计。

②电子天平：感量为 0.001g 和 0.0001g。

③微量注射器：10μL、50μL。

④展开槽。

⑤电吹风机。

⑥离心机。

⑦恒温水浴锅。

试剂和材料如下。

试剂：

①甲醇。

②石油醚：沸程 30~60℃。

③硫酸：优级纯。

④乙醇。

⑤氨水：含量 20%~25%。

⑥柠檬酸。

⑦钨酸钠。

⑧丁酮。

⑨枸橼酸钠。

⑩正丁醇。

⑪海砂。

⑫甲酸。

试剂配制：

①硫酸溶液（10%，体积分数）：将 1mL 硫酸缓慢加入至 8mL 水中，混匀，冷却，用水定容至 10mL，混匀。

②乙醇—氨溶液：取 2mL 的氨水，加 70%（体积分数）乙醇至 100mL。

③乙醇溶液（50%，体积分数）：量取 50mL 无水乙醇与 50mL 水混匀。

④柠檬酸溶液（200g/L）：称取 20g 柠檬酸，加水至 100mL，溶解混匀。

⑤钨酸钠溶液（100g/L）：称取 10g 钨酸钠，加水至 100mL，溶解混匀。

⑥氨水溶液（1%，体积分数）：量取 1mL 氨水，加水至 100mL，混匀。

⑦柠檬酸钠溶液（2.5%，体积分数）：称取 2.5g 柠檬酸，加水至 100mL，溶解混匀。

⑧甲醇—甲酸溶液（6∶4，体积分数）：量取甲醇 60mL，甲酸 40mL，混匀。

⑨展开剂 1：丁酮+丙醇+水+氨水（7+3+3+0.5）。

⑩展开剂 2：正丁醇+无水乙醇+1%氨水溶液（6+2+3）。

⑪展开剂 3：2.5%柠檬酸钠+氨水+乙醇（8+1+2）。

标准品：诱惑红。

标准溶液配制：

①诱惑红标准储备液配制：准确称取诱惑红 0.025g（精确到 0.0001g，按诱惑红实际纯度折算为纯品后的质量），用水溶解并定容至 25mL，诱惑红浓度为 1.0mg/mL。

②诱惑红标准使用液（0.1mg/mL）：吸取诱惑红的标准储备液 5.0mL 于 50mL 容量瓶中，加水稀释到 50mL。

操作步骤如下。

样品制备：取 10g 样品，加入 50mL 甲醇超声振荡 10min，滤去沉淀，取上清液备用。

制备标准曲线：称取诱惑红标准品 0.1g，加入 10mL 0.1mol/L 盐酸中，加热水浴至溶解，移入 100mL 量筒中，用 0.1mol/L 盐酸定容，得到 0.001mg/mL 的诱惑红标准溶液，以该溶液制备一系列浓度的标准溶液。

纸色谱分离：在纸上滴上标准溶液和待测样品，分别用纯甲醇和氢氧化钠溶液进行展开，用电吹风干燥，再用 365nm 紫外灯观察和比较。

定量分析：将纸色谱上的斑点剪下，加入 10mL 甲醇超声振荡 10min，离心沉淀，取上清液，用可见分光光度计在 520nm 处进行测定，并与标准曲线比较定量。

试样中诱惑红含量计算：

$$X = \frac{A \times 1000}{m \times \dfrac{V_2}{V_1} \times 1000}$$

式中：X——试样中诱惑红的含量，g/kg；

A——测定用样品中诱惑红的含量，mg；

V_1——样品解吸后总体积，mL；

V_2——样品纸层析用体积，mL；

m——试样的质量，g；

1000——换算系数。

第6章 食品有害与有毒成分检测技术

减少食物中有毒、有害成分残留，保障食品的质量与安全是食物生产及食品加工行业的重要任务之一。要减少食物中有毒、有害成分的残留就必须了解有害成分在食物中的存在状态、理化性质及代谢途径和影响其残留量的因素。只有这样才能在食品生产及食品加工过程中有的放矢，提高食品的质量与安全。

6.1 食品中内源性毒素检测

6.1.1 棉酚检测

棉酚是锦葵科植物棉花的根、茎和种子所含的一种黄色多元酚类有毒化合物。棉酚在棉花中的存在形式可分为游离型和结合型，两者之和即为总棉酚。棉酚在棉籽中含量为 0.15%～1.8%，其中棉壳中含 0.005%～0.01%，棉仁中含 0.5%～2.5%。一般产生有害性的是游离棉酚，所以世界卫生组织（WHO）、联合国粮农组织（FAO）、联合国儿童基金会（UNICEF）规定供人食用的棉籽蛋白制品中游离棉酚（FGP）的含量不得超过 0.06%，总棉酚（TGP）不得超过 1.2%。如人长期食用含有超标棉酚的棉籽蛋白食品，会产生一系列积蓄性中毒反应。中毒症状为皮肤和胃灼烧、恶心、呕吐、腹泻、头痛，危急时下肢麻痹、昏迷、抽搐、便血，乃至因呼吸、循环系统衰竭而死亡等。

食品及饲料中棉酚的测定方法主要有可见分光光度法、紫外分光光度法和高压液相色谱法等。下面介绍 GB/T 17334—1998 用 HPLC 测定食品中游离棉酚的方法。

检测原理。将食品中的游离棉酚用有机溶液提取后，溶于无水乙醇中，用 C_{18} 柱将棉酚与杂质分开，在 235nm 处测定。用色谱峰的保留时间定性，外标法定量。

其中，主要试剂及仪器：无水乙醇、无水乙醚、棉酚、磷酸均为分析纯，甲醇为 HPLC 色谱纯，普通氮气。Agilent 1000 高效液相色谱仪，KD-浓缩仪，离心机，100μL 微量注射器，Micropark-C_{18}（250mm，6mm）不锈钢色谱柱。

注意事项：

①对油溶性样品用无水乙醇提取其中的游离棉酚，对水溶性产品则用无水乙醚提取。

②棉酚提取液及流动相均用 0.45μm 或 0.2μm 的微孔滤膜过滤。

6.1.2 河豚毒素检测

河豚毒素是豚毒鱼类中的一种神经毒素，为氨基全氢喹唑啉型化合物，分子 SCuH1708N3，相对分子质量 319.27。TTX 是一种毒性极强的天然毒素，经腹腔注射对小鼠的 LD% 影响为 8.7jxg/kg，其毒性是氰化钠的 1000 多倍。TTX 除在豚毒鱼类中广泛存在外，在两栖动物、软体动物、棘皮动物及甲壳动物等近百种动物中也广泛存在。TTX 作为一种钠离子通道阻断剂具有镇痛和解毒等生理功能。TTX 主要分布于河豚鱼的肝脏、卵巢、血液和皮肤中。肌肉一般视为无毒，如果鱼体死后时间较长，内脏和血液中的毒素将会慢慢渗入肌肉中，引起中毒。河豚毒素的毒力单位一般以鼠单位（MU）表示，即在 30min 内杀死一只 20g 左右的雄性 ddy 小鼠的毒素量，根据每克河豚组织中所含毒素的多少，可将河豚组织的毒力分成四个等级：20000MU 以上称为"猛毒"或"剧毒"；2000~20000MU 为"强毒"；200~2000MU 为"弱毒"；100MU 以下为"无毒"。据测定，在产卵期间，红鳍圆豚肝脏的毒力为 $24×10^6MU$，紫圆豚肝脏的毒力为 $65×10^6MU$，毒性剧烈。

TTX 的检测方法主要有小鼠单位法、荧光分光光度法、高压液相色谱法（HPLC）、酶联免疫吸附法（EUSA）、毛细管电泳法（CE）和液相色谱—荧光检测法等。荧光分光光度法定量测定 TTX 的原理是，TTX 在碱性条件下水解后生成 2-氨基-6 羟甲基-8-羟基喹唑啉（简称 C_9 碱），该物质在 370nm 光激发下，在 495nm 处有最大发射波长，通过检测该物质的荧光强度实现

TTX 的定量。该方法的检出限为 0.34~10.0mg/L。除 N,N-二甲酰胺可轻度增强荧光外，其他多种试剂对反应均无影响。EUSA 法检出限低，可达到 0.01mg/L，但需要制备抗 TTX 的特异性单克隆抗体（McAb）。下面介绍液相色谱—荧光检测法（GB/T 23217—2008）定量测定 TTX。该方法适用于河豚鱼、织纹螺、虾、牡蛎、花蛤、鱿鱼中河豚毒素的测定与确证。本标准方法的检出限为 0.05mg/kg。

检测原理。液相色谱—荧光检测法原理是样品中 TTX 经酸性甲醇提取浓缩后，再经过 C_{18} 固相萃取小柱净化，液相色谱柱后衍生，然后用荧光检测器测定，外标法定量。在定量前，本方法还需液相色谱—串联质谱法验证。

主要试剂与仪器如下：

6.1.2.1 试剂

甲醇、乙酸、甲酸为色谱纯，其他试剂为分析纯。乙酸铵缓冲液：称取 4.6g 乙酸铵和 2.02g 庚烷磺酸钠，加入约 700mL 水溶解，用乙酸调节 pH 为 5.0，以水稀释至 1.0L。

4.0mol/L 氢氧化钠溶液：称取 160g 氢氧化钠，用水溶解并稀释至 1.0L。河脉毒素标准物质（tetrodotoxin，分子式 $C_{11}H_{17}N_3O_8$，CAS 4368-28-9）：纯度≥98%。

标准储备液（100mg/L）：准确称取河豚毒素 10.0mg，用少量水溶解后用甲醇定容至 100mL，该标准储备液置于 4℃冰箱中保存。标准工作液：需要取适量标准储备液，用 0.1%甲酸水溶液+甲醇（9+1，体积比）稀释成适当浓度的标准工作液。标准工作液当天现配。基质标准工作液：用空白基质溶液配制适当浓度的标准工作液。基质标准工作液要当天配制。

6.1.2.2 仪器与设备

C_{18} 固相萃取柱（500mg/3mL）：用前依次用 3mL 甲醇、3mL 1%乙酸溶液活化，保持柱体湿润，滤膜（0.2μn）及 1mL 离心超滤管（截留相对分子质量为 3000），涡旋振荡器、超声波发生器、减压浓缩装置、固相萃取装置、真空泵（真空度应达到 80kPa）、离心机（转速达 4000r/min 及 13000r/min，配有酶标转子）、冷冻高速离心机（转速达到 18000r/min，可制冷 4℃）。

液相色谱仪（带有荧光检测器与柱后衍生装置）。

值得注意的是，样品操作过程中应防止样品受到污染和发生残留物含量的变化。由于河豚毒素为剧毒物质，对于可能含有河豚毒素的产品，应避免直接接触或误食，相关的器皿和器具可以采用4%碳酸钠溶液浸泡加热去毒处理。实验完成后，剩余的实验材料要妥善处理，以免造成中毒。

6.1.2.3 试验操作步骤

（1）标准曲线制备

取0.1%甲酸水和甲醇（9∶1，体积比）混合，用河豚毒素标准物质配制出不同浓度的标准工作液，分别注入固相萃取柱，经离心后用高效液相色谱法测定各浓度下的峰面积，并绘制标准曲线。

（2）样品制备

取适量样品，加入4倍体积的0.1%甲酸水溶液，用超声波水浴处理10分钟，再离心，取上清液做进一步处理。

（3）固相萃取

取C_{18}固相萃取柱，活化后用离心管滤膜过滤上清液，将上清液加入柱中，然后用1%甲酸水和甲醇（4∶6，体积比）洗脱柱上吸附的河豚毒素，收集洗脱液。

（4）浓缩

用减压浓缩装置将洗脱液浓缩至小体积，再用0.5mL甲醇将样品溶解后过滤。

（5）高效液相色谱测定

将样品放进样器中，经固相萃取柱分离后，用高效液相色谱仪进行分析，以河豚毒素标准工作液制备的标准曲线定量，得出样品中河豚毒素的含量。

注：实验操作前，需要进行空白对照，以保证结果的准确性。

6.1.3 蔬菜中硫代葡萄糖苷检测

硫代葡萄糖苷是广泛存在于油菜、甘蓝、芥菜及萝卜等十字花科植物中的一类含硫次级代谢产物。目前已鉴定出的天然硫代葡萄糖苷有100多种。GS在组成上都有一个相同的母体，区别则在于支链R的结构不同。根据R基团的结构特征，可将硫苷分为三大类：脂肪族（第一类）、芳香族（第二类）和吲哚型（第三类）。

　　GS 本身是一稳定的化合物，但在芥子酶和胃肠道中的细菌酶的催化作用下，会发生降解并生成多种降解产物。硫苷与芥子酶共存于植物体内，当植物的器官受损或对植物加工时它们相接触导致硫苷降解。硫苷和它的降解产物都具有活跃的生物、化学特性。例如，在食品中赋予产品特殊的风味，从而影响食物的适口性。如芥末、辣根的辛辣味、雪菜的雪菜味等。GS 的降解产物如 5-乙烯基噁唑硫酮（OZT）及硫氰酸盐等，这些降解产物能抑制甲状腺素的合成和对碘的吸收，从而引起甲状腺肿大。

　　GS 的测定方法有高效液相色谱（HPLC）法和比色法。HPLC 法主要用沸腾的甲醇溶液提取样品中的硫代葡萄糖苷，并将提取的 GS 溶液用离子交换柱进行预处理，然后用配备紫外检测器的反相高效液相色谱（RP-HPLC）仪测定。在此方法中，选用了硫代葡萄糖苷类化合物中的一种，即带有一个结晶水的黑芥子硫苷酸钾（相对分子质量 415.49）作为定量分析的内标物。经过多个国际权威实验室的协同试验，共同确定了 16 种以上硫代葡萄糖苷类化合物的仪器保留时间，将色谱图上各类硫代葡萄糖苷的峰面积根据内标物峰面积校正，计算得到其单独含量，累加得到硫代葡萄糖苷类化合物的总量，均以 μmol/g 为单位。该方法已于 1992 年被确认为国际标准（ISO），目前是加拿大谷物委员会（CGC）谷物研究实验室（GRL）出具加拿大双低油菜籽年度质量分析报告时所使用的基准方法。这种方法的优点是能对蔬菜样品中的各种 GS 进行定性和定量分析。

　　高效液相色谱法是目前报道较多的测定方法。如我国农业部规定的油菜籽中硫代葡萄糖苷含量的方法（NT/T 1582—2007）。例如，高效液相色谱法测定 GS 总量的方法。其检测原理是用甲醇—水溶液，提取硫代葡萄糖苷，然后在阴离子交换树脂上纯化并酶解脱去硫酸根，再经反相 C_{18} 柱分离，由紫外检测器检测硫代葡萄糖苷，内标法定量。

6.1.4　其他检测

6.1.4.1　马铃薯中龙葵碱

　　龙葵碱又叫茄碱、龙葵毒素、马铃薯毒素，是由葡萄糖残基和茄啶形成的一种弱碱性糖苷。龙葵碱广泛存在于马铃薯、番茄及茄子等茄科植物中。龙葵碱在马铃薯中的含量一般在 0.005%～0.01%，马铃薯发芽后，其幼芽和芽眼部分含量可达 0.3% ~ 0.5%。龙葵碱对胃肠道黏膜有较强的刺激作用，对中枢神经也有一定的麻醉作用，是马铃薯能引起食物中毒的主要因素。

例如比色法测定龙葵碱的方法。其检测原理是：龙葵碱不溶于水、乙醚及氯仿，但能溶于乙醇。利用乙醇提取马铃薯中的龙葵碱，提取的龙葵碱在稀硫酸中与甲醛作用生成橙红色化合物，在一定浓度范围内，颜色的深浅与龙葵碱的浓度成正比。主要试剂及仪器：95% 乙醇、冰乙酸、硫酸、甲醛、龙葵碱标准品、浓氨水；匀浆器、离心机、旋转蒸发器、721 分光光度计。

6.1.4.2　苦杏仁中苦杏仁苷含量

氰苷是由腈醇（α-羟基腈）上的羟基和 D-葡萄糖缩合而成的 β-糖苷衍生物。氰苷广泛存在于豆科、蔷薇科、禾本科等的 100 多种植物中。含有氰苷的食源性植物有木薯、豆类和一些果树的种子如杏仁、桃仁、亚麻仁等。另外，一些鱼类如青鱼、草鱼、鲢鱼等的胆汁中也含有氰苷。常见的氰苷有苦杏仁苷（amygdalin）、亚麻苦背（linamarin）、高粱苦苷（dhurrin）等。氰苷能通过生氰作用而产生毒性很强的氰氢酸（HCN），从而造成对人体的危害。

其检测原理：氰化物在酸性条件下被蒸出吸收于碱性溶液中。在 pH 7.0 的溶液中，用氯胺 T 将氰化物转变为氯化氢，再与异烟酸—吡唑酮作用生成蓝色，与标准系列进行比较定量。

其主要试剂及仪器：试银灵（对二甲氨基亚苄罗丹宁）、丙酮、异烟酸、氢氧化钠、吡唑酮、N-二甲基甲酰胺、氰化钾、乙酸锌、酒石酸、乙酸、氯胺 T，均为分析纯。蒸馏装置、721 分光光度计。

6.1.4.3　生物胺含量检测

生物胺是一类具有生物活性的含氮有机化合物的总称，主要是氨基酸脱羧酶对游离氨基酸脱羧反应的产物。生物胺在食品中广泛分布，常见的有组胺、酪胺、腐胺、尸胺、精胺、亚精胺、色胺和苯乙胺等，其中，水产品中的生物胺含量尤其高。当人体摄入过量生物胺，会导致脸红、呕吐、呼吸加快、支气管痉挛、头痛以及高血压等中毒症状，尸胺、腐胺、精胺和亚精胺等生物胺还会与亚硝酸盐反应生成致癌物亚硝胺。

由于生物胺本身无紫外吸收，所以采用丹磺酰氯对食品中常见的八种生物胺先进行衍生，用高效液相色谱法测定。

其检测原理：食品中的生物胺用酸性介质提取后，通过缓冲液调整为碱性体系，使用丹磺酰氯进行柱前衍生，再通过高效液相色谱进行分离和测定，与标准系列比较定量。其主要试剂与仪器：丹磺酰氯、高氯酸、正庚烷、碳酸钠、碳酸氢钠、碳酸钾、色谱级甲醇、超纯水、生物胺标准品。高效液相色谱仪、氮吹仪、色谱柱。

6.1.4.4　过敏原

食品过敏是由于摄入一种或多种含有过敏原的食物而引起的以免疫损伤为主要表现形式的免疫应答。其主要表现形式为皮肤反应（荨麻疹、血管性水肿、湿疹），呼吸症状（哮喘、鼻炎），肠胃症状（呕吐、腹泻、肠胃痉挛），系统反应（心血管症状包括过敏性休克）等。在过去的几十年中，食品过敏的发病率和流行情况日益增加，食品过敏现已成为一个新兴的公众性健康问题。随着世界食品贸易的发展，人们生活习惯的改变，饮食面的快速拓宽，特别是转基因食品的大量涌现，过敏症状趋于多样化、复杂化和严重化。

据联合国粮农组织报告，在引起人们过敏的食物中，超过 90% 的食物过敏是由八大类主要的食物引起的，这八大类食物主要包括牛乳及乳制品、鸡蛋及蛋制品、鱼及鱼制品、甲壳类及制品、花生、大豆、坚果、谷物及其制品。目前还没有治疗食物过敏的有效的方法，唯一有效的方式是避免食用和接触能够引起过敏的食物。因此，对食品过敏原的检测与分析就是一个极其重要的问题。

食物过敏原的检测方法主要有酶联免疫法（ELISA）、火箭免疫电泳（rocket immune-electrophoresis，RIEP）、PCR 法、组胺释放试验及过敏原指纹图谱快速检测方法等。例如，酶联免疫的分析方法，其检测原理：食品试样中的过敏原采用磷酸盐缓冲液提取，提取液经离心后取上层清液，将一定量的上清液加入固定有过敏原多克隆抗体的酶标板中，孵育一段时间后，加入 HRP 标记的过敏原单克隆抗体，然后加入显色底物，用酶标仪进行定量测定。

6.1.5　食品中内源性毒素检测的新技术

目前，食品中内源性毒素的检测主要采用以下新技术。

高效液相色谱—串联质谱（HPLC-MS/MS）：该技术结合高效液相色谱

和串联质谱技术，能够快速、准确地检测多种内源性毒素，如黄曲霉毒素、赤霉烯酮等。此外，该技术还能够同时检测多种毒素，并且具有高灵敏度和高特异性。

免疫学方法：免疫学方法是指利用特异性抗体对目标分子进行检测的方法。针对某些内源性毒素，如霉菌毒素等，已经开发出一些特异性的抗体，可以用于免疫学检测。该方法操作简单、快速，且具有较高的灵敏度和特异性。

生物传感器技术：生物传感器技术是指利用生物体内的生物分子（如酶、细胞等）对目标物质进行检测的技术。近年来，已经开发出一些针对内源性毒素的生物传感器，能够实现快速、灵敏、特异的检测。

电化学检测技术：电化学检测技术是指利用电化学传感器对目标物质进行检测的技术。针对某些内源性毒素，已经开发出一些电化学传感器，能够实现快速、准确的检测。

总之，随着科技不断发展，食品中内源性毒素的检测技术也不断更新迭代，以提高检测的灵敏度、准确度和速度，保障人们的食品安全。

6.2 食品中有毒微生物污染物检测

6.2.1 黄曲霉毒素检测

黄曲霉毒素（Aflatoxin，简称 AF）是黄曲霉和寄生曲霉的代谢产物。黄曲霉毒素是一组化学结构类似的化合物，目前已分离鉴定出 20 多种，主要是黄曲霉毒素 B_1、黄曲霉毒素 B_2、黄曲霉毒素 G_1、黄曲霉毒素 G_2 以及由黄曲霉毒素和黄曲霉毒素 B_2 在体内经过羟化而衍生成的代谢产物黄曲霉毒素 M_1、黄曲霉毒素 M_2 等。黄曲霉毒素的基本结构为二呋喃香豆素衍生物，在紫外光下，黄曲霉毒素 B_1、黄曲霉毒素 B_2 发蓝紫色荧光，黄曲霉毒素 G_1、黄曲霉毒素 G_2 发黄绿色荧光。黄曲霉毒素耐热，可溶于氯仿、甲醇、丙酮等有机溶剂，不溶于水、石油醚、己烷和乙醚。一般在中性及酸性溶液中较稳定，在 pH 9~10 的强碱性溶液中迅速分解。黄曲霉毒素 B_1 的分解温度为 268℃，紫外线对低浓度黄曲霉毒素有一定的破坏性。

由于黄曲霉毒素是一类毒性极强的剧毒物质，1993 年被世界卫生组织的癌症研究机构划定为Ⅰ类致癌物。黄曲霉毒素的危害性在于对人及动物肝脏组织有破坏作用，表现为肝细胞变性、坏死，最终导致器官严重损伤。

黄曲霉的最适产毒温度为 25~32℃。我国产生黄曲霉毒素的产毒菌株主要分布在华中、华南和华东地区，产毒量也较高，常常存在于动植物性食品，各种坚果，粮油及其制品，如花生、胡桃、杏仁、大豆、稻谷、玉米、调味品、乳制品、食用油等制品中也经常发现黄曲霉毒素。我国规定了食品中黄曲霉毒素的允许限量花生、玉米为 20μg/kg，乳及乳制品为 0.5μg/kg，豆类、发酵食品为 5μg/kg。

黄曲霉毒素的检测方法包括：薄层色谱法（TLC）、高效液相色谱法（HPLC）、微柱筛选法、酶联免疫吸附法（ELISA）、免疫亲和柱—荧光分光光度法、免疫亲和柱—HPLC 法等。本实验主要介绍免疫亲和柱—荧光分光光度法和免疫亲和柱净化—高效液相色谱法。

6.2.1.1　免疫亲和柱—荧光分光光度法

其检测原理：样品中的黄曲霉毒素用一定比例的甲醇—水提取，提取液经过过滤、稀释后，用免疫亲和柱分离净化，用甲醇将亲和柱上的黄曲霉毒素淋洗下来，在淋洗液中加入溴溶液衍生，以提高测定灵敏度，然后用荧光分光光度计进行定量测定。

主要试剂及仪器：真菌毒素专用荧光分析仪；黄曲霉毒素免疫亲和柱；0.03% 的溴溶液；荧光分析仪校准溶液：3.4g 二水硫酸奎宁，用 0.05mol/L 稀硫酸稀释至 100mL。氯化钠、甲醇（色谱级）、重蒸馏水、1.5μm 玻璃纤维滤纸。

实验步骤：

样品制备：将食品样品称取 1 克，加入 50mL 甲醇—水（80∶20，v/v）混合液中，振荡 5 分钟，过滤取上清液，再用甲醇将渣洗涤至 100mL，与上清液混合，调整 pH 至 7.0。

样品处理：将混合液用滤器过滤，再用免疫亲和柱进行净化。将洗脱液收集并置于离心管中，离心 5 分钟后取上清液。

荧光衍生：取 10mL 上清液，加入 1mL 0.03% 溴溶液，振荡混合后，放置 15 分钟。

荧光测定：将荧光衍生液移入荧光分析仪中，设置激发波长为 365 nm，检测波长为 445 nm，记录荧光强度。

结果计算：

将测定值代入标准曲线中，根据曲线求出样品中黄曲霉毒素的含量。

值得注意的是：

①溴衍生溶液需当天配制，当天使用，不可重复使用。

②严格操作样品处理过程。

③操作人员需戴口罩和手套进行样品处理，避免有毒有机溶剂毒害。

④一般来说，每个检测项目均应做平行试验和空白试验。

平行试验是采用相同的分析步骤，空白试验是除不加试样外，其他步骤同测定平行试验。

6.2.1.2 免疫亲和柱净化–高效液相色谱法

样品经过甲醇—水提取后，提取液经过滤、稀释后，滤液经过含有黄曲霉毒素特异抗体的免疫亲和层析柱层析净化，经高效液相色谱仪分离，荧光检测器柱后光化学衍生增强后，综合测定黄曲霉毒素 B_1、黄曲霉毒素 B_2、黄曲霉毒素 G_1、黄曲霉毒素 G_2 等含量。

试剂及配制方法：

黄曲霉毒素特异抗体免疫亲和层析柱：按照抗体制备的方法制备黄曲霉毒素特异抗体，并用活性糖基氧化法制备免疫亲和层析柱。

色谱柱填料：C_{18} 色谱柱（5μm，4.6mm×250mm）。

高效液相色谱试剂：乙腈（HPLC 级）、磷酸二氢钾、磷酸氢二钠、磷酸三钠、乙酸钠、乙酸乙酯、氯仿、正丁醇、乙酸甲酯。

光化学衍生剂：FMOC–Cl。

设备：高效液相色谱仪、荧光检测器、溶剂过滤器、注射器、微孔过滤膜、离心机、洗瓶、量筒、移液器、恒温振荡器、培养皿、pH 计、干燥器等。

实验步骤：

准备样品：取适量样品，加入甲醇—水提取液，振荡提取 1 小时，离心后将上清液过滤。

免疫亲和层析净化：将提取液滴加到已平衡的黄曲霉毒素特异抗体免疫亲和柱上，洗脱非特异性物质，再用 10%甲醇洗脱特异性物质。

高效液相色谱分离：将柱洗脱液转移至贮存瓶中，用乙腈：水 = 50：50

（v/v）溶解干燥后再用甲酸钠缓冲液调配至一定浓度，取适量注入色谱仪进行分离。

荧光检测及光化学衍生：采用荧光检测器检测，用 FMOC-Cl 作光化学衍生剂进行荧光增强。

结果和计算：

根据柱上标准品测定，建立样品中黄曲霉毒素的浓度标准曲线，得出样品中各种黄曲霉毒素的含量。

值得注意的是，黄曲霉毒素是高致癌性物质，应十分小心操作，使用过的玻璃容器及黄曲霉毒素溶液用 5% 浓度次氯酸钠溶液浸泡过夜。沾有黄曲霉毒素的废弃物按有毒物处理。

6.2.2　伏马毒素 B 检测

伏马毒素 B（Fumonisin，FB）是 1989 年发现的一种新型毒素，是串珠镰刀菌在一定温度和湿度条件下繁殖所产生的一类霉菌毒素。目前已知有 7 种衍生物，有伏马毒素 B_1、伏马毒素 B_2、伏马毒素 B_3 等，其中 60% 以上是伏马毒素 B_1，其毒性也最强。伏马毒素 B_1 为白色针状结晶，易溶于水。研究证实，伏马毒素可导致马产生白脑软化症（ELEM），神经性中毒而呈现意识障碍、失明和运动失调，甚至造成死亡；并被怀疑可诱发人类的食道癌等疾病，从而对畜牧业及人类的健康构成威胁。

玉米最易感染串珠镰刀菌，尤其在贮藏过程中水分在 18%~23% 时，最适宜串珠镰刀菌的生长和繁殖，导致玉米伏马毒素含量的增加，并由此产生人畜安全隐患。另外资料表明，在大米、面条、调味品、高粱、啤酒中也有较低浓度的伏马毒素存在。美国规定伏马毒素的限量为 2mg/kg。

伏马毒素残留主要有免疫亲和柱—荧光法、免疫亲和柱—HPLC 法、毛细管电泳法、液相色谱/质谱法及伏马毒素试剂盒法等方法检测。2017 年 3 月起实施的 GB 5009.240—2016《食品安全国家标准食品中伏马毒素的测定检测标准》规定伏马毒素检测主要是为伏马毒素 B_1、伏马毒素 B_2 和伏马毒素 B_3 三种；同时介绍了免疫亲和柱净化-柱后衍生高效液相色谱法作为第一法，高效液相色谱—串联质谱联用法作为第二法，免疫亲和柱净化-柱前衍生高效液相色谱法为第三法。其中第三法特别适用于玉米及其制品中伏马毒素的测定。

这里介绍第一法，同时测定相关食品中伏马毒素 B_1、伏马毒素 B_2 和伏马毒素 B_3 残留量。

其检测原理：样品中的伏马毒素可用一定比例的乙腈—水溶液提取，经稀释后再过免疫亲和柱净化，去除脂肪、蛋白质、色素及碳水化合物等干扰物质，然后经高效液相色谱分离后，邻苯二甲醛柱后衍生，荧光检测，外标法定量。

试剂：甲醇、乙腈为色谱纯，其他试剂均为分析纯。

仪器与设备：高效液相色谱仪，带荧光检测器；柱后衍生系统；离心机（转速≥4000r/min）；免疫亲和柱（柱容量≥5000ng，FB_1 柱回收率≥80%）。

实验步骤：

提取样品：将样品加入甲醇—水混合溶液中，经过振荡混合后离心沉淀，将上清液取出备用。

净化：将提取液通过伏马毒素 B 亲和层析柱进行净化，将细胞膜结合的伏马毒素 B 捕获在柱中，洗脱无关物质，用甲醇洗脱伏马毒素 B。

柱后衍生：将洗脱后的伏马毒素 B 经过光化学衍生增强。

高效液相色谱：将经过柱后衍生的伏马毒素 B 通过高效液相色谱进行分离。

检测：采用荧光检测器进行检测，根据荧光峰面积计算出样品中伏马毒素 B 的含量。

实验结果：

经过上述步骤检测出样品中伏马毒素 B 的含量为 $1.2\mu g/g$。

计算：

伏马毒素 B 的含量计算公式为：样品中伏马毒素 B 的含量（$\mu g/g$）＝荧光峰面积/样品重量×峰面积比例系数。

其中，峰面积比例系数是已知浓度的伏马毒素 B 标准品的峰面积与浓度的比值，用于计算样品中伏马毒素 B 的含量。

6.2.3 杂色曲霉毒素

杂色曲霉毒素主要是由曲霉属的某些菌种，如杂色曲霉、构巢曲霉、皱曲霉、赤曲霉、焦曲霉、爪曲霉、四脊曲霉、毛曲霉以及黄曲霉、寄生曲霉等产生的有毒代谢产物，1954 年首先从杂色曲霉的培养物中分离出一种淡黄色针状结晶，并命名为杂色曲霉素，结构上与黄曲霉毒素 B_1 非常相似，是黄曲霉毒素生物合成过程的中间体。ST 在化学结构上，具有双氢呋喃苯并呋喃系统。ST 的分子式 $C_{18}H_{12}O_6$，相对分子质量 324.06，熔点 246℃。可溶于大多数非极性溶剂，不溶于水，且难溶于极性溶剂、氢氧化钠及碳酸钠水溶液。氯仿对 ST 的溶解度最大，可作为萃取 ST 的首选溶剂。在紫外光下具有暗砖红色荧光。

杂色曲霉在自然界分布很广，存在于乳制品、谷类和饲料中。ST 主要由杂色曲霉群和构巢曲霉群的某些菌种产生。ST 是一种毒性很强的肝及肾脏毒素，对实验动物均显示了强致癌性，可诱发肝癌和胃癌。杂色曲霉毒素中毒，国内又称"黄肝病"或"黄染病"。在肝癌高发区所食用的食物中，杂色曲霉素污染较为严重，可导致人类食物中毒和产生毒性损伤效应。

据报道，ST 的检测方法有气相色谱法（GC）、气质联用法（GC–MS）和高效液相色谱法（HPLC）等，但现行的植物性食品中杂色曲霉素的测定还是薄层层析法（TLC）（GB/T 5009.25—2003）。例如，薄层色谱法测定 ST。其检测原理：样品中的 ST 经提取、净化、浓缩、薄层展开后，用三氯化铝显色，再经加热产生一种在紫外光下显示黄色荧光的物质。根据其在薄层上显示的荧光最低检出量，确定样品中 ST 的含量。

试剂及仪器：硅胶薄板、展开槽、紫外灯。乙腈，5% 氯化钠水溶液（9∶1）、正己烷、氯仿、无水硫酸钠。ST 标准溶液的配制：准确称取 ST 结晶 10mg，用苯定容至 100mL 棕色容量瓶中。分别吸取 1mL 和 0.5mL 于 2 个 10mL 棕色容量瓶中，加苯稀释至刻度，分别配成 100、10、0.5μg/mL 标准液。避光，4℃冰箱中保存。

实验步骤：

准备杂色曲霉毒素标准品溶液，用磷酸盐缓冲液稀释至适当浓度。

取适量样品，加入氯仿，经过振荡、离心等步骤进行萃取。

萃取液经过固相萃取柱净化，用乙醇和甲醇进行洗脱和回收。

将洗脱液注入液相色谱—质谱联用仪进行分析，利用质谱和色谱技术进行定性和定量分析。

结果和计算：

根据样品中检测出的杂色曲霉毒素峰面积和杂色曲霉毒素标准品峰面

积，可以计算出杂色曲霉毒素的含量。

6.2.4　玉米赤霉烯酮毒素

玉米赤霉稀酮（zearalenone，ZEN，ZEA 或 ZON），又称 F-2 毒素，是由镰刀菌属的菌种产生的代谢产物，是一种雌激素真菌毒素。最早是由染有赤霉病的玉米中分离得到的。ZEN 属于雷锁酸内酯，是一种白色结晶化合物，分子式 $C_{18}H_{22}O_5$，相对分子质量 318。不溶于水、二硫化碳和微溶于石油醚（30~60℃），溶于碱性溶液、苯、二氯甲烷、醋酸乙酯、乙腈和乙醇等。在 360nm 的长波紫外光下，ZEN 毒素呈现蓝绿色荧光，在 260nm 短波紫外光下绿色荧光更强，利用此性质可用来定性鉴别 F-2 毒素。ZEN 的耐热性较强，110℃下处理 1h 才能被完全破坏。

ZEN 毒素的产生菌主要是镰刀菌，如禾谷镰刀菌、三线镰刀菌、尖孢镰刀菌、黄色镰刀菌、串珠镰刀菌、木贼镰刀菌、雪腐镰刀菌等。这些菌株主要存在于玉米和玉米制品中，小麦、大麦、高粱、大米中也有一定程度的分布。虫害、冷湿气候、机械损伤和贮存不当都可以诱发产生玉米赤霉烯酮。

ZEN 毒素具有较强的生殖毒性和致畸作用，可引起动物发生雌激素亢进症，导致动物不孕或流产，对家禽特别是猪、牛和羊的影响较大，给畜牧业带来经济损失。食用含赤霉病麦面制作的食品也可引起中枢神经系统的中毒症状，如恶心、发冷、头疼、精神抑郁等。ZEN 毒素可由口进入血液，7d 内可在尿液中检出，致病机制同雌激素中毒症。我国规定 ZEN 毒素限量为 60μg/kg。

目前 ZEN 毒素的测定方法有免疫亲和柱—荧光计法、薄层色谱法、气相色谱法、高效液相色谱法及 ZEN 检测试剂盒法等。下面介绍免疫亲和柱—荧光计测定法和高效液相色谱法。

6.2.4.1　免疫亲和柱—荧光计测定法

检测原理：试样中的 ZEN 毒素用一定比例的甲醇—水提取，提取液经过滤，稀释后，用亲和柱净化，再用甲醇将亲和柱上的 ZEN 毒素淋洗下来，在淋洗液中加入显色剂，然后用荧光计进行定量测定，ZEN 毒素在紫外线照射下显蓝绿色。

试剂及仪器：4-系列真菌毒素专用荧光计；均质器（250mL）；微量移液器

（1.0mL）；涡流混合器；玻璃纤维滤纸（1.0μm）；VICAM 玉米赤霉烯酮亲和柱；聚乙二醇（PEG），相对分子质量 8000；甲醇及乙腈（色谱纯）；VICAMZEN 衍生液；VICAM 真菌毒素通用标定标准物；0.1%吐温~20/PBS 缓冲液。

6.2.4.2　免疫亲和层析净化—高效液相色谱法

检测原理：用提取液提取样品中的 ZEN，经免疫亲和柱净化后，用高效液相色谱荧光检测器测定，外标法定量。该方法（GB/T 23504—2009）适用于粮食和粮食制品、酒类、酱油、醋、酱及酱制品中玉米赤霉烯酮含量的测定，检出限：粮食等为 20μg/kg，酱油醋等为 5μg/kg。

试剂和仪器：试剂：甲醇、乙腈为色谱纯，其他为分析纯。仪器与设备，ZEN 免疫亲和柱，玻璃纤维滤纸（直径 11cm，孔径 1.5μm，无荧光特性），均质器（转速大于 10000r/min），高速万能粉碎机（转速 10000r/min），试验筛（1mm 孔径），高效液相色谱仪（配有荧光检测器）。

实验步骤：

样品制备：将样品磨成细粉，称取 2g，加入 50mL 的乙醇—水混合溶液中，振荡 15min，静置 10min，离心 10min，取上清液作为待测样品。

样品前处理：取一定量的待测样品加入 C_{18} 固相萃取柱中，用纯水、乙腈分别洗脱杂质，再用乙腈—水混合溶液洗脱 ZEN 毒素。

色谱条件：采用高效液相色谱仪，柱为 C_{18} 反相色谱柱，流动相为乙腈—水（含 0.1%甲酸），梯度洗脱，检测波长为 274nm。

定量方法：用外标法定量，制备一系列 ZEN 毒素标准溶液，分别注入色谱仪进行分析，建立标准曲线。用待测样品提取液进行测试，根据标准曲线进行定量。

结果和计算：

样品中 ZEN 毒素的浓度（mg/kg）=（X_2/X_1）×C，其中，X_1 为标准曲线中 ZEN 毒素峰面积与质量浓度的比值，X_2 为待测样品中 ZEN 毒素的峰面积，C 为待测样品的浓度。

6.2.5　T-2 毒素

T-2 毒素主要是三线镰刀菌产生的单端孢霉妇族化合物（trichothecenes，TS）之一，化学名称为 4，15-二乙酰氧基-8-（异戊酰氧基）-12，13-环氧单端孢霉-9-烯-3-醇。到目前为止,从真菌培养物及植物中已分离出化学结构基本相同的单端孢霉烯族化合物 148 种。T-2 毒素为无色针状结晶,熔点为 150~151℃,相对分子质量 466.51,该化合物非常稳定,在正常条件下,可长期贮存而不变质。T-2 毒素难溶于水,易溶于极性溶剂,如三氯甲烷、丙酮和乙酸乙酯等。在烹调过程中不易被破坏。T-2 毒素基本结构为四环的倍半萜,C_9 和 C_{10} 位上有一不饱和双键,在紫外线下不显荧光。

大多数单端孢霉烯族化合物是由镰刀菌属的菌种产生的,镰刀菌属的菌种广泛分布于自然界,这些真菌及其毒素主要侵害玉米、小麦、大米、燕麦、大麦等谷物,是食品和饲料中最严重污染物,也是毒性最强的真菌毒素之一。人畜误食该毒素污染的谷物后,可引起恶心、呕吐、头痛、腹泻、腹痛等急性中毒症状,导致骨髓组织的坏死和内脏器官出血,引起心肌受损,皮肤组织坏死,破坏造血组织和免疫抑制。能扰乱中枢神经系统,阻碍 DNA 和 RNA 的合成,导致遗传毒性及致死。T-2 毒素的主要毒性作用为细胞毒性,免疫抑制和致畸作用,甚至还有很高的致癌性。我国于 1996 年就制订了小麦、玉米及其制品中 T-2 毒素的限量标准为 ≤1000μg/kg。

T-2 毒素的检测方法主要有薄层色谱法、气相色谱法、酶联免疫吸附法、免疫亲和柱—荧光计法。

下面介绍免疫亲和柱—荧光计测定法。

检测原理:试样中的 T-2 毒素用甲醇提取后,提取液经过滤,稀释后,加入 T-2 毒素衍生液,用甲醇将亲和柱上的 T-2 毒素淋洗后收集于小试管中,用荧光计进行测定,T-2 毒素在紫外灯下不显荧光。

试剂和仪器:试剂,甲醇(色谱级);PBS 缓冲液;氯化钠;YICAMT-2 毒素衍生液;VICAMT-2 毒素、标定用溶液;0.02% 吐温/PBS 缓冲液:O.1mL 吐温-20+9.9mL PBS 缓冲液+490mL 水。

仪器,4-系列真菌毒素专用荧光计;均质器(250mL);微量移液器(0.5mL);涡流混合器;塑料注射器(60mL);VICAMT-2 毒素亲和柱;聚乙二醇(PEG),相对分子质量 8000。

实验步骤:

样品的制备:将样品粉碎并筛选,称取适量样品,加入适量甲醇进行浸提。

样品的净化:用固相萃取柱对甲醇浸提液进行净化。

高效液相色谱测定:将净化后的样品注入高效液相色谱仪中进行分

离，采用紫外检测器或荧光检测器进行检测，根据峰的保留时间和面积计算出样品中 T-2 毒素的含量。

结果和计算：

测定结果一般以毫克/千克（mg/kg）或微克/升（μg/L）为单位进行表示，计算公式为：

T-2 毒素含量 ＝（样品中 T-2 毒素的峰面积/标准品中 T-2 毒素的峰面积）×标准品中 T-2 毒素的浓度×样品的提取液体积/样品的质量

其中，标准品中 T-2 毒素的浓度需提前通过标准曲线测定。

6.2.6　食品中有毒微生物污染物检测的新技术

目前食品中有毒微生物污染物检测的新技术有很多，以下列举几种：

基于 PCR 技术的检测方法：该方法可快速、准确地检测食品中的有毒微生物，如沙门氏菌、大肠杆菌 O157：H7 等，其优点是灵敏度高、特异性强、操作简便、快速。

基于质谱技术的检测方法：该方法利用质谱技术对食品中的有毒微生物污染物进行分析和检测，具有高灵敏度、高分辨率、快速、可靠等优点。

基于免疫分析技术的检测方法：该方法利用特异性抗体对食品中的有毒微生物污染物进行检测，具有快速、敏感、简便等特点，广泛应用于食品中的毒素检测。

基于纳米技术的检测方法：该方法利用纳米技术对食品中的有毒微生物污染物进行检测，具有灵敏度高、特异性强、操作简单等优点，目前正在逐步发展中。

总之，食品中有毒微生物污染物检测的新技术不断涌现，可以更加有效地保障食品安全。

6.3　食品中重金属含量的检测

6.3.1　食品中汞的检测

汞分为元素汞、无机汞和有机汞。元素汞经消化道摄入，一般不造成伤害，因为元素汞几乎不被消化道所吸收。元素汞只有在大量摄入时，才有可能因重力作用造成机械损伤。但由于元素汞在室温下即可蒸发，因此可以通过呼吸吸入危害人体健康。无机汞进入人体后可通过肾脏排泄一部分，未排出的部分沉着于肝和肾，并对它们产生损伤。而有机汞如甲基汞主要通过肠道排出，但排泄缓慢，具有蓄积作用。甲基汞可通过血脑屏障进入脑内，与大脑皮层的巯基结合，影响脑细胞的功能。

食品中汞的测定方法有多种，如原子荧光光谱分析法（检出限为0.15μg/kg）、冷原子吸收法（检出限：压力消解法为0.4μg/kg，其他消解法为10μg/kg）、二硫腙分光光度法（检出限为25μg/kg）。水产品中甲基汞的测定可采用气相色谱法。

6.3.1.1 原子荧光光谱分析法

原理：试样经酸加热消解后，在酸性介质中，试样中汞被硼氢化钾（kbh4）还原成原子态汞，由载气——氩气代入原子化器中。在特制汞空心阴极灯照射下，基态汞原子被激发至高能态，在去活化回到基态时，发射出特征波长的荧光，其荧光强度与汞含量成正比，与标准系列比较进行定量。

仪器：双道原子荧光光度计、高压消毒罐（100mL）、微波消解炉。

试剂：

①优级纯硝酸、过氧化氢30%、优级纯硫酸、硫酸+硝酸+水（1+1+8）、硝酸溶液（1+9）、氢氧化钾溶液（5g/L）。

②硼氢化钾溶液（5g/L）：称取5.0g硼氢化钾，溶于5.0g/L氢氧化钾溶液中，稀释至1000mL，现用现配。

③汞标准储备溶液：精密称取0.1354g干燥过的二氯化汞加硫酸+硝酸+水（1+1+8）混合酸，溶解后移入100mL容量瓶中，稀释至刻度，混匀，此溶液每毫升相当于1mg汞。

④汞标准使用溶液：准确吸取汞标准储备液1mL，置于100mL容量瓶中，用硝酸溶液（1+9）稀释至刻度，混匀，此溶液浓度为10mg/mL。分别吸取此溶液1mL和5mL，置于两个100mL容量瓶中，用硝酸溶液（1+9）稀释至刻度，混匀，溶液浓度分别为100ng/mL、500ng/mL，分别用于测定低浓度试样和高浓度试样，制作标准曲线。

实验步骤：

①标准曲线制备。准确吸取汞标准使用溶液1mL和5mL，置于两个

10mL 容量瓶中，用硝酸溶液（1+9）稀释至刻度，混匀，得到 100ng/mL 和 500ng/mL 的汞标准溶液，分别用于测定低浓度试样和高浓度试样，制作标准曲线。

②试样制备。取适量待测样品，经高压消毒后加入微波消解炉中加入优级纯硝酸和过氧化氢，加热消解，冷却后加入硫酸+硝酸+水（1+1+8）混合酸稀释至 100mL，混匀后即为试样。

③原子荧光光谱测定。将制备好的标准溶液和试样分别注入双道原子荧光光度计中，按照预设条件进行测试。根据测得的荧光强度与标准曲线比较，计算出试样中汞的含量。

结果和计算：

根据标准曲线计算出试样中汞的含量为 X mg/L，再乘以稀释倍数和消解液中试样的稀释倍数，得到试样中汞的实际含量。

6.3.1.2　冷原子吸收法

原理：汞蒸气强烈吸收 253.7nm 的共振线。试样消解后使汞转为汞离子，在强酸性介质中用氯化亚锡还原成元素汞，以氮气或干燥空气作为载体，将元素汞吹入汞测定仪，进行冷原子吸收测定，在一定浓度范围其吸收值与汞含量成正比，与标准系列比较定量。

仪器：双光束测汞仪、压力消解罐、恒温干燥箱等。

试剂：

①氯化亚锡溶液（100g/L）。称取 10g 氯化亚锡溶于 20mL 盐酸中，以水稀释至 100mL，现用现配。

②汞标准储备液。准确称取 0.1354g 经干燥器干燥过的二氧化汞溶于硝酸—重铬酸钾溶液中，移入 100mL 容量瓶中，用硝酸—重铬酸钾溶液稀释至刻度混匀。此溶液含 1.0mg/mL 汞。用时由硝酸—重铬酸钾溶液稀释成 2.0、4.0、6.0、8.0、10.0ng/mL 的标准使用液。

操作步骤：

①样品消解：将食品样品称取 2~3g，加入 100mL 压力消解罐中，加入 10mL 优级硝酸和 5mL 过氧化氢，加盖压力消解罐，放入消解仪中，进行消解。消解条件为：温度为 130℃，时间为 30min。

②氯化亚锡还原：将消解液倒入 100mL 量瓶中，用水稀释至刻度，加入 5mL 氯化亚锡溶液，摇匀。在搅拌的同时，滴加 2mL 浓盐酸至溶液变为淡黄

色，然后加入适量氯化铵，摇匀，使溶液为强酸性。

③冷原子吸收测定：将样品转移到双光束测汞仪中，选择 253.7nm 波长，用氮气或干燥空气作为载体，测定吸光度。根据标准曲线计算样品中汞的含量。

结果计算：

根据标准曲线计算出各样品的汞含量，单位为 μg/g。

6.3.1.3 气相色谱法。

原理：样品用氯化钠研磨后加入含有 Cu^{2+} 的盐酸—水（1∶11），样品中结合的甲基汞与 Cu^{2+} 交换，甲基汞被萃取出来后，经离心或过滤，将上清液调至一定的酸度，用巯基棉吸附样品中的甲基汞，再用盐酸—水（1∶5）洗脱，最后以苯萃取甲基汞，用色谱分析。

仪器：气相色谱仪，附 63Ni 电子捕获检测器或氚源电子捕获检测器，酸度计，离心机。巯基棉管，用内径 6mm、长度 20cm，一端拉细（内径 2mm）的玻璃滴管内装 0.1~0.15g 巯基棉，均匀填塞，临用现装。

试剂：

①氯化钠、苯、无水硫酸钠、4.25%氯化铜溶液、4%氢氧化钠溶液。

②盐酸—水（1∶5）、盐酸—水（1∶11）、巯基棉。

③淋洗液（pH 3.0~3.5），用盐酸—水（1∶11）调节水的 pH 为 3.0~3.5。

④甲基汞标准溶液（1mg/mL）：准确称取 0.1252g 氯化甲基汞，用苯溶解于 100mL 容量瓶中，加苯稀释至刻度。放置冰箱（4℃）保存。吸取 1.0mL 甲基汞标准溶液，置于 100mL 容量瓶中，用苯稀释至刻度。取此溶液 1.0mL，置于 100mL 容量瓶中，用盐酸—水（1∶5）稀释至刻度，此溶液每毫升相当于 0.10μg 甲基汞，临用时新配。

⑤0.1%甲基橙指示液：称取甲基橙 0.1g，用 95%乙醇稀释至 100mL。

实验步骤：

①样品处理：取适量样品加入氯化钠，研磨均匀后加入含有 Cu^{2+} 的盐酸—水（1∶11）中，振荡提取，离心或过滤，取上清液。

②甲基汞萃取：调节上清液 pH 至一定酸度（pH=2.5~3.0），将巯基棉管预处理并通入氮气，然后将上清液吸入巯基棉管中，再用盐酸—水（1∶5）洗脱，收集洗涤液，放入含苯的瓶中。

③气相色谱分析：将甲基汞萃取液注入气相色谱仪中，以苯作为载气，分离和检测甲基汞。

结果计算：

①计算样品中甲基汞的含量：

甲基汞质量浓度（μg/L）=（标准品浓度×标准品体积）÷（样品萃取液体积×萃取液体积中取样量）

样品中甲基汞含量（μg/g）=甲基汞质量浓度（μg/L）×萃取液体积÷样品质量

②计算样品中总汞的含量：

总汞含量（μg/g）=样品中甲基汞含量（μg/g）÷甲基汞的回收率

其中，甲基汞的回收率可以通过添加已知量的甲基汞到样品中，然后进行萃取、气相色谱分析，再计算回收率来确定。

6.3.2　食品中铅的检测

铅是重金属污染中毒性较大的一种。由于人类的活动，铅向大气圈、水圈以及生物圈不断迁移，特别是随着近代工业的发展，大气层中的铅与原始时代相比，污染的体积增加了近万倍，人类对铅的吸收也增加了数千倍，吸收值已接近和超出人体的容许浓度。铅的过度摄入已经成为危害人体健康不容忽视的社会问题。

6.3.2.1　石墨炉原子吸收光谱法

原理：试样经灰化或酸消解后，注入原子吸收分光光度计石墨炉中，电热原子化后吸收 283.3nm 共振线，在一定浓度范围，其吸收值与铅含量成正比，与标准系列比较定量。

仪器：原子吸收分光光度计（附石墨炉原子化器和铅空心阴极灯），马弗炉，天平（0.001g），干燥恒温箱，瓷坩埚，压力消解器、压力消解罐或压力溶弹，可调式电热板或可调式电炉。

试剂：

①优级纯硝酸、过硫酸铵、过氧化氢（30%）、优级纯高氯酸、硝酸（1+1）、硝酸（0.5mol/L）、硝酸（1mol/L）、磷酸二氢铵溶液（20g/L）、硝酸+高氯酸（9+1）。

②铅标准储备液：准确称取 1.000g 金属铅（纯度 99.99%），分次加少量硝酸（1+1），加热溶解，总量不超过 37mL，移入 1000mL 容量瓶，加水至刻度，混匀。此溶液每毫升含 1.0mg 铅。

③铅标准使用液：每次吸取铅标准储备液 1.0mL 于 100mL 容量瓶中，加硝酸（0.5mol/L）至刻度。如此经多次稀释成每毫升含 10.0g、20.0g、40.0g、60.0g、80.0g 铅的标准使用液。

操作步骤：

样品处理：将待测样品灰化或酸消解处理，转移至 100mL 容量瓶中，加水至刻度，混匀。如果含有大量有机物，可以用过硫酸铵、过氧化氢等氧化剂进行氧化处理。

标准曲线制备：取不同浓度的铅标准使用液，吸入石墨炉中，测定吸收峰高度，制作标准曲线。

样品测定：将样品注入石墨炉中，按照标准曲线进行测定。

负控试验：在分析样品前，进行一次空白试验，检查仪器的背景吸收和光源稳定性。

结果和计算：

测定得到吸收峰高度 h 和标准曲线上对应的铅含量 C，可以计算出样品中的铅含量。

$$样品中铅的质量浓度（mg/L）= C×h×d/V$$

式中：d——稀释倍数；

V——取样量（mL）。

常用的铅标准曲线为线性曲线或抛物线曲线，线性范围一般为 0～100μg/L。

6.3.2.2　火焰原子吸收光谱法

原理：试样经处理后，铅离子在一定 pH 条件下与二乙基二硫代氨基甲酸钠（DDTC）形成络合物，经 4-甲基-2-戊酮萃取分离，导入原子吸收分光光度计中，火焰原子化后，吸收 283.3nm 共振线，吸收量与铅含量成正比，与标准系列比较定量。

仪器：原子吸收分光光度计（火焰原子化器），马弗炉，天平（感量为 1mg），干燥恒温箱，瓷坩埚，压力消解器、压力消解罐或压力溶弹，可调式电热板或可调式电炉。

试剂：

①硝酸+高氯酸（9+1）、硫酸铵溶液（300g/L）、檬酸铵溶液（250g/L）、溴百里酚蓝水溶液（1g/L）、二乙基二硫代氨基甲酸钠（DDTC）溶液（50g/L）、氨水（1+1）、4-甲基-2-戊酮（MIBK）。

②铅标准溶液：同石墨炉法。

③盐酸（1+11）、磷酸溶液（1+10）。

操作步骤：

①样品的处理：将样品经过灰化或酸消解处理，使铅转化为铅离子。

②铅离子与二乙基二硫代氨基甲酸钠（DDTC）形成络合物：将样品加入檬酸铵溶液和 DDTC 溶液，调节 pH 到 5.5~6.5，使铅离子与 DDTC 形成橙色络合物。

③萃取：加入 MIBK 萃取分离出络合物，得到含有铅络合物的有机相。

④用火焰原子吸收分光光度计检测：将有机相加入火焰原子化器，使络合物分解为原子铅，然后在共振线（283.3nm）处进行吸收测定。

⑤制备标准曲线：用铅标准溶液制备一系列不同浓度的标准溶液，再用同样的方法进行萃取和检测，得到各浓度下的吸光度值，绘制标准曲线。

结果和计算：

根据标准曲线可以得到样品中铅的含量。通常用 mg/L 或 μg/g（ppm）表示样品中铅的含量。

计算公式：

样品中铅含量 =（样品吸光度 - 空白吸光度）/标准曲线斜率×稀释倍数
×体积/质量

其中，斜率是标准曲线的斜率，稀释倍数是样品的稀释倍数，体积是样品的加入体积，质量是样品的质量。

例如，假设样品的质量为 1g，加入 100mL 的盐酸—水溶液（1+11）稀释，取 1mL 的稀释液进行检测，其吸光度为 0.4，空白吸光度为 0.1，标准曲线斜率为 0.02，稀释倍数为 100，计算样品中铅的含量：

样品中铅含量 =（0.4-0.1）/0.02×100×1/0.001 = 150μg/g（ppm）

其中，样品的加入体积为 1mL，稀释液的稀释倍数为 100，所以样品的稀释倍数为 100×1mL/100mL = 1，样品的质量为 1g，体积为 1mL，所以计算结果单位为 μg/g（ppm）。

6.3.2.3 二硫腙比色法

原理：样品经消化后，在 pH=8.5~9.0 时，铅离子与二硫腙生成红色络合物，溶于三氯甲烷，加入柠檬酸铵、氰化钾和盐酸羟胺等，防止铜、铁、锌等离子干扰，与标准系列比较定量。

仪器：分光光度计。

试剂：

①1+1 氨水、盐酸（1+1）、酚红指示液（1g/L）、氰化钾溶液（100g/L）、三氯甲烷（不应含氧化物）、硝酸（1+99）、硝酸—硫酸混合液（4+1）。

②盐酸羟胺溶液（200g/L）：称取 20g 盐酸羟胺，加水溶解至 50mL，加 2 滴酚红指示液，加氨水（1+1）调 pH 至 8.5~9.0（由黄变红，再多加 2 滴），用二硫腙—三氯甲烷溶液提取至三氯甲烷层绿色不变为止，再用三氯甲烷洗两次，弃去三氯甲烷层，水层加盐酸（1+1）呈酸性，加水至 100mL。

③柠檬酸铵溶液（200g/L）：称取 50g 柠檬酸铵，溶于 100mL 水中，加 2 滴酚红指示液，加氨水（1+1）调 pH 至 8.5~9.0，用二硫腙—三氯甲烷溶液提取数次，每次 10~20mL，至三氯甲烷层绿色不变为止，弃去三氯甲烷层，再用三氯甲烷洗两次，每次 5mL，弃去三氯甲烷层，加水稀释至 250mL。

④淀粉指示液：称取 0.5g 可溶性淀粉，加 5mL 水摇匀后，慢慢倒入 100mL 沸水中，随倒随搅拌，煮沸，放冷备用。临用时配制。

⑤二硫腙—三氯甲烷溶液（0.5g/L）：称取精确过的二硫腙 0.5g，加 1L 三氯甲烷溶解，保存于冰箱中。

⑥二硫腙使用液：吸取 1.0mL 二硫腙溶液，加三氯甲烷至 10mL，混匀。用 1cm 比色皿，以三氯甲烷调节零点，于波长 510nm 处测吸光度（A），用下式算出配制 100mL 二硫腙使用液（70%透光度）所需二硫腙溶液的体积（V）。

⑦铅标准溶液：精密称取 0.1598g 硝酸铅，加 10mL 硝酸（1+99），全部溶解后，移入 100mL 容量瓶中，加水稀释至刻度。此溶液每毫升相当于 1.0mg 铅。

⑧铅标准使用液：吸取 1.0mL 铅标准溶液，置于 100mL 容量瓶中，加水稀释至刻度。此溶液每毫升相当于 10.0mg 铅。

实验步骤：

取样：将待测样品用硝酸消化至完全溶解，稀释至适当浓度（一般为 10~100mg/L）。

铅离子络合：取 10mL 稀释后的样品溶液，加入 1mL 柠檬酸铵溶液和 1mL 二硫腙—三氯甲烷溶液，摇匀，静置 5min。

萃取：离心分离，取三氯甲烷层，加入 1mL 氰化钾溶液和 2mL 盐酸羟胺溶液，混匀，再加入 0.5mL 盐酸—氢氧化钠缓冲液（pH = 10.0），混匀，放置 5min，再加入 2 滴酚红指示液，若变色，则滴加 1+1 盐酸调整 pH 至 8.5～9.0。

比色：用分光光度计测定萃取液的吸光度，并根据铅的标准曲线计算出样品中铅的含量。

结果和计算：

样品中铅含量 =（样品吸光度 - 空白吸光度）/标准曲线斜率 × 稀释倍数
　　　　　　　× 体积/质量

其中，斜率是标准曲线的斜率，稀释倍数是样品的稀释倍数，体积是样品的加入体积，质量是样品的质量。

另外，值得注意的是，二硫腙比色法对于测量的溶液颜色比较敏感，不同的实验者在比色时可能会得到略有不同的结果。因此，为了减小误差，建议在进行比色时尽可能精确地控制样品的 pH 值、萃取时间等实验参数，并使用同一台分光光度计进行比色测量。

6.3.3　食品中砷的检测

砷是剧毒物质，三价砷化合物比五价砷化合物的毒性更强，三氧化二砷是毒性最强的物质之一，入口服几毫克即可中毒，服 60～200mg 可致死。长期饮用含砷较高的水会导致砷慢性中毒，主要表现为皮肤色素沉着、变黑或呈现雨点状，暗褐色斑点密集分布于全身，以躯干、臀、腿等非裸露部位最明显。因此，这类慢性砷中毒称为"皮肤黑变病"。长期接触砷化物可诱发皮肤癌。

6.3.3.1　原子荧光光谱法

原理：样品处理后，加入硫脲使五价砷还原为三价砷，再加入硼氢化钠或硼氢化钾使其还原生成砷化氢，由氩气载入原子化器中，样品中的砷在特制砷空心阴极灯的发射光激发下产生原子荧光，其荧光强度在一定条件下与被测液中的砷浓度成正比，与标准系列比较定量。

仪器：原子荧光光度计。

试剂：

①优级纯硝酸、硫酸、高氯酸、盐酸、氢氧化钠、5%硫脲溶液。

②1%硼氢化钠（NaBH₄）溶液：称取硼氢化钠5g，溶于0.2%氢氧化钠溶液500mL中混匀。此液于4℃冰箱可保存10d，（也可称取7g硼氢化钾代替）。

③砷标准储备液（0.1mg/mL）：准确称取于100℃：干燥2h以上的三氧化二砷（As₂O₃）0.1320g，加10%氢氧化钠10mL溶解，用适量水转入1000mL容量瓶中，加25mL硫酸水（1:9），用水定容至刻度。吸取1.00mL砷标准储备液于100mL容量瓶中，用水稀释至刻度，浓度为1μg/mL，此液应当日配制使用。

④15%六水硝酸镁干灰化试剂、氧化镁。

实验步骤：

①样品处理。将样品称取适量，加入硝酸和高氯酸，进行消解，加水稀释至一定体积。如果样品中存在有机物或者其他干扰物，需要进行去除或者分离。

②原子化。加入硫脲还原五价砷为三价砷，再加入硼氢化钠或硼氢化钾，生成砷化氢。将氩气作为载气将样品中的砷原子化，通过砷空心阴极灯激发砷原子荧光，荧光强度与砷浓度成正比。

③标准曲线绘制。用不同浓度的砷标准溶液进行测定，得到各浓度下的荧光强度，绘制出标准曲线。

④样品测定。用同样的条件进行样品测定，得到荧光强度，通过标准曲线计算出砷的浓度。

结果和计算：

$$样品中砷含量=（样品荧光强度-空白荧光强度）/标准曲线斜率$$
$$×稀释倍数×体积/质量$$

其中，斜率是标准曲线的斜率，稀释倍数是样品的稀释倍数，体积是样品的加入体积，质量是样品的质量。

6.3.3.2 离子色谱—原子荧光光谱法

原理：本法的原理是样品中的砷化物经离子色谱分离后，与盐酸和硼氢化钾反应，生成的气体经气液分离器分离，在载气的带动下进入原子荧光光度计进行检测。

仪器：液相色谱、氢化物发生—原子荧光光度计。

试剂：

①甲醇、4%乙酸、0.5%氢氧化钾、7%盐酸。

②流动相：5mmol/L 磷酸氢二氨（用 4%乙酸调 pH 6.0）。

③砷储备液（1mg/mL）。

④1.5%硼氢化钾：将硼氢化钾溶解在 0.5%氢氧化钾溶液中。

实验步骤：

①样品制备：取适量样品，加入 10mL 的甲醇，振荡 30 秒，离心 10 分钟，过滤掉沉淀，将上清液稀释至一定浓度。

②离子色谱分离：将样品注入离子色谱仪中，经 5mmol/L 磷酸氢二氨流动相分离出砷化物。

③氢化物发生：分离后的砷化物与盐酸和硼氢化钾反应，生成砷化氢气体。

④气液分离：将气体进入气液分离器中，分离出砷化氢。

⑤原子荧光光度测定：将分离出的砷化氢进入原子荧光光度计进行测定。

结果和计算：

样品中砷含量 =（样品浓度 - 空白浓度）/ 标准曲线斜率 × 体积 / 质量

其中，斜率是标准曲线的斜率，体积是样品的加入体积，质量是样品的质量。

6.3.3.3　高效液相色谱—等离子发射光谱法

原理：样品中的砷化物提取后，经色谱柱分离，进入等离子发生光谱进行检测，外标法定量。

仪器：高效液相色谱仪、等离子发射光谱、超声波清洗仪。

试剂：

①硝酸、甲醇、氨水、乙酸。

②20mmol/L 磷酸缓冲液、10mmol/L 嘧啶。

③砷标准溶液：砷甜菜碱（AsB）、砷胆碱（AsC）、三甲砷酸（TMAO）、三价砷、五价砷等标准储备液浓度 1000μg/mL；标准工作液浓度为 1.0 ~ 20.0μg/L。

实验步骤：

①样品处理：将样品加入离子交换树脂管中，用水洗涤树脂，再用1%硝酸溶液洗涤树脂，最后用纯水洗涤树脂，收集洗涤液备用。

②色谱分离：将收集的洗涤液注入高效液相色谱仪中，经过色谱柱分离，分离出砷化物。

③等离子发射光谱检测：将分离出的砷化物进入等离子发生光谱仪中，通过激发和电离产生荧光信号，进行检测。

④标准曲线绘制和定量：用砷标准溶液制备标准曲线，根据样品中砷化物的荧光强度在标准曲线上进行定量。

结果和计算：

样品中砷含量＝（样品荧光强度－空白荧光强度）／标准曲线斜率
×体积／取样量

其中，斜率是标准曲线的斜率，体积是样品的加入体积，取样量是样品提取后的取样量。

6.3.4　食品中锡和镉的检测

6.3.4.1　锡的检测

原理：样品经消化后，在弱酸性溶液中四价锡离子与苯芴酮形成微溶性橙红色络合物，在保护性胶体存在下与标准物质比较定量。

仪器：分光光度计、电热板。

试剂：

①10%酒石酸溶液、1%抗坏血酸溶液、0.5%动物胶溶液、1%酚酞指示液（10g/L）。

②氨水—水（1:1）、硫酸—水（1:9）、硝酸—硫酸（5:1）。

③0.01%苯芴酮溶液：称取0.010g苯芴酮，加少量甲醇及硫酸—水（1:9）数滴溶解，用甲醇稀释至100mL。

④锡标准溶液（1mg/mL）：准确称取0.1000g金属锡，置于小烧杯中，加10mL硫酸，盖上表面皿，加热至锡完全溶解，移去表面皿，继续加热至发生浓白烟，冷却，慢慢加50mL水，移入100mL容量瓶中，用硫酸—水（1:9）多次洗涤烧杯，倒入容量瓶中，稀释至刻度。工作时用硫酸—水（1:9）稀释锡

标准使用液为 10μg/mL。

实验操作步骤：

①样品制备：将样品称取适量（一般为 0.1~1g），加入 10mL 的硝酸和硫酸混合溶液消化（消化温度和时间需根据样品性质确定），然后用水稀释至 100mL，得到稀释液。

②标准曲线制备：取锡标准溶液，用 0.5%动物胶稀释至一定浓度范围内的一系列锡浓度标准溶液，例如 0.1μg/mL、0.5μg/mL、1μg/mL、5μg/mL 等，用每个标准溶液分别进行下面的实验操作。

③测定操作：取一定量的样品稀释液和一系列锡浓度标准溶液，加入 10%酒石酸溶液和 1%抗坏血酸溶液，加热至沸腾，加入 1%酚酞指示液，然后用 0.01%苯芴酮溶液滴定至颜色变为浅粉色，记录滴定所需的苯芴酮溶液体积。

④数据处理：根据每个锡浓度标准溶液所需的苯芴酮溶液体积和浓度，绘制锡标准曲线。测定样品所需的苯芴酮溶液体积，带入锡标准曲线求得样品中锡的浓度。

⑤计算：根据样品中锡的浓度、样品的稀释倍数、样品的加入体积和样品的质量计算出样品中锡的含量。

6.3.4.2　镉的检测

原理：样品经过消化后，在碱性溶液中，镉离子与 6-溴苯并噻唑偶氮萘酚形成红色络合物，溶于三氯甲烷，与标准系列比较定量。

仪器：分光光度计。

试剂：

①三氯甲烷、二甲基甲酰胺、混合酸（硝酸—高氯酸，3+1）、酒石酸钾钠溶液（400g/L）、氢氧化钠溶液（200g/L）、柠檬酸钠溶液（250g/L）。

②镉试剂：称取 38.4mg 6-溴苯并噻唑偶氮萘酚溶于 50mL 二甲基甲酰胺中，储于棕色瓶中。

③镉标准溶液：准确称取 1.000L 容量瓶中，以水稀释至刻度，混匀，储于聚乙烯瓶中。此溶液每毫升相当于 1.0mg 镉。

④镉标准使用液：吸取 10.0mL 镉标准溶液，置于 100mL 容量瓶中，以盐酸（1+11）稀释至刻度，混匀。如此多次稀释至每毫升相当于 1.0μg 镉。

实验步骤：

①取样：取样品 0.5g，加入 10mL 混合酸（硝酸—高氯酸，3+1）进行消化。

②稀释：消化液用水稀释至 50mL。

③镉离子配合物形成：取 2.5mL 稀释液，加入 2.5mL 酒石酸钾钠溶液和 2.5mL6-溴苯并噻唑偶氮萘酚溶液，加水定容至 25mL，混匀，放置 15 分钟。

④萃取：取萃取管，加入 2.5mL 三氯甲烷和 2.5mL 柠檬酸钠溶液，振荡 30 秒，静置 5 分钟，分层后上层三氯甲烷相转移至离心管中。

⑤重复萃取：重复第 4 步两次，将三次上层三氯甲烷相合并，挥干。

⑥溶解：将萃取物用 2mL 二甲基甲酰胺溶解，用 0.5mL 镉标准使用液进行稀释。

⑦测量：用分光光度计在 520 nm 处测量吸光度，并根据标准曲线计算样品中镉的含量。

6.3.5　食品中重金属含量的检测的新技术

食品中重金属含量的检测是保障食品安全的重要环节之一，常见的重金属有铅、镉、汞、铬、锌、铜等。以下是几种新技术的介绍。

原子荧光光谱法（AFS）：原子荧光光谱法是一种高灵敏度的测定元素含量的方法。该方法采用电热蒸发器将样品中的金属元素蒸发成原子态，再通过激发原子发出荧光信号的方式进行定量分析。AFS 方法具有检测快速、准确度高、灵敏度高等特点，适用于各类食品中重金属的检测。

电感耦合等离子体质谱法（ICP-MS）：电感耦合等离子体质谱法是一种分析样品中金属元素含量的方法。该方法通过高温等离子体将样品中的金属元素离子化，再通过离子聚焦、分离、检测等步骤进行定量分析。ICP-MS 方法具有灵敏度高、准确性高、多元素同时测定等特点，适用于各类食品中重金属的检测。

X 射线荧光光谱法（XRF）：X 射线荧光光谱法是一种快速、无损、无须样品处理的分析方法。该方法利用 X 射线在样品表面的激发下，样品中的重金属原子会发出荧光信号，通过检测荧光信号的能量和强度进行定量分析。XRF 方法具有分析快速、无须样品破坏等特点，适用于各类食品中重金属的检测。

石墨炉原子吸收光谱法（GF-AAS）：石墨炉原子吸收光谱法是一种高灵敏度的测定金属元素含量的方法。该方法通过石墨炉将样品中的金属元素原子化，再通过原子吸收光谱仪进行定量分析。GF-AAS 方法具有灵敏度高、准确性高等特点，适用于各类食品中重金属的检测。

以上是常见的几种检测重金属的新技术，不同的技术各有优劣，需要根据实际情况选择合适的方法进行分析。

6.4　食品中药物残留检测

6.4.1　概述

6.4.1.1　食品中兽药残留概述

联合国粮农组织和世界卫生组织（FAO/WHO）的食品中兽药残留委员会对兽药残留的定义为：兽药残留是指动物产品的任何可食部分中药物或化学物的原形、代谢产物和杂质的残留。兽药残留超标不仅对受体直接产生急慢性毒性作用，引起细菌耐药性增强，还可以通过环境和食物链作用间接对人体造成危害。

兽药残留按其用途主要分为抗生素类、抗寄生虫药、生长促进剂、杀虫剂和激素药。其中，最主要的兽药残留是指抗生素和激素药。

（1）兽药残留途径

①畜禽防治用药。20 世纪 30 年代磺胺类，40 年代青霉素用于乳牛疾病的治疗。改革开放后，兽用抗生素用量大增。如果用药不当，或不遵守休药期，则药物就在动物体内发生超标的残留，而污染动物源性食品。

②饲料添加剂中兽药的使用。1943 年美国用青霉素发酵废淹作为饲料来喂猪，发现比普通饲料喂的猪生长更快。1946 年又发现添加少量链霉素，能促进雏鸡的生长。之后所有抗生素发酵都被用作禽畜的饲料添加剂。长时间使用，药物残留在动物体内，使动物源食品受到污染。驱寄生虫剂在禽畜业广泛使用。20 世纪 50 年代起，英美在牛的饲养中采用雌性激素己烯雌酚和己烷雌酚，作为饲料添加剂，使禽畜日增体重提高 10%以上，饲料转化率、瘦肉率也有提高，带来的经济效应十分可观，滥用动物促生长激素的情况相

当普遍。20 世纪末，国内错误地将克伦特罗（瘦肉精）作为饲料添加剂，引起"瘦肉精"猪肉中毒事件。

③食物保鲜中引入药物。在经济利益的驱使下，在食品（如牛奶、鲜鱼）中直接加入某些抗微生物制剂，不可避免地造成药物污染。

④无意中带入的污染。食品加工中，有些操作人员为了自身预防或控制疾病而使用某些抗生素（如出口虾仁中检出氯霉素事件）。

（2）兽药残留超标主要原因

造成兽药残留超标的因素很多，一般来讲，主要原因有以下三个。

①非法使用违禁药品。氯霉素、己烯雌酚和克伦特罗等一直作为药物添加剂使用，其具有良好的抗病和促生长作用。但后来发现它们具有严重的残留毒性，各个国家都逐渐禁止在畜牧生产中使用这些药物。由此引发的围绕药物添加剂及其残留危害性的争论使各国普遍加强了对药物亚治疗用途的评价，特别是撤销了一些具有潜在致癌和高毒性药物添加剂的登记。但某些不法商人为获得较高的利益，仍然在养殖生产中使用被明令禁止添加的药物，为此一些发达国家，如美国及欧盟各成员国已开始实施国家残留监控计划，定期向社会公布市场监测结果。在我国这一工作也已逐渐开展，但因为相关法律体系的薄弱及市场监管的不力，非法使用违禁药物（如激素、镇静剂等）在畜牧生产中仍很常见。

②不遵守休药期。在目前高密度集约化饲料条件下，传染性疾病特别是一些仍无法用疫苗预防的疾病（如某些细菌病、球虫病等）对畜禽健康的威胁仍然是巨大的。因为以现有的技术手段我们很难把这些病原从环境和畜群中完全清除，需要维持一定的药量以控制它们的繁衍，防止其暴发，所以养殖者往往不愿在离上市还有一段时间就开始停止用药，使畜群置于危险之中，从而导致休药期难以被执行，出现兽药残留超标现象。

③其他原因。除使用违禁药物和不遵守休药期外，还有其他导致食品中兽药残留超标的因素，如饲料加工的交叉污染、非靶动物用药、动物个体代谢差异等。

（3）兽药残留危害

①抗菌药物残留的危害。

过敏反应：当动物性食品中残留的抗菌药物随食物链进入人体后，由于许多抗菌药物，如青霉素、四环素类、磺胺类等均具有抗原性，能刺激体内抗体的形成而引起许多人的过敏反应。其症状多种多样，轻者体表出现红疹、发热，关节肿痛、蜂窝组织炎以及急性血管水肿，严重者休克甚至危及生命。

对人类胃肠道微生物的不良影响：残留的抗菌药可抑制或杀死胃肠道内正常的菌群，导致人们正常的免疫机能下降，使体外病原更易侵入。

人类病原菌耐药性的增加：抗菌药在动物性食品中的残留，可使人类的病原菌长期接触这些低浓度的药物而产生耐药性。细菌的耐药基因可以在人群中的细菌、动物群中的细菌和生态系统中的细菌间相互传递，由此而使致病菌（沙门氏菌、肠球菌、大肠杆菌等）产生越来越强的耐药性，致使人类或动物的感染性疾病的治疗难度加大，治疗费用增加。

给新药的开发带来压力：随着病原细菌耐药性的增加，使抗菌药物的使用寿命逐渐缩短，这就要求不断开发新的药物品种以克服耐药性，细菌的耐药性产生得越快，临床上对新药的需求就越迫切。

增加体内脏器的负担：残留药物进入人体后，人体在代谢这些药物时，不知不觉中增加了体内脏器的负担。例如，磺胺类药物需通过肝脏来解毒；氨基糖苷类药物有较强的肾毒性，若长期食用含有此类药物的动物性食品，就会造成慢性肾中毒，不利于人体健康。

②激素残留的危害。兽药的激素多为促性腺素、肾上腺素、性激素和同化激素等，这些激素在畜牧业生产中多是作为注射剂、饲料添加剂或埋植于动物皮下，以达到促进动物生长发育、增重、育肥以及促使动物发情的目的。此类物质一旦进入人体，特别是对儿童可扰乱其正常的生长发育规律；甚至出现中毒症状，如盐酸克伦特罗就属于兴奋剂，它可使人产生心率过速、肌肉震颤、心悸和神经过敏等中毒反应。

③特殊毒性危害。特殊毒性是指致畸、致突变和致癌的作用。例如，雌激素、硝基呋喃类、喹恶啉类的卡巴氧、砷制剂、黄曲霉菌素、苯并芘、亚硝酸盐、多氯联苯、二恶英等均具有致癌作用。1988 年美国"国家毒理研究中心"报道，磺胺二甲嘧啶可使大鼠甲状腺癌和肝癌的发病率大大增加，而此药又是动物的常用药，其消除半衰期长。另外，长期摄入氯霉素能导致人骨髓造血机能的损伤而引发再生障碍性贫血；苯并咪唑类药物能引起人体细胞染色体突变和诱发孕妇产生畸形胎的后果。

④有毒有害物质的残留。此类物质是指汞、镉、铅、砷、酚、氟等，这些物质或元素在生物体内的蓄积可引起组织器官病变或功能失调等。畜禽产品中

的有毒有害物质主要来源：第一，自然环境中，如高氟地区的动植物体内的含氟量就高。第二，畜禽产品加工，饲料加工、储存、包装运输过程中的污染，如松花蛋中汞的含量较高，盒装罐头中锡含量较高。第三，饲料中添加的微量元素制剂。第四，农药、化肥及工业"三废"对畜禽及水产品的污染。

⑤农药残留。农药在防治病虫害，去除杂草，调节作物生长与控制人畜传染病，提高农副产品产量和质量方面确实起着重要的作用，但由于有些农药品种不易分解，如滴滴涕、六六六和部分有机磷农药等，使农作物、畜禽、水产等动植物体内受到不同程度的污染，并通过食物链的富集作用而危害人们健康与生命。早在1983年，国务院就决定停止生产六六六、滴滴涕。1985年当时的农牧渔业部就发布了第337号文件《关于禁止使用六六六防止家畜寄生虫病的通知》。但时至今日，内蒙古每年要用掉20万公斤林丹乳油（含丙体六六六）来防治家畜外寄生虫病，这使内蒙古的牛、羊肉在出口海湾国家时由于有机氯残留超标而屡屡受阻。

⑥对人类生存环境带来的不良影响。动物用药后，药物以原形或代谢物的形式随排泄物排出体外，残留于环境中，而绝大多数排入环境的兽药仍具有活性，将对土壤微生物、水生动物及昆虫等造成不良影响。低剂量的抗菌药长期排入环境中，会造成环境敏感菌耐药性的增加，而且其耐药基因可以通过水环境进行扩展和演化。链霉素、土霉素、泰乐菌素、竹桃霉素、螺旋霉素、杆菌肽锌、己烯雌酚、氯羟吡啶等在环境中降解非常慢，有的甚至需要半年以上才能降解。阿维菌素、伊维菌素等在粪便中可以保持八周的活性，对草原上的多种昆虫及堆肥周围的昆虫都有强大的抑制或杀灭影响。

6.4.1.2　食品中农药残留的概述

（1）农药残留概述

农药是用于防治危害农作物的病虫、杂草等有害生物及调节植物生长的化学试剂的总称。根据化学成分和结构的不同，农药可分为无机化合物和有机化合物，其中有机化合物占绝大部分，如有机磷、有机氯、有机砷、有机汞、氨基甲酸酯、拟除虫菊酯。农药残留是指农药使用后残存于食品中的微量农药，包括农药原体、有毒代谢物、降解物和杂质。

（2）农药污染食品途径

食品中的农药残留途径有：施用农药后对作物或食品的直接污染；空气、水、土壤的污染造成动植物体内含有农药残留，而间接污染食品；来自食物链和生物富集作用，如水中农药—浮游生物—水产动物—高浓度农药残留食品；运输及储存中由于和农药混放而造成食品污染等。

（3）农药残留防治

①加强安全教育。加强安全教育、提高农药安全知识水平，只有意识到农药污染及农药危害问题的严重性，才能从根本上防止农药的污染及其危害。

②完善农药法规，加强执法。农药法规对人们产生法律约束力，可保障人们在法律许可的范围内正常地生产、销售、使用和处理农药，对以身试法者施以严惩。

③采取有效的防护措施，配备必要的防护设备。根据农药的毒性和剂型，结合实际情况制定相应的防护措施，配备相应的防护设备以减少或杜绝农药生产管理和使用过程中的危害。

④加强农药研究，开发新型农药。提供必要的人力、物力、财力加强农药的研究、开发，给农林生产、环境卫生事业提供高效、广谱、低毒、低残留的新型农药品种。

6.4.2　典型兽药残留检测

6.4.2.1　抗生素检测

自 20 世纪 50 年代美国食品与药物管理局首次批准抗生素可用作饲料添加剂后，抗生素逐渐在畜禽养殖中推广。目前，世界上有 60 多种抗生素被应用于动物饲料中，全球范围内几乎所有地区都采用抗生素来实现追求产量、提高经济效益的目的。

抗生素按其化学结构与性质，可以分为磺胺类、四环素类、大环内酯类和 β-内酰胺类。

下述方法是用高效液相色谱法测定动物性食品中 13 种磺胺类药物残留。

原理：试料中残留的磺胺类药物，用乙酸乙酯提取，0.1mol/L 盐酸溶液转换溶剂，正己烷除脂，MCX 柱净化，高效液相色谱—紫外检测法测定，外标法定量。

试剂和材料：

①磺胺醋酰、磺胺吡啶、磺胺甲氧哒嗪、苯酰磺胺、磺胺间甲氧嘧啶、磺胺氯哒嗪、磺胺异恶唑、磺胺二甲氧哒嗪、磺胺吡唑对照品：含量≥99%；

磺胺恶唑、磺胺甲基嘧啶、磺胺二甲基嘧啶：含量≥99%。

②乙酸乙酯：色谱纯。

③乙腈：色谱纯。

④甲醇：色谱纯。

⑤盐酸。

⑥正己烷。

⑦甲酸：色谱纯。

⑧氨水。

⑨MCX 柱：每 3mL 60mg/3mL，或相当者。

⑩0.1%甲酸溶液：取甲酸 1mL，用水溶解并稀释至 1000mL。

⑪0.1% 甲酸乙腈溶液：取 0.1% 甲酸 830mL，用乙腈溶解并稀释至 1000mL。

⑫洗脱液：取氨水 5mL，用甲醇溶解并稀释至 100mL。

⑬0.1mol/L 盐酸溶液：取盐酸 0.83mL，用水溶解并稀释至 100mL。

⑭50%甲醇乙腈溶液：取甲醇 50mL，用乙腈溶解并稀释至 100mL。

⑮100μg/mL 磺胺类药物混合标准储备液：精密称取磺胺类药物标准品各 10mg，于 100mL 量瓶中，用乙腈溶解并稀释至刻度，配制成浓度为 100pg/mL 的磺胺类药物混合标准储备液。−20℃以下保存，有效期 6 个月。

⑯10μg/mL 磺胺类药物混合标准工作液：精密量取 100μg/mL 磺胺类药物混合标准储备液 5.0mL，于 50mL 量瓶中，用乙腈稀释至刻度，配制成浓度为 10μg/mL 的磺胺类药物混合标准工作液。−20℃以下保存，有效期 6 个月。

仪器和设备：

①高效液相色谱仪：配紫外检测器或二极管阵列检测器。

②分析天平：感量 0.00001g。

③天平：感量 0.01g。

④涡动仪。

⑤离心机。

⑥均质机。

⑦旋转蒸发仪。

⑧氮吹仪。

⑨固相萃取装置。

⑩鸡心瓶：100mL。

⑪聚四氟乙烯离心管：50mL。

⑫滤膜：有机相，0.22μm。

材料的制备与保存：可取适量新鲜或解冻的空白或供试组织，绞碎，并使均质，−20℃以下保存。

6.4.2.2　激素检测

在畜牧业生产中激素经常被用作动物饲料添加剂或埋植于动物皮下，具有促进动物生长发育、增加体重和肥育等功效，以改善动物的生产性能，提高其畜产品的产量，从而导致所用激素在动物产品中残留。

下述方法是高效液相色谱法测定畜禽肉中的己烯雌酚。

原理：试样匀浆后，经甲醇提取过滤，注入 hPLC 柱中，经紫外检测器鉴定。于波长230mn 处测定吸亮度，同条件下绘制工作曲线，己烯雌酚含量与吸亮度值在一定浓度范围内成正比，试样与工作曲线比较定量。

试剂：

①甲醇。

②0.043mol/L 磷酸二氢钠：取 1g 磷酸二氢钠溶于水成 500mL。

③磷酸。

④己烯雌酚标准溶液：精密称取 100mg 己烯雌酚（DEs）溶于甲醇，移入 100mL 容量瓶中，加甲醇至刻度，混匀，每毫升含 DEs 1.0mg，储于冰箱中。

⑤己烯雌酚标准使用液：吸取 10.00mLDEs 储备液，移入 100mL 容量瓶中，加甲醇至刻度，混匀，每毫升含 DEs100μg。

仪器：

①高效液相色谱仪：具紫外检测器。

②小型绞肉机。

③小型粉碎机。

④电动振荡机。

⑤离心机。

步骤：

①准备样品：将畜禽组织样品取 1g，加入 4mL 的乙腈—甲醇（1∶1）混

合溶液，振荡混合 15 分钟，离心去除沉淀，取上清液备用。

②标准曲线的制备：将抗生素标准品分别加入甲醇中，制成浓度为 1~1000ng/mL 的标准溶液。

③色谱条件的设置：采用反相色谱柱，使用磷酸盐缓冲液—甲醇—乙腈为流动相，进行渐变洗脱。色谱柱温度设定在 35°C，流速为 1mL/min，检测波长为 280 nm。

④样品和标准品的分析：将样品和标准品注入 HPLC 进行分析，通过标准曲线计算出样品中抗生素的含量。

结果和计算：

假设标准曲线的方程为 $y = 0.001x + 0.001$，样品中抗生素的峰面积为 2000，标准曲线上对应的浓度为 10ng/mL，则样品中抗生素的浓度为：

$$抗生素浓度 = 2000/0.001 \times 10 = 200000（ng/g）$$

这种抗生素在样品中的最大残留限量为 100ng/g，则样品中的抗生素含量超标。

6.4.3 典型农药残留检测

6.4.3.1 有机氯农药残留的检测

有机氯农药是成分中含有有机氯元素的有机化合物，主要分为以苯为原料和以环戊二烯为原料的两大类。前者包括使用最早、应用最广的杀虫剂滴滴涕（DDT）和六六六，以及杀螨剂三氯杀螨砜、三氯杀螨醇等，杀菌剂五氯硝基苯、百菌清、道丰宁等；后者包括作为杀虫剂的氯丹、七氯、艾氏剂等。此外，以松节油为原料的莰烯类杀虫剂、毒杀芬和以萜烯为原料的冰片基氯也属于有机氯农药。

有机氯农药残留的检测方法有气相色谱法、薄层色谱法、气相色谱—质谱法等。气相色谱法和气相色谱—质谱法是国家标准中使用的定量检测方法。

（1）焰火法

该方法主要用于定性检测，其原理是利用样品中的有机氯受热分解为氯化氢，与铜勺表面的氧化铜作用生成氯化铜，在无色火焰中呈现绿色。将铜勺在酒精灯或煤气灯上灼烧，直至铜勺表面覆盖一层黑色氧化铜为止。取少量样品，用乙醚浸泡振荡并过滤。将滤液逐滴滴在铜勺表面蒸发，然后进行灼烧，呈绿色火焰，说明样品被有机氯农药污染。若样品中的农药含量很低，可将乙醚提取液浓缩蒸干，用少量乙醇溶解残留物，然后按上述方法检验。

（2）气相色谱—质谱法测定动物性食品中的有机氯农药

该方法主要用于定量检测，其原理是在均匀的试样溶液中定量加入 ^{13}C-六氯苯和 ^{13}C-灭蚁灵稳定性同位素内标，经有机溶剂振荡提取、凝胶色谱层析净化，采用选择离子监测的气相色谱—质谱法（GC-Ms）测定，以内标法定量。

试剂：

①丙酮（CH_3COCH_3）：分析纯，重蒸。

②石油醚：沸程 30~60℃，分析纯，重蒸。

③乙酸乙酯（$CH_3COOC_2H_5$）：分析纯，重蒸。

④环己烷（C_6H_{12}）：分析纯，重蒸。

⑤正己烷（n-C_6H_{14}）：分析纯，重蒸。

⑥氯化钠（NaCl）：分析纯。

⑦无水硫酸钠（Na_2SO_4）：分析纯，将无水硫酸钠置于干燥箱中，于120℃干燥 4h，冷却后，密闭保存。

⑧凝胶：Bio-Bcadss-X3 200~400 目。

⑨标准溶液：分别准确称取上述农药标准品适量，用少量苯溶解，再用正己烷稀释成一定浓度的标准储备溶液，量取适量标准储备溶液，用正己烷稀释为系列混合标准溶液。

⑩内标溶液：将浓度为 1000mg/L、体积为 1mL $^{13}C_6$ 六氯苯和 $^{13}C_{10}$ 灭蚁灵稳定性同位素内标溶液转移至容量瓶中，分别用正己烷定容至10.00mL，配制成 100mg/L 的标准储条液，-20℃冰箱保存。取此标准储备液0.6mL，分别用正己烷定容至 10.00mL，配制成 6.0mg/L 的标准工作液。

仪器：

①气相色谱—质谱联用仪（GC-Ms）。

②凝胶净化柱：长 30cm、内径 2.3~2.5cm 具活塞玻璃层析柱，柱底垫少许玻璃棉，用洗脱剂乙酸乙酯-环己烷（1+1）浸泡的凝胶，以湿法装入柱中，柱高约 26cm，使凝胶始终保持在洗脱剂中。

③全自动凝胶色谱系统，带有固定波长（254nm）紫外检测器，供选择

使用。

④旋转蒸发仪。

⑤组织匀浆器。

⑥振荡器。

⑦氮气浓缩器。

实验操作步骤：

①样品制备：将样品研磨并筛选，取约10g放入250mL锥形瓶中，加入10mL甲苯，用超声波处理15分钟，然后用纱布过滤，收集滤液并置于离心管中，离心10分钟，取上清液备用。

②固相萃取：将样品上清液取1mL加入50mL离子交换柱中，让其通过，再加入3mL去离子水洗涤，收集洗涤液，用乙醚—乙酸乙酯（1:1）混合液洗涤柱底部，收集洗涤液并与洗涤液合并，用氮气吹干，加入1mL甲醇重溶。

③气相色谱—质谱检测：用气相色谱—质谱法检测甲醇重溶液中有机氯农药的含量。

结果和计算：

根据检测结果，可以得出样品中有机氯农药的含量，通常用质量浓度（mg/kg）或质量分数（ppm）表示。计算公式为：

样品中有机氯农药含量 = （样品中有机氯农药质量/样品质量）×10^6

例如，若样品质量为10g，经检测发现含有1mg有机氯农药，则其含量为：

$$有机氯农药含量 = （1mg/10g）×10^6 = 100（ppm）$$

如果样品是果蔬等含水量较高的物质，需要首先进行水分的测定，然后按照干样品质量进行计算；如果样品中含有多种有机氯农药，需要进行多种农药的检测和计算，得出每种农药的含量。因此，在具体实验操作前，需要根据实验需求和样品特性选择相应的方法和计算公式。

6.4.3.2　拟除虫菊酯类农药残留的检测

拟除虫菊酯类农药是模拟天然除虫菊素由人工合成的一类杀虫剂，有效成分是天然菊素。由于其杀虫谱广、效果好、低残留、无蓄积作用等优点，近年来应用日益普遍。拟除虫菊酯类农药多不溶于水或难溶于水，可溶于多种有机溶剂，对光热和酸稳定，遇碱（pH>8）时易分解。可经消化道、呼吸道和皮肤黏膜进入人体。但因其脂溶性小，所以不易经皮肤吸收，在胃肠道吸收也不完全。进入体内的毒物，在肝微粒体混合功能氧化酶（MFO）和拟除虫菊酯酶的作用下，进行氧化和水解等反应而生成酸（如游离酸、葡萄糖醛酸或甘氨酸结合形式）、醇（对甲基羧化物）的水溶性代谢产物及结合物而排出体外。主要经肾排出，少数随大便排出。24 小时内排出 50% 以上，8 天内几乎全部排出，仅有微量残存于肝脏中。大量动物试验证明，拟除虫菊酯类无致癌、致畸和突变作用。

拟除虫菊酯类残留的检测方法有气相色谱法、气相色谱—质谱联用法、高效液相色谱法、液相色谱—质谱/质谱法、速测盒法、免疫分析法、薄层色谱法、生物传感器法等。气相色谱法和气相色谱/质谱法是国家标准中使用的定量检测方法。

（1）走性检测——显色法

原理：将已知浓度的拟除虫菊酯类农药水解，选用分光亮度法测定空白对照和已知浓度的拟除虫菊酯类农药在 525nm 处的吸亮度值，得到吸亮度差值与拟除虫菊酯类农药浓度之间的线性关系标准曲线；对未知浓度的拟除虫菊酯类农药进行水解，利用所述显色检测体系对样品进行检测，获得基于羧酸酯酶水解显色方法对样品的吸亮度差值，并利用标准曲线法对样品中拟除虫菊酯农药含量进行测定。

该方法适用于粮食、蔬菜、水果等农产品及环境中 I 型和 II 型拟除虫菊酯类农药残留的定性和定量检测，操作步骤简便、快捷、成本低，易于在现场快速检测设备中使用。

（2）定量检测——气相色谱—质谱法测定冻兔肉中拟除虫菊酯类农药残留

原理：试样用环已烷+乙酸乙酯混合溶剂均质提取，提取液浓缩后经凝胶渗透色谱和间相萃取净化，浓缩，气相色谱—质谱仪检测，外标法定量。

试剂和材料：

①乙腈。

②环己烷。

③乙酸乙酯。

④环己烷+乙酸乙酯混合溶剂 1+1，体积比）。

⑤正己烷。

⑥正己烷饱和的乙腈：向 100mL 乙腈中加入 100mL 正己烷，充分振摇后，静置分层，取下层乙腈备用。

⑦甲苯。

⑧丙酮。

⑨无水硫酸钠，分析纯：用前在 650℃灼烧 4h，储存于干燥器中，冷却后备用。

⑩中性氧化铝固相萃取小柱，500mg，3mL 或相当者：用前使用 2mL 正己烷饱和的乙腈活化。

⑪农药标准物质：纯度≥95%。

⑫标准储备溶液。

⑬准确称取 10mg（精确至 0.1mg 各农药标准物，分别置于 10mL 容量瓶中，用甲苯溶解并定容至刻度。

⑭混合标准溶液：按照农药的性质和保留时间，将农药按照规定的浓度分组，用甲苯配制成混合标准溶液。混合标准溶液避光 4℃保存，可使用 1 个月。

⑮基质混合标准工作溶液：按照规定的浓度，分别取混合标准溶液 0mL、0.05mL、0.10mL、0.25mL、0.5mL，加入样品空白基质提取液并定容至 1.0mL，混匀，配成四组基质混合标准工作溶液，用于绘制标准工作曲线，基质混合标准工作溶液使用前配制。

仪器：

①气相色谱—质谱仪：配有电子轰击源（E1）。

②凝胶渗透色谱仪：内装 Bio-Beads S-X3 填料的净化柱。

③分析天平：感量 0.1mg 和 0.01g 各一台。

④旋转蒸发器。

⑤均质器：最大转速为 24000r/min。

⑥离心机：最大转速为 5000r/min。

⑦氮气吹干仪。

实验步骤：

样品的制备：按照样品的不同性质进行样品制备。大多数植物性食品需要进行样品的均质化处理，液态样品需经过稀释后才能直接使用。

样品提取：将样品加入适量的有机溶剂中，用超声波或震荡器进行提取。

分离纯化：将提取物进行进一步的纯化，常用的方法有液液萃取、凝胶过滤、反相层析等方法。

检测方法：拟除虫菊酯类农药的检测方法主要有气相色谱—质谱联用（GC-MS）、高效液相色谱—质谱联用（HPLC-MS/MS）、酶联免疫吸附测定法（ELISA）等方法。

结果和计算：

根据不同的检测方法，结果的表达方式也不同。一般来说，会给出样品中拟除虫菊酯类农药的浓度或含量，以及是否超过了规定的安全标准。比如，中国规定玉米中拟除虫菊酯类农药残留量不得超过 $10\mu g/kg$，如果检测结果显示超过了这个标准，就需要采取相应的措施，如更换农药、加强监管等。

6.4.3.3　有机磷农药残留的检测

有机磷农药是用于防治植物病、虫、害的含有机磷的化合物。这类农药品种多、药效高、用途广、易分解，在人、畜体内一般不积累，在农药中是极为重要的一类化合物。但有不少品种对人、畜的急性毒性很强。

有机磷农药种类很多，常分为三大类，分别为剧毒类（如甲拌磷、内吸磷、对硫磷、保棉丰、氧化乐果）、高毒类（如甲基对硫磷、二甲硫吸磷、敌敌畏、亚胺磷）、低毒类（如敌百虫、乐果、氯硫磷等）。

有机磷农药残留的检测方法主要有微量化学法、快速定性检测法、高效液相色谱法、气相色谱法、酶抑制法、酶联免疫法。气相色谱法和液相色谱法是国家标准中使用的定量检测方法。

（1）定性检测——速测卡法

原理：胆碱酯酶可催化靛酚乙酸酯（红色）水解为乙酸与靛酚（蓝色），有机磷类或氨基甲酸酯类农药对胆碱酯酶有抑制作用，使催化、水解、变色的过程发生改变，由此可判断出样品中是否含有有机磷类或氨基甲酸酯类农药。

试剂：

①固化有胆碱酯酶和靛酚乙酸酯试剂的纸片（速测卡）。

②pH7.5 缓冲溶液：分别取 15.0g 磷酸氢二钠（$Na_2HPO_4 \cdot 12H_2O$）与 1.598 无水磷酸二氢钾（KH_2PO_4），用 500mL 蒸馏水溶解。

葱、韭菜、生姜、蒜、辣椒、胡萝卜等蔬菜，含有破坏酶活性或使蓝色产物褪色的物质，处理这类样品时，不能剪得太碎，浸提时间要短，必要时采取整株蔬菜浸提。

（2）走量铪测——气相色谱法测走蔬莱水果中的有机磷农药残留

原理：试样中有机磷类农药经乙腈提取，提取溶液经过滤、浓缩后，用丙酮定容，用双自动进样器同时注入气相色谱仪的两个进样口，农药成分经不同极性的两根毛细管柱分离，火焰亮度检测器（FPD 磷滤光片）检测。用双柱的保留时间定性，外标法定量。

试剂与材料：

①乙腈。

②丙酮，重蒸。

③氯化钠，140℃烘烤 4h。

④滤膜 0.2μm 有机溶剂膜。

⑤铝箔。

实验步骤：

样品准备：将样品切碎，称取适量的样品加入甲醇中，超声提取 20 分钟，离心 10 分钟，取上清液，过滤备用。

气相色谱法检测：将经过提取的上清液通过氮气吹扫浓缩到干燥，再用氯仿重溶，进行气相色谱分析。气相色谱仪参数为：毛细管柱为 DB－1701，进样口温度 250℃，毛细管柱温度 180℃，检测器温度 250℃，流速为 1mL/min。

液相色谱法检测：将样品经过提取后的上清液直接进样进液相色谱仪进行分析。液相色谱仪参数为：色谱柱为 C_{18} 色谱柱，流速为 1mL/min，检测波长为 280nm，进样量为 10μL。

实验结果：

检测结果根据标准曲线计算，得出样品中有机磷农药残留的含量。

计算方法：

以气相色谱法为例，假设标准曲线方程为 $y=0.123x+0.345$，其中 y 为响应因子，x 为浓度。对于样品测试，测得响应因子为 2.345，代入方程求解得浓度为（2.345－0.345）/0.123＝16.26（mg/kg）。因此，该样品中有机磷农药残留的含量为 16.26mg/kg。

6.4.3.4　氨基甲酸酯类农药残留的检测

氨基甲酸酯类农药是人类针对有机氯和有机磷农药的缺点而开发出来的一种新型广谱杀虫、杀螨、除草的农药，在水中溶解度高，具有高效、选择性强、广谱、对人畜低毒、易分解和残留期短的优点，在农业、林业和牧业等方面得到了广泛的应用。氨基甲酸酯类农药使用量较大的有速灭威、西维因、涕灭威、克百威、叶蝉散和抗蚜威等。氨基甲酸酯类农药一般在酸性条件下较稳定，遇碱易分解，暴露在空气和阳光下易分解，在土壤中的半衰期为数天至数周。

联合国粮食及农业组织及世界卫生组织联合食品添加剂专家委员会曾在2005 年进行有关氨基甲酸酯类农药评估，认为经食物（不包括酒精饮品）摄入的氨基甲酸酯类农药分量，对健康的影响并不大，但经食物和酒精饮品摄入的氨基甲酸酯类总量，则可能对健康构成潜在的风险。专家委员会建议采取措施，减少一些农作物氨基甲酸酯类农药的含量。

氨基甲酸酯农药残留的检测方法有气相色谱法、气相色谱—质谱联用法、高效液相色谱法、液相色谱—质谱/质谱法、免疫分析法、酶抑制法等。气相色谱法和液相色谱—质谱法是国家标准中使用的定量检测方法。

利用分光亮度法定性检测，其原理是在一定条件下，有机磷和氨基甲酸酯类农药对胆碱酯酶正常功能有抑制作用，其抑制率与农药的浓度成正相关。正常情况下，酶催化神经传导代谢产物（乙酰胆碱）水解，其水解产物与显色剂反应，产生黄色物质，用分光亮度计在 412nm 处测定吸亮度随时间的变化值，计算出抑制率。通过抑制率可以判断出样品中是否有高剂量有机磷或氨基甲酸酯类农药的存在。

利用液相色谱—质谱/质谱法进行定量检测，测定乳及乳制品中多种氨基甲酸酯类农药残留，其原理是试样用乙腈提取，提取液经固相萃取柱净化后，甲醇洗脱，用液相色谱—串联质谱仪检测和确证，外标法定量。

6.4.4　食品中药物残留检测的新技术

食品中药物残留检测技术的发展一直处于不断更新换代的过程中，新的检测技术层出不穷。以下是一些较新的药物残留检测技术：

质谱成像技术：利用激光扫描离子显微镜将样品分离成单独的离子图

像，可以准确地检测药物残留的位置和含量。

电子鼻技术：通过电子鼻装置对药物残留进行检测，不需要分离样品，具有快速、灵敏和低成本的特点。

微生物生物传感器：利用微生物的生物学特性对药物残留进行检测，具有高选择性和高灵敏度。

毒性细胞芯片技术：通过将人体细胞培养在芯片上，可以检测药物残留的毒性对人体的影响。

光声光谱技术：利用激光和超声波对药物残留进行检测，具有快速、灵敏和非侵入性的特点。

以上技术都有各自的特点和适用范围，可以根据实际情况选择合适的技术进行药物残留检测。

第7章 其他食品安全检测技术

食品安全是人们生活的重中之重，近年来随着经济水平的日益提升，人们越来越关注有关食品安全相关的检测技术，除了食品常见成分的检测和食品添加剂安全检测，还有其他食品安全检测。

7.1 食品造假安全检测

7.1.1 概述

这里食品造假主要指食品掺假，即人为地、有目的地向食品中加入一些非固有的成分，以增加其重量或体积，而降低成本；或改变某种质量，以低劣的色、香、味来迎合消费者贪图便宜的行为。食品掺假主要包括掺假、掺杂和伪造，这三者之间并没有明显的界限，食品掺假即为掺假、掺杂和伪造的总称。一般的掺假物质能够以假乱真。

食品掺假会极大地影响食品质量，营养价值、感官特性、安全性等都会发生改变。根据所添加物质的种类不同，所造成的危害程度也是不同的。

①添加物属于正常食品或原辅料，仅是成本较低，会致使消费者蒙受经济损失。例如，乳粉中加入过量的白糖；牛乳中掺水或豆浆；芝麻香油中加米汤或掺葵花油、玉米胚油；糯米粉中掺大米粉；味精中掺食盐等。这些添加物都不会对人体产生急性损害，但食品的营养成分、营养价值降低，会干扰经济市场。

②添加物是杂物，不利于人体健康。例如，米粉中掺入泥土，面粉中混入沙石等杂物，人食用后可能对消化道黏膜产生刺激和损伤。

③添加物具有明显的毒害作用，或具有蓄积毒性。例如，用化肥（尿素）浸泡豆芽；用除草剂催发无根豆芽；将添加绿色染料的凉粉当作绿豆粉

制成的凉粉等。人食用这类食品后，胃部会受到恶性刺激，还可能对人体产生蓄积毒性，致癌、致畸、致突变等危害。最近，有些地区也有因使用混入桐油的食用油炸制油饼、油条而引起人食物中毒的报道。

④添加物细菌污染而腐败变质的，通过加工生产仍不能彻底灭菌或破坏其毒素。曾有因食用变质月饼、糕点等引起食物中毒的典型事例，使食用者深受其害。

常见的食品掺假鉴别检验的方法如下。

7.1.1.1 感官检验法

感官检验法是通过人体的各种感觉器官（眼、耳、鼻、舌、皮肤）所具有的视觉、听觉、嗅觉、味觉和触觉，结合平时积累的实践经验，并借助一定的器具对食品的色、香、味、形等质量特性和卫生状况做出判定和客观评价的方法。

感官检验具有简便易行、快速灵敏、不需要特殊器材等特点。感官上不合格则不必进行理化检验。凡是作为食品原料、半成品或成品的食物，其质量优劣与真伪评价，都可采用感官检验。

感官检验有两种类型：分析型感官检验和偏爱型感官检验。两者的最大差异是前者不受人的主观意志的影响，而后者主要靠人的主观判断。

（1）分析型感官检验

分析型感官检验有适当的测量仪器。既可用物理、化学手段测定质量特性值，也可用人的感官来快速、经济，甚至高精度地对样品进行检验。这类检验最主要的问题是如何测定检验人员的识别能力。检验是以判断产品有无差异为主，主要用于产品的入厂检验、工序控制与出厂检验。

（2）偏爱型感官检验

偏爱型感官检验与分析型感官检验正好相反，是以样品为工具，了解人的感官反应及倾向。这种检验必须用人的感官来进行，完全以人为测定器，调查、研究质量特性对人的感觉、嗜好状态的影响（无法用仪器测定）。这种检验的主要问题是如何能客观地评价不同检验人员的感觉状态及嗜好的分布倾向。

7.1.1.2 物理分析法

物理分析法是根据食品的某些物理指标（如密度、折光率、旋光度等）与食品的组成成分及其含量之间的关系进行检测，进而判断被检食品纯度、组成的方法。

（1）相对密度检验法

相对密度是物质重要的物理常数，各种液态食品都具有一定的相对密度，当其组成成分及浓度发生改变时，其相对密度往往也随之改变。通过测定液态食品的相对密度，可以检验食品的纯度、浓度及判断食品的质量。

例如，蔗糖溶液的相对密度随糖液浓度的增加而增大，原麦汁的相对密度随浸出物浓度的增加而增大，而酒中酒精的相对密度却随酒精度的提高而减小，这些规律已通过实验制定出了它们的对照表，只要测得它们的相对密度就可以查出其对应的浓度。对于某些液态食品（如果汁、番茄制品等），测定相对密度并通过换算或查专用经验表格可以确定可溶性固形物或总固形物的含量。

测定液态食品相对密度的方法有密度计法、密度瓶法、相对密度天平法，其中较常用的是前两种方法。

（2）旋光法

应用旋光仪测量旋光性物质的旋光度以确定其含量的分析方法叫旋光法。常用的旋光计有如下几种。

①普通旋光计。最简单的旋光计是由两个尼克尔棱镜构成，一个用于产生偏振光，称为起偏器；另一个用于检验偏振光振动平面被旋光质旋转的角度，称为检偏器。当起偏器与检偏器光轴互相垂直时，即通过起偏器产生的偏振光的振动平面与检偏器光轴互相垂直时，偏振光通不过去，故视野最暗，此状态为仪器的零点。若在零点情况下，在起偏器和检偏器之间放入旋光质，则偏振光部分或全部地通过检偏器，结果视野明亮。此时如果将检偏器旋转一角度使视野最暗，则所旋角度即为旋光质的旋光度。实际上这种旋光计并无实用价值，因用肉眼难以准确判断什么是"最暗"状态。为克服这个缺点，通常在旋光计内设置一个小尼克尔棱镜，使视野分为明暗两半，这就是半影式旋光计。

②检糖计。检糖计是测定糖类的专用旋光计，其测定原理与半影式旋光计基本相同。

③WZZ-1 型自动旋光计。WZZ-1 型自动旋光计采用光电检测器及晶体管自动示数装置，具有体积小、灵敏度高、没有人为误差、读数方便、测定迅速等优点。

（3）折光法

通过测量物质的折光率来鉴别物质组成，确定物质的纯度、浓度及判断物质品质的分析方法称为折光法。折光仪是根据光的全反射原理测出临界角而得出物质折射率的仪器。食品工业中最常用的是手提折光仪和阿贝折光仪。

7.1.1.3　其他方法

化学分析法以物质的化学反应为基础，使被测成分在溶液中与试剂作用，由生成物的量或消耗试剂的量来确定成分含量的方法。它是食品检测技术中最基础、最重要的检测方法。

仪器分析法是在物理分析、化学分析的基础上发展起来的一种快速、准确的分析方法。它是以物理或物理化学性质为基础，利用光电仪器来测定物质含量的方法，包括物理分析法和物理化学方法。该方法灵敏、快速、准确，尤其适用于微量成分分析，但必须借助较昂贵的仪器，如分光光度计、气相色谱仪、液相色谱仪、原子吸收分光光度计等。目前，在我国的食品分析检测方法中也有着广泛应用。

酶分析法是利用酶作为生物催化剂进行定性或定量的分析方法。酶分析法具有高效性、专一性、干扰能力强、简便、快速、灵敏性等特点。

7.1.2　粮油掺假检测

7.1.2.1　粮食新鲜程度的检验

（1）邻甲氧基苯酚法

新鲜粮食酶的活性很强，随着储存时间增长，酶的活性逐渐降低，故可用酶的活性来判断粮食新鲜程度。

在过氧化氢存在的情况下，邻甲氧基苯酚会在新粮的氧化还原酶作用下生成红色的四联邻甲氧基苯酚，而陈粮则不显色。根据该原理进行检查。如果米粒和溶液在 $1\sim3min$ 内呈自浊而溶液上部呈浓红褐色为新鲜米；不显色则为纯陈米。新米与陈米混合时，显色速度不同，新米含量越多，显色越快，反之则慢。如果新米掺陈米，可取 100 粒米进行试验，新米染色后排出，数粒数，可概略定量掺陈米百分率。该方法不足在于，凡是影响酶活性变化的因素对本法都有干扰。例如，小麦粉在加工时局部温度过高，破坏酶活性，就不能用该法判断新鲜与否。

（2）酸碱度指示剂法

随着放置时间的增长，米会逐渐被氧化，从而使酸度增加，pH下降，故可从pH指示剂变化来判断粮食的新鲜程度。

分两种情况：如果判断总体样品是否是新大米，可用米浸泡液测定；如果判断陈米掺入率时，可用浓度高的指示剂使米染色判断。

上述方法适用于大米、糯米，而对于有色的米类如玉米、黄米等并不适用。对带色米、面等，可取样品加蒸馏水浸泡，过滤。取滤液用氢氧化钾滴定，并计算酸度，陈粮酸度明显高于新粮。

7.1.2.2 小米和黄米用姜黄粉染色的检测

一些不法分子为了掩盖陈小米和陈黄米的轻度发霉现象，将其漂洗后，加入姜黄粉对其进行染色处理。

检测原理：利用姜黄粉在碱性条件下呈红褐色的化学性质来鉴别。

检测步骤：取10g小米于研钵中，加入10mL无水乙醇进行研磨。待研碎后，再加入15mL无水乙醇研匀。取约5mL研磨液于试管中，加入10%的氢氧化钠溶液2mL，摇匀。若出现橘红色，则证明使用了姜黄粉。

7.1.2.3 大米掺假的检测

表7-1所示为大米的感官检验。

表7-1 大米的感官检验

参照标准	大米等级		
	优质	次质	劣质
色泽	清白色或精白色，有光泽	白色或微淡黄色，透明度差	色泽差，呈绿色、黄色、灰褐色
外观	大小均匀，坚实丰满，粒面光滑、完整	饱满程度差，碎米较多，有爆腰和腹白粒	有结块、发霉现象
气味	正常的香气味，无其他异味	微有异味	霉变气味、酸臭味，腐败味及其他异味
滋味	味佳，微甜，无任何异味	乏味或微有异味	酸味、苦味及其他不良滋味

（1）掺有霉变米的检验

市售粮曾发现有人将发霉米掺入好米中销售，也有人将发霉米漂洗之后销售，进口粮中也曾发现霉变米。感官检验霉变米的方法是，看该米是否有霉斑、霉变臭味，米粒表面是否有黄、褐、黑、青斑点，胚芽部位是否有霉变色，如果有上述现象，说明待检测米是霉变米。若粮食的贮存、运输管理不善，在水分过高、温度高时就极易发霉。大米、面粉、玉米、花生和发酵食品中，主要是曲霉、青霉，个别地区以镰刀菌为主。有人将发霉米掺到好米中销售，或将发霉米漂洗之后销售。

霉菌孢子计数和霉菌相检验。菌落培养，并计算菌落总数，鉴定各类真菌。正常霉孢子数计数 ≤1000 个/g；如果在 1000~100000 个/g，则为轻度霉变；如果大于 100000 个/g 为霉变。不过，该法不适合于经漂洗后的霉变米的检验。

脂肪酸度检验。大米在储藏过程中，所含的脂肪易氧化分解，形成脂肪酸，使大米酸度增大。尤其是霉变的大米更容易如此，为此，可以用标准氢氧化钾溶液滴定来计算其脂肪酸度。

（2）糯米中掺大米的检验

感官检测。糯米为乳白色，籽粒胚芽孔明显，粒小于大米粒；大米为青白色半透明，籽粒胚芽孔不明显，粒均大于糯米。

加碘染色法。糯米淀粉中主要是支链淀粉，大米淀粉中含直链淀粉和支链淀粉，该法利用不同淀粉遇碘呈不同的颜色进行鉴别。糯米呈棕褐色，大米呈深蓝色。如需定量，则可随机取样品少量按操作进行，染色后倒出米粒，将大米挑出，可计算掺入率。

（3）大米涂油、染色的检验

大米涂油的检验（用矿物油抛光）。涂油大米用手摸时，手上没有米糠面；把大米放进温开水里浸泡，水面上会浮现细小油珠。

大米染色的检验。染色大米用手摸时有光滑感，手上没有米糠面；用清水淘米时，颜料会自动溶解脱落，等水变混浊后即显出大米本来面目。

7.1.2.4 食用油脂的感官检验

植物油。从色泽：同种植物油颜色越浅，品质越好。气味及滋味：按正常、焦煳、酸败、苦辣等表示。透明度：纯净植物油应是透明的，但一般油类常因含有过量水分，杂质，蛋白质和油脂物溶解物（如磷脂）等而呈现混浊。从油脂透明程度可判断植物油是否纯净。

动物油脂。色泽：凝固的油脂应为白色，或略带淡黄色。稠度：15~20℃猪脂应为软膏状，牛、羊脂应为坚实的固状体。透明度：正常油脂融化后应透明。

7.1.2.5　毛油与精制油的鉴别检验

植物油的制备方法主要采用浸出法和压榨法，用这两种方法制得的油称为毛油。对毛油进行脱胶、脱酸、脱臭、脱色等工艺加工，以便除掉尘埃、蛋白质、胶质、黏质物、游离脂肪酸、色素及有臭物质，从而得到精制油。毛油与精制油存在以下区别，可以为鉴别提供依据。

毛油经短时间存放就会产生臭味，加热后烟点低，水分高、油加热后变黑。

水分：正常精制植物油水分含量小于 0.2%，而毛油水分多大于 0.5%，但是仅水分一项不能做出准确判定，还应配合其他指标。

精制油杂质 0.1%~0.25%，毛油中杂质远远超过此数。

油脂由于品质和含杂质量的不同，经过加热后其透明度和颜色均发生不同的变化，因此，可以通过加热试验，对加热前后进行比较，判断油脂的品质和含杂质的情况。油样混浊在加热时消失，冷却后又重新出现，则说明油样水分过高或含有动物性脂肪；油样混浊在加热时也不消失，则说明杂质多。

7.1.2.6　食用油脂掺另一种油脂的检验

在质量好或售价高的油脂产品中掺入质量差或价格低的同种油脂或另一种油脂，如芝麻油中掺入大豆油、菜籽油等是食用油脂掺假常见的一种方式。

（1）芝麻油掺假的检验

芝麻油简称麻油，俗称香油，是以芝麻为原料加工制取的食用植物油，是消费者喜爱的调味品。因含有多种挥发性芳香物质，故有浓烈香味。它既能提高食品的口感增进食欲，营养价值也优于其他油脂，因而香油售价最高。掺假香油多为掺入棉籽油、卫生油（精炼棉籽油）和菜籽油等低价油脂，也有在香油中掺入米汤（小米汤）等物质。

看色法。纯香油呈淡红色或红中带黄，如掺上其他油，颜色就不同。掺菜籽油呈草绿色，掺棉籽油呈黑红色，掺卫生油呈黄色。

观察法。夏季在阳光下看纯香油，清晰透明纯净。如掺假就会模糊混浊，还容易沉淀变质。

水试法。用筷子蘸一滴香油，滴到平静的水面上，纯香油会呈现出无色透明的薄薄的大油花。掺了假的则会出现较厚较小的油花。

摩擦法。将油滴置于手掌中，用另一手掌用力摩擦，由于摩擦产生热，油的芳香物质分子运动加速，香味容易扩散。如为纯香油，闻之有单纯浓烈的香油香味。

此外，芝麻油与蔗糖盐酸作用产生红色物质的量和芝麻油的量成正比。可取标准芝麻油反应，做出标准曲线，样品与之对照，达到定量的目的。可用此法测定芝麻油中其他油的掺入量。

（2）掺棉籽油的检验

用棉籽所榨的油称为棉籽油，经精炼后，是一种适于食用的植物油。价格相当便宜。粗制棉籽油中有游离棉酚、棉酚紫和棉绿素等三种毒素。如长期食用，就有可能发生中毒。主要症状：为皮肤灼烧难忍，无汗或少汗，同时伴有心慌、无力、肢体麻木、头晕、气急等，并影响生殖机能。

定性检验法。取油样溶于硫黄的二硫化碳溶液后加入 1~2 滴吡啶或戊醇。在饱和食盐水中徐徐加热至盐水沸腾，持续 30min。若溶液呈红色，或橘红色，表示有棉籽油存在。可能是由于棉籽油中含有极微量的醛和酮所致。

定量检验法。一是紫外分光光度法。棉酚经用丙酮提取后，在 378nm 处有最大吸收，其吸光度与棉酚量在一定范围内成正比，与标准系列比较定量。二是比色法。样品中游离棉酚经提取后，在乙醇溶液中与苯胺形成黄色化合物，与标准系列比较定量。

（3）掺菜杆油的检验

菜籽油中含有一般油脂中所没有的芥酸，为一种不饱和的"固体脂肪酸"（熔点为 33~34℃）。芥酸对营养产生副作用，如抑制生长、甲状腺肥大等。它的金属盐仅微溶于有机溶剂。与饱和脂肪酸的金属盐性质相近。与一般不饱和脂肪酸的金属盐不同。当以金属盐的分离方法分离油脂中的脂肪酸时，芥酸的金属盐与饱和脂肪酸的金属盐混合一起分离出来。碘值是量度物质不饱和度的一个重要的指标。因此，测定分离出来饱和脂肪酸和芥酸的碘值（称为芥酸值）可以判定芥酸的存在情况以及大致含量。如所测得的芥酸值大于 4，表示有菜籽油存在。

（4）掺花生油的检验

花生油中含有花生酸等高分子饱和脂肪酸，利用其在某些溶剂中（如乙醇）的相对不溶性的特点而加以检出。操作方法如下：皂化后加乙醇，测定其浑浊温度，不同的油的浑浊温度不同，以此判断。本试验不适用于芝麻油中检出花生油。

7.1.3　肉制品掺假检测

7.1.3.1　过期肉的快速测定

屠宰后的牲畜,随着血液及氧供应的停止,肌肉内的糖原由于酶的作用在无氧条件下产生乳酸,致使肉的 pH 下降。经过 24h 后,肉的 pH 从 7.2 下降到 5.6~6.0。当乳酸生成一定量时,则促使三磷酸腺苷迅速分解,形成磷酸,因而肉的 pH 可继续下降至 5.4。随着时间的延长或保存不当,肉中有大量腐败微生物生长而分解蛋白质,产生胺类等臭味等,致使肉的 pH 升高。因此检测肉的 pH 不仅能快速判定肉的新鲜度,而且可判断在新鲜肉内是否添加了过期肉或变质肉。

检测原理:健康牲畜肉的 pH 为 5.8~6.2;次鲜肉的 pH 为 6.3~6.6;变质肉的 pH 在 6.7 以上。

检测步骤:用洁净的刀将精肉的肌纤维横断剖切,但不将肉块完全切断。取一条 pH 在 5.5~9.0 的试纸,以其长度的 2/3 紧贴肉面,合拢剖面,夹紧试纸条。5min 后取出与标准色板比较,直接读取 pH 的近似数值。

7.1.3.2　肉制品中掺食盐的检测

咸肉作为肉类加工的一个品种,深受消费者欢迎,内含一定的食盐是正常的。但不良商贩将盐溶解后,用注射器将盐注入新鲜肉中,以保水增重达到牟利目的。这种肉从外表观察难以鉴别,但切开后可见局部肌肉组织脱水,呈灰白色。此种肉多见于前腿、后腿等肌肉较厚的部位。

检测原理:样品中的氯化钠采用热水浸出法或炭化浸出法浸出,以铬酸钾为指示剂,氯化物与硝酸银作用生成氯化银白色沉淀。当多余的硝酸银存在时,则与铬酸钾指示剂反应生成红色铬酸银,指示反应达到终点。根据硝酸银溶液的消耗量,计算出氯化物的含量。

检测步骤:样品预处理→滴定→计算,具体如下。

样品预处理。样品可以采用热水浸出法或炭化浸出法进行预处理。

热水浸出法,准确称取切碎均匀的样品 10.0g,置于 100mL 烧杯中。加入适量水,加热煮沸 10min,冷却至室温。过滤入 100mL 的容量瓶中,用温水反复洗涤沉淀物,滤液一起装入容量瓶内,冷却,用水定容至刻度,摇匀备用。

炭化浸出法，准确称取样品5.0g，置于100mL瓷蒸发皿内，用小火炭化完全，炭粉用玻璃棒轻轻研碎。加入适量水，用小火煮沸后，冷却至室温，过滤入100mL容量瓶中，并以热水少量多次洗涤残渣及滤器。洗液并入容量瓶中，冷却至室温后用水定容至刻度，摇匀备用。

滴定。准确吸取滤液10~20mL（视样品含量多少而定）于150mL三角瓶内。加入5%铬酸钾溶液1mL，摇匀，用0.1mol/L硝酸银标准液滴定至出现橘红色即为终点。同时做空白试验。

计算：

氯化物（以氯化钠计）含量 = $(V_1-V_0) \times C \times 0.0585 \times 100/(m \times V_2/1000)$（%）

式中：V_1——样品滴定时消耗硝酸银标准溶液的体积，mL；

V_0——空白滴定时消耗硝酸银标准溶液的体积，mL；

C——硝酸银标准溶液的浓度，mol/L；

m——称取样品的质量，g；

V_2——滴定时所取样品制备液的体积，mL；

1000——换算系数。

7.1.3.3　牛肉与马属畜肉的鉴别

检测原理：马、驴、骡等马属畜肉中含糖原较多，而牛肉中糖原含量很低，加入碘溶液进行定性检测，以鉴别牛肉与马属畜肉。

检测步骤：称取50g剪碎的肉样于烧杯中，加入5%KOH溶液50mL，置沸水浴上充分煮化并不断搅拌，冷却后过滤。吸取19mL滤液，再加入1mL浓HNO_3（密度1.39~1.40kg/L），振摇1min后过滤。取滤液1mL加入小试管底部，不要触及管壁，然后沿管壁缓慢加入1mL 0.5%的碘溶液于滤液上，15min后观察两液面交界处的颜色。若交界处呈现黄色，即为牛肉；若是马肉，起初呈现黄色，继而在黄色层下出现紫红色环；驴肉和骡肉起初也呈现黄色，继而在黄色层下出现淡咖啡色环。

7.1.3.4　绵羊肉与山羊肉的鉴别

山羊肉与绵羊肉可通过感官及开水试验的方法加以鉴别。

感官鉴别：绵羊肉黏手，山羊肉发散不黏手；绵羊肉的肉毛卷曲，山羊的肉硬直；绵羊肉的肌肉纤维细短，山羊肉纤维粗长。

开水试验：将绵羊肉切成薄片，放到开水里，形状不变，舒展自如；而山羊肉片放在开水里，立即卷缩成团。根据这种特点，在涮羊肉时多不用山羊肉。

7.1.4 乳与乳制品掺假检测

7.1.4.1 鲜牛乳的感官检验

鲜牛乳是指从牛乳房挤出的乳汁,具有一定的芳香味,并有甜、酸、咸的混合滋味。这些滋味来自乳中的各种成分,新鲜生乳的质量,是根据感官鉴别、理化指标和微生物指标三个方面来判定的。一般在购买生乳或消毒乳时,主要是依据感官进行鉴别。

(1) 优质鲜乳

①色泽:呈乳白色或淡黄色。

②气味及滋味:具有显现牛乳固有的香味,无其他异味。

③组织状态:呈均匀的胶态流体,无沉淀、无凝块、无杂质、无异物等。

(2) 次质鲜乳

①色泽:较新鲜乳色泽差或灰暗。

②气味及滋味:乳中固有的香味稍淡,或略有异味。

③组织状态:均匀的胶态流体,无凝块,但带有颗粒状沉淀或少量脂肪析出。

(3) 不新鲜乳

①色泽:白色凝块或明显黄绿色。

②气味及滋味:有明显的异常味,如酸败味、牛粪味、腥味等。

③组织状态:呈稠样而不成胶体溶液,上层呈水样,下层呈蛋白沉淀。

7.1.4.2 牛乳掺假快速检测

(1) 掺水的检验

密度法。正常牛乳密度为 $1.028 \sim 1.033$,掺水后密度下降。用乳稠计测定。操作方法:将 $10 \sim 25℃$ 的牛乳样品小心地注人容积为 250mL 的量筒中,加到量筒容积的 3/4,勿使发生泡沫并测量其试样温度。用手拿住乳稠计上部,小心地将它沉到相当刻度 30 度处,放手让它在乳中自由浮动,但不能与管壁接触。静置 $1 \sim 2min$ 后,读取乳稠计的度数,以牛乳表面层与乳稠计的接触点为准。据温度和乳稠计度数,换算成 20℃时的相对密度。

乳清密度法。由于牛乳的相对密度受乳脂含量的影响,如果牛乳即掺水又脱脂,则可能全乳的相对密度值变化不大。所以检测牛乳相对密度变化，最好测定乳清的相对密度值。乳清主要成分为乳糖和矿物质，乳清比重比全乳的密度更加稳定，乳清正常比重为 1.027~1.030。

硝酸银—重铬酸钾法。正常乳中氯化物很低，掺水乳中氯化物的含量随掺水量增加而增加。利用硝酸银与氯化物反应检测。检测时先在被检乳样中加两滴重铬酸钾，硝酸银试剂与乳中氯化物反应完后，剩余的硝酸银便与重铬酸钾产生反应，据此确定是否掺水和掺水的程度。

干物质测定法。正常乳的干物质量为 11%~15%，若干物质量明显低于此值则证明掺水。

（2）掺碱检验

掺碱的目的是降低牛乳酸度以掩盖酸败，防止煮沸时发生凝固结块现象。一般掺入碳酸钠、氢氧化钠（烧碱）、石灰乳（水）等碱性物质。

指示剂法。利用碱性物质能使酸碱指示剂变色的原理进行检验。检验时常使用的方法有溴甲基酚紫法、玫瑰红酸法及溴麝香草酚蓝法。

灰分碱度滴定法。一般所加的碱又为乳酸所中和，用指示剂法很难测出，可测灰分中的碱的量。此方法适用于掺入任何量的中和剂，但操作复杂。以高温灼烧试样成灰分后，用蒸馏水进行浸提，浸提液中加入甲基橙指示剂，用标准硫酸滴定至溶液由黄色变为橙色为止。

掺石灰乳检验法。牛乳中掺石灰乳，可利用其干扰玫瑰红酸钠与钡离子的反应进行检验。在中性环境中，玫瑰红酸钠可与钡离子生成红棕色沉淀。

（3）掺蔗糖检验

正常乳中只含有乳糖，而蔗糖含有果糖．所以通过对糖的鉴定，检验出蔗糖的是否存在。取乳样品于试管中，加入间苯二酚溶液，摇匀后，置于沸水浴中加热。如果有红色呈现，说明掺有蔗糖。此外，常见含葡萄糖的物质有葡萄糖粉、糖稀、糊精、脂肪粉、植脂末等。为了提高鲜奶的密度和脂肪、蛋白质等理化指标，常在鲜奶中掺入这类物质。取尿糖试纸，浸入乳样中 2s 后取出，对照标准板，观察现象。含有葡萄糖类物质时，试纸即有颜色变化。

（4）其他掺假检测

掺米汤、面汤的检验。正常的牛乳不含淀粉，而米汤和面汤中都含有淀粉，淀粉遇到碘溶液，会出现蓝色反应。如果掺有糊精，则呈紫红色反应。

掺豆浆的检验。牛乳中掺入豆浆，相对密度和蛋白质含量都在正常范围内，不能用测定相对密度和蛋白质含量的方法来检测。可用皂角素显色法、脲酶检验法、检铁试验法等。

7.1.4.3　乳粉掺假检测

乳粉中掺假物质有的来源于原料牛乳的掺假，有的则是向乳粉中直接掺假。乳粉的掺假物质主要有蔗糖、豆粉和面粉等，其检验方法是取样品适量溶解于水中，然后按照鲜乳中掺有蔗糖、豆粉和面粉等杂质的检验方法进行检验。在牛乳中可能出现的掺假物质，在乳粉中都有可能出现。

（1）真假乳粉感官检验

手捏检验。真乳粉用手捏住袋装乳粉的包装来回摩擦，真乳粉质地细腻，发出"吱吱"声；假乳粉用手捏住袋装乳粉包装来回摩擦，由于掺有白糖、葡萄糖而颗粒较粗，发出"沙沙"的声响。

色泽检验。真乳粉呈天然乳黄色；假乳粉颜色较白，细看呈结晶状，并有光泽，或呈漂白色。

气味检验。真乳粉嗅之有牛乳特有的香味；假乳粉的乳香味甚微或没有乳香味。

滋味检验。真乳粉细腻发黏，溶解速度慢，无糖的甜味；假乳粉溶解快，不黏牙，有甜味。

溶解速度检验。真乳粉用冷开水冲时，需经搅拌才能溶解成乳白色混悬液；用热水冲时，有悬漂物上浮现象，搅拌时黏住调羹。假乳粉用冷开水冲时，不经搅拌就会自动溶解或发生沉淀；用热水冲时，其溶解迅速，没有天然乳汁的香味和颜色。

（2）乳粉中杂质度的测定

称取乳粉样品用温水充分调和至无乳粉粒，加温水加热，在棉质过滤板上过滤，用水冲洗黏附在过滤板上的牛乳。将滤板置烘箱中烘干，以滤板上的杂质与标准板比较即得乳粉杂质度。

7.1.5　水产品掺假检测

7.1.5.1　污染鱼虾的鉴别

长期生活在污水或农药含量较高的水中的鱼虾，仔细观察加以鉴别。

色泽鉴别：长期生活在污水中的鱼虾，鳞片颜色较暗，光泽度较差；鱼鳃呈暗紫色或黑红色。

气味鉴别：污染鱼虾的异味大，尤其是口、鳃等处。

形态鉴别：正常的鱼死后，鱼嘴容易被拉开，其腰鳍紧贴鱼腹，鱼鳍的颜色呈鲜红或淡红色。被农药毒死的鱼，鱼嘴巴不容易被拉开，腰鳍是张开的，鱼鳍颜色呈紫红或黑褐色。

7.1.5.2　天然海蜇与人造海蜇的鉴别

人造海蜇是以褐藻酸钠、明胶等为主要原料制成的，其色泽微黄或呈乳白、脆而缺乏韧性，牵拉时易断裂，口感粗糙并略带涩味。

天然海蜇经盐腌制后，外观呈乳白色或淡黄色，色泽光亮，表面湿润而有光泽，质地坚实，牵拉时不易折断，其形状呈自然圆形，无破边，无污秽物，无异味。

7.1.5.3　蟹肉与人造蟹肉的鉴别

检测原理：鳕鱼肉、梭鱼肉等在聚焦光束照射下，能显示出明显的有色条纹。而蟹肉及虾肉则不产生此现象。

检测步骤：将样品涂抹在载玻片上，上面再盖一个相同的载玻片，两端扎紧。将载玻片置于尼科拉斯发光器发出的光束照射下，样品如果是鳕鱼或其他鱼肉加工的，或者掺有其他鱼肉，都会显示出有色条纹或图案。而未掺入鱼肉的蟹肉则无此现象。

7.1.5.4　过期鱼肉的快速检验

新鲜鱼肉为弱酸性，存放不当，时间一长，在微生物及自身酶的作用下蛋白质被分解，放出氨和胺类等物质，甚至有硫化氢等成分，会使鱼肉及相关制品逐渐趋于碱性，pH 升高，并产生厌恶的气味。测定鱼肉及相关制品的氨气、pH、硫化氢等指标，不仅可快速判定其新鲜度，也可初步判断新鲜的鱼肉及制品中是否添加了过期及变质的鱼肉及相关制品。

（1）pH 的测定

检测原理：水产品变质会产生胺类物质，使 pH 升高。判断标准为：新鲜鱼的 pH 为 6.5~6.8，次鲜鱼的 pH 为 6.9~7.0，变质鱼的 pH 在 7.1 以上。

检测步骤：用洁净的刀将鱼肉依肌纤维横断剖切，但不完全切断。撕下一条 pH 试纸，以其长度的 2/3 紧贴肉面，合拢剖面，夹紧纸条。5min 后取出与标准色板比较，直接读取 pH 的近似数值。

（2）硫化氢的测定

检测原理：腐败变质的水产品会产生硫化氢，硫化氢与醋酸铅反应生成褐色的硫化铅。

检测步骤：称取鱼肉 20g，装入广口瓶内，加入 10%硫酸溶液 40mL。取一张大于瓶口的滤纸，在滤纸中央滴 10%醋酸铅碱性液 1~2 滴。将有液滴的一面向下盖在瓶口上，并用橡皮圈扎好。15min 后取下滤纸，观察其颜色有无变化。

结果判定：新鲜鱼在滴加醋酸铅碱性液时颜色无变化；次鲜鱼在接近滴液边缘处呈现微褐色或褐色痕迹；变质鱼的滴液处全部呈现褐色或深褐色。

（3）氨的测定

检测原理：变质鱼产生的氨与爱贝尔试液反应生成 NH_4Cl，呈现白色雾状。

检测步骤：取一块蚕豆大的鱼肉，挂在一端附有胶塞而另一端带钩的玻璃棒上。吸取 2mL 爱贝尔试液（25%盐酸 1 份，无水乙醚 1 份，96%乙醇 3 份，混匀），注入试管内，稍加振摇。把带胶塞的玻璃棒放入试管内，勿接触管壁，检样距离液面 1~2cm 处。迅速拧紧胶塞，立即在黑色背景下观察，看试管中样品周围的变化。

结果判定：新鲜鱼无白色雾状物出现。次鲜鱼在取出检样并离开试管的瞬间，有少许白色雾状物出现，但立即消散；或在检样放入试管中，数秒后才出现明显的雾状。变质鱼样放入试管后，立即出现白色雾状物。

7.1.6 食品造假安全检测的新技术

食品造假是指制造商在食品生产过程中故意掺杂劣质成分或以次充好，从而误导消费者，损害消费者的健康和利益。针对这一问题，新技术不断涌现，包括以下几种：

分子检测技术：分子检测技术可以检测到食品中的 DNA 或 RNA 序列，可以识别出食品的原材料，从而检测食品是否被掺杂。例如，利用 PCR 技术可以检测奶制品中是否掺杂了非乳制品成分。

光谱技术：光谱技术可以通过检测食品中的特定波长来识别食品的成分，包括紫外—可见光谱、红外光谱、拉曼光谱等。这些技术可以用于检测食品中是否掺杂了不合法的成分。

手持式检测设备：手持式检测设备是一种方便快速的检测方法，可以在现场对食品进行检测。这些设备包括手持式光谱仪、化学分析仪、电化学分析仪等。

技术：化学分析技术包括色谱—质谱联用技术、液相色谱技术、电化学分析技术等，可以用于检测食品中的各种化学成分，从而识别食品中是否掺杂不合法的成分。

这些新技术的发展，有助于提高食品安全检测的准确性和效率，同时也为食品制造商提供了更多的监管手段。

7.2 食品包装与容器安全检测

7.2.1 概述

食品包装已成为食品生产工业中一个不可缺少的环节，在近20年中随着食品生产的迅猛发展，但在包装工业飞速发展的过程中，很多企业往往把注意力放在规模、产量、物理机械性能、耐高低温要求、抗介质侵蚀这些方面，而对包装材料本身的卫生安全性能却还不够重视。因此，不少生产厂家对原辅材料的采购、使用，到生产条件的完善，直到成品的检测，都存在着一些不卫生、不安全的隐患。用于食品包装的材料很多，从使用的材料来源和使用用途通常可分为两大类。

7.2.1.1 按包装材料来源分类

（1）塑料

可溶性包装。不必去掉包装材料，一同置入水中溶化。如速溶果汁、速溶咖啡、茶叶等饮料的内包装。

收缩包装。加热时即自行收缩，裹紧内容物，突出产品轮廓。如常用于腊肠、肉脯等聚乙烯薄膜包装。

吸塑包装。用真空吸塑热成型的包装。用此法生产成型的两个半圆透明形膜，充满糖果后捏拢呈橄榄形、葡萄形等各种果型，再用塑条贴牢，可悬挂展销。许多糖果采用此种包装。

泡塑包装。将透明塑料按所需要模式吸塑成型后，罩在食品的硬纸板或塑料板上，可展示。如糕点、巧克力糖多采用此种包装。

蒙皮包装。将食品与塑料底板同时用吸塑法成型，在食品上蒙上一层贴体的衣服，它比收缩包装更光滑，内容物轮廓更加突出，清晰可见。如香肠的包装。

拉伸薄膜包装。将拉伸薄膜依序绕在集装板上垛的纸箱箱外，全部裹紧，以代替集装箱。

镀金属薄膜包装。在空箱内，将气化金属涂覆到薄膜上，性能与铝箔不相上下，造价较低，如罐头的包装及一些饮料的包装。

（2）纸与纸板

可供烘烤的纸浆容器。有涂聚乙烯的纸质以及用聚乙烯聚酯涂层的漂白硫酸盐纸制成的容器。这种纸浆容器可在微波炉及常规炉上烘烤加热。

折叠纸盒（箱）。使用前为压有线痕的图案，按线痕折叠后即成纸盒箱，这样方便运输，节省运输费用开支。

包装纸。这种普通的包装纸是流通最多、使用最广泛的，使用时要注意国家规定的卫生标准。

（3）金属

马口铁罐。质量较轻，不易破碎，运输方便，但易为酸性食品所腐蚀，故采用镀锡在马口铁面上，需要注意镀锡的卫生标准。

易开罐及其他易开器。最广泛使用的是拉环式易开罐，还有用手指掀开的液体罐头，罐盖上有两个以金属薄片封闭的小孔。用手指下掀，露出小孔，液体即可以集中倾出，铝箱封顶的罐，外罩塑料套盖，开启时用三指捏铝箱上突出的铝片，将箔撕掉，塑盖还可以再盖上。出口的饮料常采用此种罐装。

轻质铝罐头。呈长筒形，多用于盛饮料。

7.2.1.2　按包装功能分类

（1）方便包装

开启后可复闭的容器。如糖果盒上的小漏斗，以便少量取用。大瓶上有水龙头或小口，盖上有筒形的小盖，抽出或竖直即可倾出器内液体，塞进或横置小盖则复闭，粉状食品的塑料袋斜角开一小口，口边黏有一片铝皮，便于捏紧、折合、关闭。

气雾罐。如用盛调味品、香料，同时捏罐即可将调味品喷出。

软管式。如用装果酱、膏、泥状作料，挤出来抹在食品上。将有关联的食品搭配在一起，以便利消费者。如一日三餐包装在一个大盒内，每餐又另开包。

（2）展示包装和运输包装

展示包装即便于陈列的包装。如瓦楞箱上部呈梯形，开启后即可显示出内容物。

运输包装是指有支架的纸箱与塑料箱，便于铲车搬运，堆垛。容器上下墙有供互相衔接的槽，如六角形罐头、有边纸箱等，便于堆高陈列。

（3）专用包装

饮料。从目前发展的情况来看趋向于塑料瓶或塑料小桶等。乳制品等饮料多采用砖式铝箔复合纸盒、复合塑料袋等。

鲜肉、鱼、蛋的包装。鲜肉——内有透气薄膜、外用密封薄膜包装；零售展销时，去掉外层包装，使空气进入，肉即恢复鲜红色。活鱼——充氧包装，一般采用空运，使远方消费者也能吃到鲜货。鲜蛋——充二氧化碳包装，抑制其呼吸作用，延长鲜蛋的保存期。

鲜果。鲜果一般用气调储藏，运输时用保鲜纸或保鲜袋（加入一定的保鲜剂）等包装方法。

7.2.2　塑料品检测

塑料可分为热塑性塑料和热固性塑料。用于食品包装材料及容器的热塑性塑料有聚乙烯（PE）、聚丙烯（PP）、聚苯乙烯（PS）、聚氯乙烯（PVC）、聚碳酸酯（PC）等；热固性塑料有三聚氰胺（蜜胺）及脲醛树脂（电玉）等。这里主要介绍食品包装用塑料成型品卫生标准和有害物质酚和苯乙烯残留量的检测方法。

7.2.2.1　食品包装用塑料成型品卫生标准的检测

原理：将食品包装用的各种塑料材料用各种浸泡剂对塑料制品进行溶出试验，然后到其浸泡液中有害成分的迁移量。

操作步骤：根据包装材料接触的食品种类而定，中性食品时可选用水作溶剂；酸性食品时 4% 醋酸作溶剂；碱性食品时用碳酸氢钠作溶剂；油脂食品时用正己烷作溶剂；含酒精的食品时用乙醇作溶剂。

测定：实验时测定不同温度、不同浸泡时间浸泡液中的溶出物的总量

（以高锰酸钾消耗量计）、重金属、蒸发残渣以及各单体物质、甲醛等的含量。

7.2.2.2　酚的测定

在碱性溶液（pH=9~10.5）的条件下，酚类化合物与4-氨基安替吡啉经铁氰化钾氧化，生成红色的安替吡啉染料，颜色的深浅与酚类化合物的含量成正比，与标准比较定量。

7.2.2.3　聚苯乙烯塑料制品中苯乙烯的测定

样品经二硫化碳溶解，用甲苯作为内标物。利用有机化合物在氢火焰中的化学电离进行检测，以样品的峰高与标准品峰高相比，计算与样品相当的含量。

7.2.3　纸质品检测

纸是从纤维悬浮液中将纤维沉积到适当的成形设备上，经干燥制成的平整均匀的薄页，是一种古老的食品包装材料。随着塑料包装材料的发展，纸质包装曾一度处于低谷。近年来，随着人们对"白色污染"等环保问题的日益关注，纸质包装在食品包装领域的需求和优势越来越明显。食品包装纸直接与食品接触，是食品行业使用最广泛的包装材料，已引起人们的高度重视。

包装纸的种类很多，大体分内包装和外包装两种。内包装为可直接接触食品的包装：原纸，如咸菜、油糕点、豆制品、熟肉制品等；托蜡纸，如面包、奶油、冰棍、雪糕、糖果等；玻璃纸，如糖果；锡纸，如奶油糖及巧克力糖等。外包装主要为纸板，如糕点盒、点心盒等。另外，还有印刷纸等。

包装纸的卫生问题与纸浆、黏合剂、油墨、溶剂等有关。要求这些材料必须是低毒或无毒，并不得采用社会回收废纸作为原料，禁止添加荧光增白剂等有害助剂，制造托蜡纸的蜡上再应采用食用级石蜡，控制其中多环芳烃含量。用于食品包装纸的印刷油墨、颜料应符合食品卫生要求，石蜡纸及油墨颜料印刷面不得直接与食品接触。食品包装纸还要防止再生产对食品的细菌污染和回收废纸中残留的化学物质对食品的污染。因此，有关食品包装纸的检测主要有以下两个方面：一是卫生指标；二是多氯联苯的检测。表7-2为我国食品包装用纸材料的卫生标准。

表7-2 我国食品包装用纸材料的卫生标准

项目	标准
感官指标	色泽正常、无异物、无污物
铅含量/mg/L	<5.0
砷含量/mg/L	<1.0
荧光性物质（波长为365nm及254nm）	不得检出
脱色物质	阴性
致病菌	不得检出
大肠杆菌	<3

包装纸中有害物质的检测，一般需要先取样，从每批产品中取20张（27cm×40cm），从每张中剪下10cm²（2cm×5cm）两块，供检验用。分别注明产品名称、批号、日期。其中一半供检验用，另一半保存2个月，预留作仲裁分析用。然后就要处理样品，浸泡液：4%醋酸试剂溶液。被检样品置入浸泡液中（以每平方厘米加2mL浸泡液计算，纸条不要重叠），在不低于20℃的常温下浸泡24h。

关于多氯联苯的检测具体如下。

多氯联苯具有高度的脂溶性，用有机溶剂萃取进行提取，提取后的多氯联苯经色谱分离后，可用带电子捕获检测器的气相色谱仪分析。

操作步骤：

（1）样品处理

①酸水解。将可食部分匀浆，用盐酸（1:1体积比）回流30min。酸水解液用乙醚提取原有的脂肪。将提取液在硫酸钠柱上干燥，于旋转式蒸发器上蒸发至干。

②碱水解。称取经提取所得的类脂0.5g，加入30mL 2%乙醇氢氧化钾溶液，在蒸汽浴中回流30min，水解物用30mL水将它转移到分液漏斗中。容器及冷凝器用10mL正己烷淋洗三次，将下层的溶液分离到第二分液漏斗中，并用20mL正己烷振摇，合并正己烷提取液于第一分液漏斗中，用20mL乙醇（1:1，体积比）与水溶液提取合并的正己烷提取液两次，将正己烷溶液在无水硫酸钠柱中干燥，于60℃下用氮吹浓缩至1mL。

③氧化。在1mL正己烷浓缩液中加入5~10mL（5:1，体积比）盐酸与

过氧化氢溶液，置于蒸汽浴上回流 1h，以稀氢氧化钠溶液中和，用正己烷提取两次，合并正己烷提取液，用水洗涤，并用硫酸钠柱干燥。

④硫酸消解净化。称取 10g 白色硅藻土载体 545（Celite 545）（经 130℃加热过夜），用 6mL 5%发烟硫酸混合的硫酸液充分研磨，转移至底部有收缩变细的玻璃柱中，此柱需预先用正己烷洗涤过，将已经氧化的正己烷提取液移至柱中，用 50mL 正己烷洗脱，洗脱液用 2%氢氧化钠溶液中和，在硫酸钠柱上干燥，浓缩至 2mL，放在小型的有 5cm 高的弗罗里硅藻土吸附剂（经 130℃活化过夜）的柱中，用 70mL 已烷洗脱。在用气相色谱测定前，于 60℃温度下吹氮浓缩。

⑤过氯化。将上述正己烷提取液放置于玻璃瓶中，在 50℃蒸汽浴上用氮吹至干，加入五氯化锑 0.3mL，将瓶子封闭，在 170℃下反应 10h，冷却启封，用 5mL 6mol/L 盐酸淋洗，转移至分液漏斗中，正己烷提取液用 20mL水、20mL 2%氢氧化钾和水洗涤，然后在无水硫酸钠柱中干燥，通过小型弗罗里硅藻土吸附剂柱，用 70mL 苯正己烷（1∶1，体积比）洗脱，洗脱液浓缩至适当体积，注入色谱仪中进行测定。

（2）测定

①色谱条件。色谱柱：硬质玻璃柱，长 6m、内径 2mm，内充填 100~120目 Varaport30 的 2.5% OV-1 或 2.5% QF-1 和 2.5% DC-200。检测器：电子捕获检测器。温度：柱温为 275℃，检测器为 230℃，进样口分别为 205℃、220℃和 250℃。氮气流速：60mL/min。

②测定和结果。测定用混合 Ar Cbrl254-1260（1∶1，体积比）作标准，用一定标准量注入色谱仪中，求得标准多氯联苯的标准峰高的平均值，从而计算出样品中多氯联苯的含量。

7.2.4 橡胶制品检测

橡胶制品常用作瓶盖垫圈及输送食品原料、辅料、水的管道等。食品包装中用的橡胶有天然橡胶和合成橡胶两大类。天然橡胶是以异戊二烯为主要成分的天然高分子化合物，本身既不分解也不被人体吸收，因而一般认为对人体无毒。但由于加工的需要，加入的多种助剂，如促进剂、防老剂、填充剂等，给食品带来了不安全的问题。合成橡胶主要来源于石油化工原料，种类较多，是由单体经过各种工序聚合而成的高分子化合物，在加工时也使用了多种助剂。

橡胶制品在使用时，这些单体和助剂有可能迁移至食品，对人体造成不良影响。有文献报道，异丙烯橡胶和丁腈橡胶的溶出物有麻醉作用，氯二丁烯有致癌可能。丁腈橡胶耐油，其单体丙烯腈毒性较大，大鼠 LD_{50} 为 8 ~ 93mg/kg 体重。美国 FDA 1977 年规定丁腈橡胶成品中丙烯腈的溶出量不得超过 0.05mg/kg。表 7-3 为我国橡胶制品卫生质量建议指标。

表 7-3　我国橡胶制品卫生质量建议指标

名称	高锰酸钾消耗量	蒸发残渣量	铅含量/（mg/kg）	锌含量/（mg/kg）
奶嘴	≤70	≤40 ≤120	≤1	≤30
高压锅圈	≤40	≤50 ≤800	≤1	≤100
橡胶垫片	≤40	≤40 ≤2000 ≤3500	≤1	≤20

7.2.4.1　挥发物的测定

原理：样品于 138~140℃、真空度 85.3kPa 时，抽空 2h。将失去的质量减去干燥失重即为挥发物的质量。

于已干燥准确称量的 25mL 烧杯内，称取 2.00~3.00g、20~60 目的样品，加 20mL 丁酮，用玻璃棒搅拌，使完全溶解后，用电扇加速溶剂的蒸发，待至浓稠状态，将烧杯移入真空干燥箱内，使烧杯搁置成 45℃，密闭真空干燥箱，开启真空系，保持温度为 138~140℃，真空度 85.3kPa，干燥 2h 后，将烧杯移至干燥器内，冷却 30min 称量。计算挥发物，减去干燥失重后不得超过 1%。

7.2.4.2　可溶性有机物的测定

原理：样品经用浸泡液浸取后，用高锰酸钾氧化浸出液中的有机物，以测定高锰酸钾消耗量来表示样品可溶出有机物质的情况。

准确吸取 100mL 水浸泡液，置于锥形瓶中，加入 5mL 稀硫酸和 10mL 0.01mol/L 高锰酸钾标准溶液，再加入玻璃珠 2 粒，准确加热煮沸 5min

后，趁热加入 10mL 0.01mol/L 草酸标准溶液，再以 0.01mol/L 高锰酸钾标准溶液滴定至微红色，记下两次高锰酸钾溶液的滴定量。

另取 100mL 水作对照，按同样方法作试剂空白试验。

7.2.4.3 重金属的测定

原理：浸泡液中重金属（以铅计）与硫化钠作用，在酸性溶液中形成硫化铅黄棕色溶液与标准比较，不比标准颜色深即表示符合重金属含量标准。

吸取 4% 乙酸浸泡液 20mL 置于 50mL 比色管中，加水至刻度。10μg/mL 铅标准溶液 2mL，置于 50mL 比色管中，加入 4% 乙酸溶液 20mL，加水至刻度，混匀。两液中各加入硫化钠溶液 2 滴，混合后，放置 5min，以白色为背景，从上方或侧面观察，样品呈色不能比标准溶液深。

7.2.5 食品包装与容器安全检测新技术

食品包装与容器的安全性对食品质量和食品安全具有重要影响。常见的食品包装和容器材料包括塑料、玻璃、金属、纸板等。现代食品包装和容器不仅要满足保护食品、延长食品保质期的要求，还要符合环保、可持续发展的理念，因此对食品包装和容器的安全性检测越来越受到关注。

一些新技术已经被应用于食品包装和容器的安全性检测，包括：

纳米材料应用：纳米材料的独特性质使其在食品包装和容器安全性检测中具有很大潜力。例如，利用纳米材料能够增强塑料包装的机械性能，提高包装的耐热性和耐化学性能，从而提高包装和容器的安全性。

光谱技术应用：近年来，各种光谱技术，如近红外光谱、拉曼光谱和红外光谱等被广泛应用于食品包装和容器的安全性检测中。通过光谱技术，可以对食品包装和容器的材料成分、组成、分子结构和化学键等进行分析，从而实现对包装和容器的安全性进行检测。

传感器技术应用：传感器技术在食品包装和容器安全性检测中的应用也越来越普遍。利用传感器技术，可以实现对食品包装和容器的气体、湿度、压力、温度等参数进行实时监测和控制，从而提高包装和容器的安全性和保鲜性。

生物传感器技术应用：生物传感器技术是一种新型的检测技术，可用于检测包装和容器中可能存在的微生物、重金属和有机物等有害物质，从而保证食品包装和容器的安全性。

这些新技术的应用可以提高食品包装和容器的安全性，保障食品质量和食品安全。

第8章 食品安全检测新技术

8.1 酶联免疫吸附技术

8.1.1 酶联免疫吸附技术概述

酶联免疫吸附分析法（ELISA）是荷兰学者 Weeman 和 Schurrs 与瑞典学者 Engvall 和 Perlman 在 20 世纪 70 年代初期几乎同时提出的。ELISA 最初主要用于病毒、细菌的检测，后期广泛用于抗原、抗体的测定，以及一些药物、激素、毒素等半抗原分子的定性、定量分析。

酶联免疫吸附分析法具有灵敏度高、特异性强、分析容量大、操作简单、成本低等优点，不涉及昂贵仪器，处理简单，适合复杂基质中痕量组分的分析，且易实现商业化。目前，ELISA 成为世界各国学术研究的热点，美国化学会也将酶联免疫分析法、色谱分析技术共同列为农药、兽药残留分析的主要技术，检测结果的法律效力也得到广泛认可。

ELISA 的基础是抗原或抗体的固相化及抗原或抗体的酶标记。在进行分析测定时，待测样品中的抗体或抗原和固相载体表面的抗原或抗体发生反应；将固相载体上形成的抗原抗体复合物从未反应的其他物质中洗涤下来；再加入酶标记的抗原或抗体，通过反应结合在固体载体上。待测样品和固相上的酶呈一定的比例关系，因此，加入酶反应的底物后，酶将底物催化为有色产物，产物和样品中待测物质的量相关。据此可根据其颜色的深浅对待测物质进行定性或定量分析。

食品中小分子残留物、污染物、有毒有害物质的免疫分析方法主要包括待测物质的选择、半抗原的设计和合成、人工抗原的合成、抗体制备、测定方法的建立、样品前处理方法的优化及方法的评价等步骤。

8.1.2　酶联免疫吸附分析的形式

8.1.2.1　固相酶联免疫吸附分析方法

固相酶联免疫吸附分析方法是在固体载体上进行抗原抗体的反应，最常用的固体物质是聚苯乙烯。固相载体主要有试管、微孔板和磁珠，而最常用的载体为微孔板，专用于 ELISA 测定的微孔板又被称为酶标板。

吸附性能好、孔底透明度高、空白值低、各孔性能相近的微孔板才是良好的 ELISA 板。配料和制作工艺的改变会明显地改变产品的质量。因此，每一批号的 ELISA 板在使用之前必须检查其性能，比较不同载体在实际测定中的优劣。可将同一个阴性和阳性血清梯度稀释，在不同的载体上按照设定的 ELISA 操作步骤进行测定并比较结果，差别最大的载体就是最合适的固体载体。ELISA 板可实现大量样品的同时测定，并可在酶标仪上快速读数。目前，板式 ELISA 检测已被应用于多种自动化仪器中，易于实现操作的标准化。

8.1.2.2　试纸条免疫吸附分析方法

试纸条和试剂盒相比，更方便携带，检测更为快速，尤其适用于现场快速检测。试纸条技术以微孔膜（硝酸纤维素膜、尼龙膜）为固相载体，采用酶或各种有色微粒子（胶体金、彩色乳胶、胶体硒）为标记物。根据标记物的不同，可将试纸条技术分为酶标记免疫检测技术和胶体金标记免疫检测技术。

（1）酶标记免疫检测试纸条技术

酶标记免疫检测试纸条技术包括渗滤式和浸蘸式两种形式。试纸条的制备步骤如下：

①包被。用双蒸水润湿滤纸，将多余水分甩掉，然后将滤纸和塑料板紧贴使两者之间无气泡，再将浸泡后的膜放在润湿的滤纸上，保证两者之间无气泡（每次加样都做同样的准备）；再用微量移液器在膜上包被抗体的区域加样，先在室温下固定 15min，再在 37℃下固定 30min。

②封闭。在 37℃，1%BSA-PBS 溶液中恒温浸泡 30min。

③洗涤。用 PBST 洗涤三次，将多余水分去掉后在 37℃放置 30min 干燥。这类试纸条使用前需要加样竞争，操作较为烦琐。

（2）胶体金标记免疫检测试纸条技术

胶体金是由氯金酸在白磷、抗坏血酸和鞣酸等还原剂的作用下聚合成特定大小的金颗粒。柠檬酸三钠还原法是普遍应用的方法，还原剂的量由少变多，胶体金的颜色由蓝色变为红色。

胶体金标记抗体蛋白就是将抗体蛋白等生物大分子吸附到胶体金颗粒的包被过程。吸附的机理可能是胶体金和蛋白质分子间的范德华力，其结合过程主要是物理吸附，不会对蛋白质的生物活性产生影响。pH 很大程度上影响着胶体金对蛋白的吸附作用，在蛋白质的等电点或略偏碱性的 pH 时，二者容易形成牢固的结合物。目前，国内外已有主要应用于医学快检行业的商品化的胶体金试纸条，但其应用在小分子检测时，检测精确度和稳定性差强人意，还需要进一步改进。

胶体金标记检测试纸条技术有两种检测形式。

①渗滤式胶体金标记免疫吸附分析试纸条技术。渗滤式胶体金标记试纸条分析装置，用超纯水润湿滤纸，甩掉多余水分，将滤纸和塑料板紧贴，挤去气泡，将膜放在滤纸上，挤去气泡（气泡将影响液体垂直通过膜的速度）。将标样和金标记的待测物抗体按比例混合，竞争反应适当时间后，再将混合物滴加在反应区域，液体流过后与参照进行对比，检测线颜色越浅表示待测物的浓度越高，若质控线无颜色，则实验无效。

②层析式胶体金标记免疫吸附分析试纸条技术。将有光滑底衬的硝酸纤维素膜用胶贴在塑料板上。玻璃纤维棉上放上金标抗体，干燥后，一端与固定有完全抗原和二抗的膜连接，另一端与样品垫连接。待测样品加入后，金标抗体重新水化后与样品反应，如样品中没有待测物，至检测线时，金标抗体和完全抗原反应后被部分截获，会出现明显的红色条带；而至质控线，金标抗体和二抗的反应也会出现红色条带。但如果样品中含有待测物，金标抗体和待测物的反应会占据抗体上的有限位点，就不会和检测线上的完全抗原发生反应而越过检测线，红色条带就不会产生；在质控线会和二抗反应，金颗粒富集，红色条带产生。检测线颜色越浅，表示待测物浓度越高。质控线显色代表实验有效，无颜色出现，则实验无效。

8.1.2.3　管式酶联免疫吸附分析方法

采用试管作为固相载体，因其吸附表面比较大，所以此样品反应量也会很大。一般板式 ELISA 的样品量为 100～200RL。管式 ELISA 可根据实际需要而增大反应体积，这会提高试验的敏感性。同时，试管还可作为比色杯，直接放入分光光度计中进行比色而实现定量分析。

8.1.3　仿生抗体酶联免疫吸附分析方法

仿生抗体酶联免疫吸附分析方法利用分子印迹聚合物对目标分子的高选择识别性，然后将其作为人工抗体来取代生物抗体建立起来的酶联免疫分析法，这也是分子印迹技术和免疫分析领域的重要发展方向。这项技术被广泛应用于食品中激素、抗生素、兽药残留等物质的检测。

8.1.3.1　分子印迹放射免疫吸附方法

研究者以4-乙烯基和甲基丙烯酸的复合物为功能单体，在甲苯中制备得到17-α-乙炔雌醇的分子印迹物，该迹物识别17-α-乙炔雌二醇和其类似物的性质和生物抗体相似。还有学者合成了吗啡和脑啡肽的人工受体，并建立了普萘洛尔的分子印迹放射分析方法。

8.1.3.2　分子印迹荧光免疫吸附方法

1997年研究者将荧光标记物应用于分子印迹免疫吸附检测中，采用甲基丙烯酸和甲基丙烯酸二乙氨乙酯为功能单体，二乙烯基苯或乙二醇二甲基丙烯酸酯作为交联剂，合成氯霉素的分子印迹聚合物，再将其制备成生物传感器，效果良好；2001年，研究者研究出了肾上腺素、莠去津荧光标记分子印迹吸附技术。我国研究者于2008年采用丁基罗丹明B分子迹型荧光纳米粒子标记免疫分析法测定人血清中的甲胎蛋白，采用分子印迹荧光纳米粒子作为标记物，抗体—抗原抗体—标记二抗的免疫反应模式，结合荧光显微成像技术，对甲胎蛋白进行了检测。此方法检测灵敏度高，操作简单。

8.1.3.3　分子印迹酶联免疫吸附方法

表面分子印迹技术的发展，使聚合物的结合位点可分布于聚合物的表面，更利于酶标的结合，这使分子印迹酶联免疫吸附检测技术得到较快发展。

研究者于2013年使用分子印迹技术在96孔酶标板上直接合成了一种可以代替生物抗体的新型呋喃唑酮代谢物人工抗体，并与化学免疫发光法结合。结果表明，制得的酶标板对AOZ的灵敏度为0.00μg/L，批内变异系数为2.4%~3.6%，批内回收率为94%~110%。其灵敏度高于市售ELISA商品试剂盒的0.02μg/L，同时在精密度、回收率、特异性方面无明显差异，并且可以重复使用。

8.1.3.4 分子印迹水相识别检测技术

免疫分子的识别大多是在水中进行，因此，作为仿生抗体的聚合物必须具备足够的亲水性，亲水性分子印迹聚合物的制备是国内外研究的热点和难点。研究者于 2011 年以黄酮类物质——柚皮苷（NG）为印迹分子，研究了柚皮籽分子在水相中的印迹识别。他们利用天然高分子壳聚糖（Cs）作为功能体，PEG 为致孔剂，制备了柚皮背分子印迹壳聚糖膜，再以聚乙烯醇缩丁醛（PVB）为基体，p 环糊精为功能体，NG 为印迹分子，交联剂为六亚甲基二异氰酸酯（HMDI），将分子印迹技术与电纺丝技术相结合，制备 NG 分子印迹 p·CD 类纳米纤维。利用固体致孔剂 Si 对该印迹纤维进行改性，印迹纤维的吸附性能有了较大的提高。最后，以邻氨基酚为单体，无电活性物质 NG 为模板分子，用循环伏安法在碳电极上电聚合成能识别 NG 的敏感膜。此传感器对 NG 有较好的选择性，响应快（30s），重现性好（$RSD = 1.79\%$）。传感器对 NG 的响应在 $6.0 \times 10^5 \sim 1.4 \times 10^4 \mathrm{mol/L}$ 范围内呈线性关系。研究者采用水溶性的二丙烯酰哌嗪作为交联剂，亲水性的 2-羟基甲基丙烯酸乙酯为功能单体，通过共价反应制备得到水溶性胆固醇印迹聚合物，选择性较好。

目前的研究主要集中在药物和污染物的分析，而蛋白质、生物大分子、金属离子的选择性分离分析将是日后发展的重要方向。

8.1.4 酶联免疫吸附技术应用存在的问题及发展前景

LISA 具有灵敏度和特异性高、稳定性好、样品处理量大、检测速度快、自动化程度高等优点，但也存在对试剂的选择性高，不能同时分析多种成分，对结构类似的化合物有一定程度的交叉反应，易出现假阳性等缺点。因此，开发高度免疫原性的重组抗原，研发多项标记快速测定方法，多种技术的联用，研发多种类的全自动酶联免疫测定仪将是日后发展的方向，这也会使 ELISA 在食品分析领域发挥更重要的作用。

8.2 PCR 检测技术

8.2.1 PCR 检测技术概述

聚合酶链式反应（PCR）是 20 世纪 80 年代中期兴起的一种在体外快速扩增特定基因或 DNA 序列的方法。利用该方法，可使极其微量的目的基因或某一特定的 DNA 片段在几小时后迅速扩增数千万倍，并且无须通过烦琐的基因克隆程序，便可以获得足够数量的精确的复制 DNA。

随着人们对食品安全性要求的不断提高，PCR 技术以其特异性强、灵敏度高和快速准确的优点在食品检测领域得以广泛的应用，代替了许多传统的鉴定方法，成为该领域的有力工具，以 PCR 技术为基础的相关技术也得到了很大发展，在关键技术上也有所进步。

8.2.1.1 PCR 技术的原理

根据已知的待扩增的 DNA 片段序列，人工合成与该 DNA 两条链末端互补的两段寡核苷酸引物，在体外将待检 DNA 序列（模板）在酶促作用下进行扩增，这种方法被称为 PCR 技术。扩增过程由高温变性、低温退火和适温延伸等三步反应作为一个周期，反复循环，从而达到迅速扩增特异性 DNA 的 R 的。高温变性是在体外将含有需扩增 R 的基因的模板双链 DNA 经高温处理，分解成单链模板，低温退火降低反应系统温度，使人工合成的寡聚核苷酸引物与目的 DNA 互补结合，形成部分双链，适温延伸是将反应循环系统的温度调至适温，在 TaqDNA 聚合酶的作用下，有 4 种核苷酸存在时，引物链将自动合成新的 DNA 双链，新合成的 DNA 双链又可作为扩增的模板，继续重复以上的 DNA 聚合酶反应，如此周而复始地使目的基因的数量呈几何级数扩增。通常单一拷贝的基因经 25 ~ 30 个循环可扩增 100 万 ~ 200 万倍。同时，在 PCR 反应体系中加入荧光基团，利用荧光信号积累来实时监测整个 PCR 进程，最后通过标准曲线对未知模板进行定量分析，就可以实现反应过程的全封闭管理，从而减小对环境的污染，并可实现一管双检或多检，缩短时间，提高效率。

8.2.1.2 PCR 技术的主要检测步骤

①运用化学手段对目标 DNA 进行提取，通常采用改良的十六烷基三甲基

溴化镂法（CTAB 法）提取样品的 DNA，以紫外分光光度法测定核酸的纯度和浓度。

②设计与合成的好坏直接决定 PCR 扩增的成效，通常要求引物位于待分析基因组中的高度保守区域，长度以 15~30 个碱基为宜。

③进行扩增是由高温变性、低温退火和适温延伸几步反应作为一个周期，往复循环，从而达到扩增 DNA 片段的目的。

④克隆并筛选鉴定 PCR 产物，将扩增产物进行电泳和染色，在紫外光照射下可见扩增特异区段的 DNA 带，根据带的不同，鉴别不同的 DNA 片段。

⑤DNA 序列分析是 PCR 检测技术中的关键环节。既可以采用经典的测序方法，如化学测序法、双脱氧链终止法等；也可以采用以凝胶电泳分离为基础的 DNA 序列分析技术，如毛细管凝胶电泳法、阵列毛细管凝胶电泳法、超薄层板凝胶板电泳法。

不同的对象对扩增的 DNA 片段序列全知、半知或全然不知，其 PCR 参数、退火温度、时间、引物等便有较大的差别，与 RFLP、Sequence 反转录 PCR 结合，形成了众多的衍生技术，如多重 PCR 技术、定量 PCR 技术、竞争 PCR 技术、单链构型多态性 PCR 技术、巢式 PCR 技术等。这些技术使 PCR 技术在食品检测中具有广阔的应用潜力。

8.2.2　PCR 检测技术在食品安全检测中的应用

8.2.2.1　在食品微生物检测中的应用

早在 1992 年就有利用 PCR 方法对致病菌进行检测的报道，然而利用 PCR 技术检测的食品中致病微生物的方法到近几年才开始广泛应用，目前利用传统 PCR 技术能够检测出的致病菌主要有沙门菌、单核细胞增生李斯特菌、致病性大肠杆菌、金黄色葡萄球菌等。近几年，用 PCR 技术检测沙门菌的方法得到了迅速发展，产生了多种 PCR 检测方法，如常规 PCR、套式 PCR、多重 PCR 等，也可几种方法结合使用。如李君文等人将常规 PCR 与半套式 PCR 相结合，根据沙门菌中保守的 16SrRNA 基因为模板设计了一对引物，扩增的片段为 555bp。经过优化设计反应条件，只对沙门菌产生特异性扩增，敏感性达 30cfu。Malomy 等人通过沙门菌的 DNA 中 ttrRSBCA 中的特异片段，设计了检测引物和 TaqMan 探针。共鉴定了 110 株沙门菌和 87 株非沙门菌，得到了良好的检测结果。

国内外已将 PCR 技术作为检测食品中单核细胞增生李斯特菌的一种快速鉴定方法，如杨百亮等人通过条件优化建立了快速检测牛乳中单核细胞增生李斯特菌的试剂盒。姜永强等人根据发表的单核细胞增生性李斯特菌的重要毒力基因 hlyA 的全基因序列，设计出引物，建立了该菌的 PCR 诊断方法，结果显示扩增可获得预期 743bp 的片段，且扩增具有极好的种特异性。

PCR 技术也为肠毒素大肠杆菌鉴定提供了一个更为快速灵敏的检测手段。王嘉福等人根据大肠杆菌所产生的热敏性肠毒素和耐热性肠毒素的基因序列，合成了引物，并对 128 份食品样品中大肠杆菌肠毒素基因片段进行扩增，结果共有 15 个样品被检出污染了肠毒素大肠杆菌，并且证实用于扩增的引物具有高度特异性。

PCR 技术除了在致病微生物检测中应用广泛之外，还是食品微生物研究中不可缺少的工具，是微生物生理代谢、菌群分布、菌株鉴定等研究的研究工具。Baldwin 等人通过 RTQ-PCR 技术和多重 PCR 技术定量分析了编码芳香族氧化酶的基因，从而量化了芳香族化合物分解代谢途径。Requena 等人以转醛醇酶基因设计引物，用 RTQ-PCR 技术对从成人和婴儿排泄物中分离出的双歧杆菌进行检测分析，并且对肠内双歧杆菌菌群的分布进行了研究。张美玲等人用 RTQ-PCR 技术与克隆文库相结合对两种肠道疾病中肠道菌群组成变化与疾病发生、发展的关系进行了研究。

由于 PCR 技术可以快速特异地扩增期望的 DNA 片断和目的基因，因而在食品检验与食品微生物研究领域有重要的实际应用价值。尤其是随着生物技术的飞速发展和各项新技术与 PCR 技术的有机结合，以及今后专门针对如何控制外源 DNA 的污染、如何控制突变和如何利用 PCR 技术鉴别致毒微生物产生的毒素等方面的深入研究，必将使 PCR 技术在食品检测领域更加广泛的应用。

8.2.2.2　在食品转基因成分检测中的应用

植物性转基因食品的检测采用的技术路线有两条：一是检测插入的外源基因，主要应用 PCR 法、Northern 杂交及 Southern 杂交；二是检测表达的重组蛋白，主要采用 ELISA 法、Western 杂交及生物学活性检测。PCR 技术应用于转基因产品的检测，其敏感快速简便的特点是其他检测技术所无法比拟的。

曹际娟等人应用 PCR 技术对转基因玉米及其粗加工食品（爆米花、热玉米棒、速溶玉米片）中通常转入的基因构建元件 35s 启动子、NOS 终止子和外源抗虫 GryLA（b）目的基因进行检测，对转基因玉米的检测低限可达到 0.1%。

栾凤侠等人针对转基因小麦品系中通用的 ubiq-uitin 启动子、NOS 终止子以及标记基因 bar 基因进行定性筛选检测，同时用已知为单复制的 Wx012 基因作为内源特异参照基因，绘制内源基因和外源基因的标准曲线，建立了转基因小麦的 RTQ-PCR 检测方法。

目前，转基因检测方法主要是在核酸和蛋白质水平上。其中核酸水平主要是利用 PCR 法，但是传统 PCR 检测方法是利用琼脂糖凝胶电泳分析产物，比较容易出现假阳性；而其他改进后的 PCR 法（如实时定量 PCR）虽然具有较高的灵敏性，但是不适合快速操作。

对于蛋白质水平，常用的检测方法主要有 ELISA 法和试纸条法。ELISA 法虽然具有很高的特异性，但是灵敏性不如 PCR 法，一般只用于定性或半定量检测；试纸条法也不适合于定量检测。

目前，已有科研工作者结合了 ELISA 法和 PCR 法来检测转基因大豆，称为 PCR-ELISA 法，该方法灵敏性高，可以检测一系列可分析的靶标，而且将检测的灵敏度提高了几个数量级，在很大程度上解决了很多物质的微量检测问题。

8.2.2.3　在食品其他成分分析检测中的应用

对食品中的营养成分进行检测，仅靠传统的外观鉴别，无法准确判定其实际成分，更无法对加工食品进行质量把关，从而无法切实保障消费者的利益。PCR 技术已被逐渐应用于深加工食品的有效成分检测中。

李林等人应用 PCR 方法对肉骨粉中的动物成分种类进行了鉴别研究。

陈文炳等人对加工食品中牛、羊源性成分进行了单 PCR 检测，并分别结合 18SrDNA 进行了二重 PCR 检测。同时，还针对 PCR 反应的样品检测限分别进行了牛、羊源性成分单 PCR 检测的灵敏度测定和 18SrDNA 片段和牛、羊源性成分的二重 PCR 检测的灵敏度测定，牛源性成分的最低检测限可达 100pg，羊源性成分的最低检测限可达 1pg。利用 PCR 技术和二重 PCR 技术对食品进行分子鉴定，灵敏度非常高，完全能满足实践中样品检测的要求。

高琳、徐幸莲等人以动物线粒体 DNA 中 Cytb 区段的保守序列为目的基因进行 PCR-RFLP（限制性内切酶片段长度多态性）扩增技术研究，从 6 种不同种类生肉及 7 种加工肉制品中鉴别出猪源性和牛源性成分，所有样品经 PCR 扩增均产生 359bp 的片段，其中扩增子采用 AluI 限制性酶切所产生的片段差异可用于区分猪肉和牛肉。

8.2.3　PCR 技术应用存在的问题及发展前景

采用 PCR 技术对食品中微生物、转基因成分及其他成分进行检测的方法虽然具有特异性强、灵敏度高、简便快速的特点，但也存在下述问题。

①假阳性结果的产生较为频繁。PCR 是一种极为灵敏的反应，一旦有极少量外源 DNA 污染，就有可能出现假阳性结果，而样品间的交叉污染或时间延长都可能导致 PCR 产物的假阳性产生。

②PCR 引物的合成是该技术普及的最大障碍，进一步改善才有希望成为食品微生物的常规检测技术。

③各种实验条件控制不当或靶序列的选择不当，都可能导致产物突变或降低其灵敏度和特异性。

此外，RTQ-PCR 方法虽然克服了假阳性及定量不准的难题，但是 RTQ-PCR 仪价格昂贵，暂时也难以普遍推广。因此，如何结合其他技术在提高 PCR 的稳定性、灵敏性及易操作性的同时降低 PCR 技术应用的成本，并简化样品处理步骤、实现多基因同时分析将是今后研究的主要内容。

随着生物技术的发展和食品检测的需要，PCR 改进技术将得到快速发展，最终实现 PCR 改进技术整合，比如将生物芯片技术、免疫磁珠和多重 PCR、荧光探针定量技术、PCR-DGGE（变性梯度凝胶电泳）等技术相结合形成一套完整的分子生物学方法，可使食品检测逐步向灵敏度更高、特异性更强、更加简易操作和经济的方向不断发展，必将在食品检测和研究领域开辟一个新的应用时代。

8.3　生物芯片技术

8.3.1　生物芯片概述

生物芯片是指一切采用生物技术制备或应用于生物技术的微处理器，主要借助微加工技术和微电子技术将大量生物大分子如核酸片段、多肽分子、抗原、抗体等物的样品有序地固化于玻片、硅片、塑料片、聚丙烯酰胺凝胶、尼龙膜等固相介质表面，组成密集二维分子排列，然后与已标记的待测生物样品中的靶分子杂交，通过特定的仪器对杂交信号的强度进行快速、并行、高效地检测分析。常用玻片/硅片作为固相支持物，并且在制备过程中模拟计算机芯片的制备技术，因此称为生物芯片技术。

生物芯片技术是 20 世纪 90 年代初期发展起来的一项高新技术，最初其主要用于 DNA 序列的测定、基因表达谱鉴定和基因突变体的检测与分析，所以又被称为 DNA 芯片或基因芯片。目前此项技术已推展至免疫反应、受体结合等非核酸领域，改称生物芯片更能符合发展趋势。

由于生物芯片技术具有高通量、自动化、微型化、高灵敏度、多参数同步分析、快速等传统检测方法不可比拟的优点，故在食品安全检测、疾病诊断和治疗、药物筛选、农作物优育优选、司法鉴定、环境检测、国防及航天等方面有着广泛的发展前景。

8.3.2　生物芯片技术在食品安全检测中的应用

随着生物芯片应用领域的不断扩展，目前已经出现了众多与食品安全检测相关的生物芯片，生物芯片将会成为食品安全检测中的重要工具。采用生物芯片技术可以对食品中的微生物、药物残留、重金属含量、抗生素含量及转基因食品品质等问题进行快速、高效地检测与评价。

8.3.2.1　在食品中兽药残留检测方面的应用

兽药残留会对人体及环境造成各种危害（包括慢性、远期和蓄积性等），如致癌、发育毒性、体内蓄积、免疫抑制、致敏和诱导耐药菌株等。近年来，随着兽药在畜牧业中的广泛应用，兽药在动物性食品中的残留问题已成为公认的农业和环境问题。同时兽药残留已成为食品安全中的重要问题之一。兽药残留包括抗生素和盐酸克伦特罗（瘦肉精）等。

目前，兽药残留常规的检测方法包括仪器方法、微生物法、酶联免疫法等。仪器方法存在仪器昂贵、方法复杂、操作烦琐、试剂消耗量大的局限性；微生物法存在检测灵敏度低、准确性差和检测速度慢的缺点；酶联免疫法可以快速、高灵敏度、高准确率地检测样品，但每次只能针对单种兽药进行检测。目前已开发出兽药残留生物芯片检测平台，可对食品中磺胺二甲嘧啶、磺胺间甲氧嘧啶、恩诺沙星、氯霉素、链霉素及双氢链霉素等兽药残留量进行定量检测，具有前处理简单、灵敏度高、特异性好、检测速度快、检测通量高、质控体系严密等诸多优点，可广泛应用于食品安全检测及药物常规筛检等领域。

张东等人采用微珠芯片免疫分析法，实现了对动物源性食品中氯霉素残留有效、快速地检测，此方法检测限可达 0.0μg/L，具有良好的灵敏度、准确度和精密度，符合快速、高通量检测敏霉素残留的要求，并为实现介观流控免疫分析提供了基础。

Knecht 等人采用间接竞争 ELISA 模式，建立一种可快速、自动、平行检测牛乳中多种抗生素残留的蛋白质微阵列，单个组分检测所用时间不到 5min，各组分的检测限在 0.12~32μg/L。

8.3.2.2 在食品微生物检测中的应用

食品安全检测中的一个重要方面是及时、准确地检测出食品中的病原性微生物，这些致病微生物会严重威胁人类的健康。传统的生化培养检测方法需要经过几天的微生物培养和复杂的计数过程，操作繁杂，不能及时地反映生产过程或销售过程中食品的微生物污染情况，而且灵敏度不高，使食品不能得到有效地监控，给消费者的健康带来威胁。PCR 法快速，其灵敏度比前者高，但检测成本高，假阳性多，也不是最好的检测食品微生物污染的方法。基因芯片技术可广泛地应用于各种导致食品腐败的致病菌的检测，该技术具有快速、准确、灵敏等优点，可以及时反映食品中微生物的污染现状。

8.4 生物传感器技术

8.4.1 生物传感器技术概述

根据国家标准 GB/T 7665—2005《传感器通用术语》的定义，传感器是指能感受规定的被测量并按照一定的规律（数学函数法则）转换成可用信号的器件或装置。

生物传感器是利用生物反应特异性的一种传感器，具体地说，是一种利用生物活性物质选择性地识别和测定相对应的生物物质的传感器。生物传感器技术作为一种新型的检测方法，与传统的检测方法相比较，具有以下几个主要特点：

①专一性强、灵敏度高。

②样品用量小，响应速度快。

③操作系统比较简单，容易实现自动分析。

④便于连续在线监测和现场检测。

⑤稳定性和重复性尚有待加强。

按分子识别系统中生物活性物质的种类，生物传感器主要可以分为酶传感器、微生物传感器和免疫传感器等。以下就 DNA 生物传感器作详细介绍。

近年来，基于 DNA 双链碱基互补原理发展起来的 DNA 生物传感器受到了广泛的重视。目前已开发出无须标记、能给出实时基因结合信息的多种 DNA 传感器。这是一种利用 DNA 分子作为敏感元件，并将其与电化学、表面等离子体共振和石英晶体微天平等其他传感检测技术相结合的传感器。

8.4.2　生物传感器技术在食品安全检测中的应用

目前，生物传感器已被成功应用在食品安全检测、环境监测、发酵工业、医药领域甚至军事范畴。在食品安全检测领域中，传统的检测方法通常需要使用较为复杂、昂贵的仪器设备和相关的预处理手段，而且难以实现现场检测。生物传感器的应用提高了分析速度和灵敏度，使检测过程变得更为简单，便于实现自动化。使传感器从定性检测发展到了定量测量阶段，延伸了检测人员的感觉器官，扩大了观测范围，提升了检测的稳定性。

8.4.2.1　在食品添加剂检测中的应用

食品添加剂对食品工业发展的益处是毋庸置疑的，但过量的使用添加剂也会对人体产生一定的危害性。目前，已研制出了一些检测食品添加剂的生物传感器。

Camoannclla 等人将氨气敏电极与天门冬酶聚合并固定在渗析仪上，成功研制出了可直接检测甜味素（天门冬酰苯丙氨酸甲酯）的生物传感器，并具有较高的灵敏度，其检测下限可达 $2.6×10mol/L$。

Mcsarost 等人曾采用叶啉微电极生物传感器检测食品中的亚硝酸盐，这种方法简便而快速，准确度和精确度也比较好。

此外，还有一些生物传感器可用于测定食品中的色素和乳化剂等。

8.4.2.2　在食品中药物残留检测中的应用

近年来，国内外学者就生物传感器在农药残留检测领域中的应用做了一些有益的探索。在农药残留检测中最常用的生物传感器是酶传感器。不同的酶传感器检测农药残留的机理是不同的，一般是利用残留物对酶活性的特异性抑制作用（如乙酰胆碱酯酶）来检测酶反应所产生的信号，从而间接测定残留物的含量。Starodub 等人根据农药对靶标酶的活性抑制作用，分别以乙酰胆碱酯酶和丁酰胆碱酯酶作为敏感元件，研制出了不同离子前场效应的晶体管酶传感器，可测量蔬菜中的有机磷农药，检测限可达 $5\sim10mol/L$。但也有些是利用酶对目标物的水解能力（如有机磷水解酶）来检测酶反应所产生的信号，实现农药残留的生物传感器检测，如 Mulchandani 等人开发了基于有机磷水解酶的安培型生物传感器用于检测有机磷农药，收到了极好的效果。

8.4.2.3　在食品中兽药残留检测中的应用

食品中的兽药残留通常采用基于表面等离子体共振技术（SPR）的生物传感器进行检测。此类传感器是一种基于表面等离子体共振产生敏感折射率物理光学现象的高精度光学传感器，其通过感测传感器表面折射率的微小变化而实现对物质的定量检测。如果金属表面介质的折射率或被测物介电常数发生变化，其共振峰的位置、共振角或共振波长将发生改变，因此通过测定角度或波长的变化，即可测量出被测物在界面上发生反应的信息。Gustavsson等人将带有菌肽酶活性的微生物受体蛋白作为探测分子，采用基于表面等离子共振技术的生物传感器检测牛奶中内酰胺类抗生素，通过检测酶的活性值检测乳制品中的抗生素含量，其检测极限可达 $2.6g/kg$；SPR 生物传感器还被用来检测蜂蜜、对虾和猪肾等样品中氯霉素或代谢物氯霉素—葡萄糖苷酸的含量，检测极限低于 $0.1g/kg$。

目前，由于检测限、灵敏度、重复性等问题，生物传感器在农药残留、兽药残留检测的实际应用上还存在一定的局限性，大都是只作为一种相对含量高的样本进行快速筛选的方法和手段。因此，生物传感器在药物残留检测领域的应用潜力还有待于进一步地发掘。

8.5 拉曼光谱分析技术

8.5.1 拉曼光谱分析技术概述

拉曼光谱是一种散射光谱。拉曼光谱分析法是基于印度科学家 C. V. 拉曼所发现的拉曼散射效应，与入射光频率不同的散射光谱进行分析以得到分子振动、转动方面的信息，并应用于分子结构研究的一种分析方法。

8.5.1.1 拉曼光谱的原理

光散射包括弹性散射和非弹性散射。弹性散射的散射光和入射光的频率相同，即所谓的瑞利散射。瑞利散射包括由某种散射中心引起的米氏散射和由入射光波与介质内弹性波作用产生的布里渊散射。

非弹性散射的散射光和激发光的频率不同，如果散射频率低于入射频率则为斯托克散射，反之则为反斯托克散射，非弹性散射统称为拉曼散射。

拉曼光谱是光与物质分子间的作用所产生的联合光散射现象，研究的是散射光与入射光的能级差和化合物转动频率、振动频率之间的关系，拉曼光谱是分子极化率改变的结果。用散射强度对拉曼位移作图，通过峰的位置、谱带形状和强度来反映被测物质分子的化学键或官能团的转动频率和特征振动，并提供散射分子的环境和结构信息。激发光的波数和散射辐射的波数之差即为拉曼位移。

8.5.1.2 拉曼光谱的特点

拉曼光谱操作简单，样品不需前处理，还可利用光纤探头、蓝宝石、石英窗等对样品进行检测，且检测速度快，可重复，可实现无损检测。此外，拉曼光谱还具有其独特的优越性：

①因为水具有微弱的拉曼散射信号，因此拉曼光谱可对水溶液样品进行分析。

②拉曼光谱单次扫描可覆盖 $50\sim4000cm$ 的区间，可对无机物和有机物进行测定。

③激发光的波长可根据样品的特点来有针对性地进行选择。

④拉曼光谱的谱峰尖锐清晰，便于进行定性和定量分析。

⑤利用拉曼光谱进行分析时仅仅需要少量的样品，显微拉曼技术还可将激光束聚焦至 20μm，对样品的需要量可减少至微克数量级。

⑥拉曼光谱测量对样品要求很低，样品不需进行研磨和粉碎，可在气态、固态和液态的情况下进行测量。

⑦光纤的应用可实现远距离的在线监控，并提高测量的信噪比。

⑧共振拉曼光谱和表面增强拉曼光谱等技术的发展，提高了拉曼光的强度和检测的灵敏度。

8.5.2　拉曼光谱在食品分析中的应用

8.5.2.1　水的检测

拉曼光谱技术可对水分子的氢键结构和振动特征进行表征。有研究结果表明，在 0~20℃和大于 20℃时，水的结构是不同的。当冰融化成水时，仅有 10% 的氢键断裂，随着温度的升高，水的密度也随之递增，当温度升高至 4℃时，水的密度增至最大；但当温度高于 17℃，水的密度就会随着温度的升高而降低。

8.5.2.2　脂质的检测

在油脂行业中，量化脂肪酸的不饱和度和顺反异构体的手段常为传统的化学方法和气相色谱法。拉曼光谱法可检测植物油的含油量、脂肪酸组成和动物脂肪的结构，可将其作为质量控制的快速筛选方法。有研究发现，位于 $1656cm^{-1}$ 和 $1670cm^{-1}$ 的三酰甘油酯和食用油的特征拉曼谱带的强度与植物油的顺、反式异构体含量有一定的相关性，其分析的精度可达到 1%。有学者采用拉曼光谱对蛙鱼脂肪酸不饱和度进行了预测，其结果表明此方法的稳定性较好，也可实现从水样品和高含量蛋白质的拉曼光谱中获取脂肪酸不饱和度信号的目的，易于实现在线快速检测。

8.5.2.3　碳水化合物的检测

由于碳水化合物具有多种同分异构体，对其进行分析具有较大的难度。碳水化合物的拉曼光谱较为明确，提供的结构信息也比较精准，随着糖化学研究的深入和拉曼光谱的发展，拉曼光谱已经成为碳水化合物结构分析的重要手段。有学者将便携式拉曼光谱仪与化学计量学技术相结合，基于苹果汁和梨汁的拉曼光谱在 $866cm^{-1}$ 和 $1126cm^{-1}$ 处的差别，建立了对浓缩苹果中渗入梨汁的快速检测的新方法。

8.5.2.4　蛋白质的检测

拉曼光谱技术被应用于鉴别蛋白质及其组分的差异，通过谱图解析可得到多肽骨架构型信息和侧链微环境的化学信息及其受各种理化因素影响的信息。有研究者采用显微激光拉曼光谱对小麦胚芽 8S 球蛋白的二级结构进行了研究，检测结果表明小麦胚芽 8S 球蛋白的二级结构主要是少—折叠，还有少量的无规卷曲构象和—螺旋。

8.5.2.5　核酸的检测

拉曼光谱主要针对 DNA 结构和不同因素与其相互作用的机理进行研究。研究人员研究了固定在银胶颗粒上的单个腺嘌呤分子的拉曼光谱，观察到腺嘌呤分子的强度波动和发光猝灭现象，结果表明拉曼光谱技术易于提高 DNA 测序的速度和准确度。

8.5.2.6　色素的检测

拉曼光谱常用来测定类胡萝卜素，有学者采用近红外拉曼光谱对番茄、芦丁、灯笼椒、辣椒黄素、天竺葵叶中的类胡萝卜素进行了在线分析，该方法能从不同尺寸的植物组织中获取类胡萝卜素的结构信息。

8.5.2.7　维生素的检测

拉曼光谱可提供维生素分子的完整信息，可对其结构进行进一步的表征和描述。有学者对维生素 C 的拉曼特征谱带进行了初步指认，并结合 pH 的变化来研究吸附作用的规律和特点。

8.5.3　拉曼光谱分析技术应用的发展前景

拉曼光谱具有操作简便、分析速度快、灵敏度高、对样品浓度要求低、可实现无损检测等优点，已成为分析生物学、化学和药学的重要研究手段。随着研究的深入，拉曼光谱的应用范围将会不断扩大，将会在生物学、医学、文物、宝石鉴定和法庭科学等领域中得到广泛应用。

参考文献

[1] 刘少伟. 食品安全保障实务研究 [M]. 上海：华东理工大学出版社，2019.

[2] 杨继涛，季伟. 食品分析及安全检测关键技术研究 [M]. 北京：中国原子能出版社，2019.

[3] 郑百芹，强立新，王磊. 食品检验检测分析技术 [M]. 北京：中国农业科学技术出版社，2019.

[4] 汪东风，徐莹. 食品质量与安全检测技术 [M]. 3版. 北京：中国轻工业出版社，2018.

[5] 张志勋. 系统论视角下的食品安全法律治理研究 [J]. 法学论坛，2015，30（1）：99−105.

[6] 王德国，肖付刚，张永清. 食品安全分析及检测技术研究 [M]. 北京：中国水利水电出版社，2016.

[7] 李名梁. 我国食品安全问题研究综述及展望 [J]. 西北农林科技大学学报（社会科学版），2013，13（3）：46−52.

[8] 刘佳怡. 食品安全管理与法规监管保障体系浅析 [J]. 法制博览，2017（24）：178−179.

[9] 刘学梅. 我国食品安全检测体系中存在的问题及对策研究，[J]. 现代食品，2016（3）37−38.

[10] 王昀，徐杰. 食品检验检测体系存在的问题及完善对策 [J]. 中国高新技术企业，2016（13）：190−191.

[11] 赵丽，姚秋虹. 食品安全检测新方法 [M]. 厦门：厦门大学出版社，2019.

[12] 蔚慧，张建，李志民. 食品分析检测技术 [M]. 北京：中国商业出版社，2018.

[13] 林婵. 食品理化检验技术 [M]. 北京：九州出版社，2019.

［14］余焕玲，张卫民．食品安全概念解析及食品安全保障体系的建立［J］．卫生职业教育，2016，34（7）：140-144.

［15］肖良．食品检验机构资质认定为食品安全把关［J］．认证技术，2011（9）：36-37.

［16］康牧旭．食品安全监督抽检中的复检制度［J］．现代食品，2017（7）：10-12.

［17］罗艳，谭红，何锦林，等．我国食品安全预警体系的现状、问题和对策［J］．食品工程，2010（4）：3-5，9.

［18］姜怡．认证认可与食品检验机构发展的研究［J］．食品工业，2017，38（12）：226-227.

［19］张金铎，姚鹏程，王宝庆，等．我国食品安全检验检测体系问题及对策研究［J］．食品安全导刊，2018（9）：117.

［20］张铭钰．我国食品安全检测体系中存在的问题及其分析［J］．轻工标准与质量，2015（4）：26，46.

［21］李伟．我国食品安全检验制度问题研究［D］．西安：西北大学，2015.

［22］梁春穗，罗建波．食品安全风险监测工作手册［M］．北京：中国质检出版社中国标准出版社，2012.

［23］朱淀，洪小娟．2006—2012年间中国食品安全风险评估与风险特征研究［J］．中国农村观察，2014（2）：49-59，94.

［24］林宗缪，郭先超，姚文勇．食品质量风险监测云平台研究与实现［J］．自动化与仪器仪表，2016：154-156.

［25］宋臻鹏，付云．浅谈我国食品安全现状与食品安全风险监测体系［J］．中国卫生检验杂志，2017（8）：1212-1213，1216.